高校土木工程专业学习辅导与习题精解丛书

# 力学分析技巧与程序

宋仁 编著

中国建筑工业出版社

图书在版编目（CIP）数据

力学分析技巧与程序/宋仁编著．—北京：中国建筑工业出版社，2006
（高校土木工程专业学习辅导与习题精解丛书）
ISBN 7-112-08591-8

Ⅰ．力… Ⅱ．宋… Ⅲ．工程力学-高等学校-教学参考资料 Ⅳ．TB12

中国版本图书馆 CIP 数据核字（2006）第 072649 号

工程中的力学分析主要涉及到反力、内力、位移、应力应变、影响线、体系的动力反应、压杆及框架的稳定计算等问题，本书就这些问题的分析过程提出一些技巧及计算机程序。具体内容包括平衡方程新说、反力计算技巧、内力分析技巧、桁架的内力计算技巧、内力图的作图技巧、静定结构影响线的理论与方法补充、三维应力应变分析、杆系虎克定律、虚功原理与位移计算技巧、力法与位移法的对照及超静定方程的不变式、渐近法、结构动力计算的点滴补充、形函数的设计及其应用、综合例题、力学分析程序 1（基本部分）与算例、力学分析程序 2（框架部分）与算例。书中各章的最后附有少量的习题以便复习本章的主要内容。

本书可作高等院校工科各专业（如土建、机械以及各类制造专业）在校生及自学者的力学（尤指结构力学）教辅材料、力学选修课教材、考研复习资料等，还可供相关专业的工程技术人员力学分析时参考。

\* \* \*

责任编辑：王　跃　牛　松
责任设计：董建平
责任校对：张景秋　张　虹

高校土木工程专业学习辅导与习题精解丛书
**力学分析技巧与程序**
宋仁　编著

\*

中国建筑工业出版社出版（北京西郊百万庄）
新华书店总店科技发行所发行
北京密云红光制版公司制版
北京市彩桥印刷有限责任公司印刷

\*

开本：787×1092 毫米　1/16　印张：18¾　字数：456 千字
2006 年 8 月第一版　2006 年 8 月第一次印刷
印数：1—3 000 册　定价：**26.00 元**
ISBN 7-112-08591-8
（15255）

版权所有　翻印必究
如有印装质量问题，可寄本社退换
（邮政编码　100037）

本社网址：http：//www.cabp.com.cn
网上书店：http：//www.china-building.com.cn

# 前　言

古训道：温故而知新。如果把本书每章的预备知识看作温故的话，接下来的论述便是知新了。全书的所谓技巧都是通过反复推敲已有的力学理论而发现的。

工程中的力学问题主要涉及如下学科：理论力学、材料力学、结构力学和弹、塑性理论，应用最泛的应为结构力学。但倘若把结构力学与其余学科割裂开来，把结构力学中的各种分析法孤立起来，分析法在应用广度与深度方面就肯定受到限制。反之，若能更多地把本学科的各种分析法以及各学科的基本理论融会贯通，再加上必要的数学知识，相信您的力学知识就会记得牢靠、用得灵活，甚至发现新的分析方法。

本书讲述的技巧所涉及的基本理论与基本概念主要选自国内外通用教材及相关参考书，并以预备知识的形式列于各章的开头；预备知识中对摘自国内通用教材以外的内容，必要时都作了些简单说明。凡未能在出版物中找到出处而又有必要引进的新概念、新方法和新理论均可接受读者检验；其中道理浅显者亦在预备知识中给出，否则在正文中详述。

从深度上看，本书所涉及的多数内容，均未超过普通工科本科层次的力学教学大纲。因采用了简化手段和口诀化叙述，很多内容反而显得更容易掌握，如前2章内容，只要有理论力学（主要是静力学）的基础就可以顺利阅读理解。前5章的全部以及第8～10章的大部分内容等也只需大专层次的结构力学基础。但少数内容（目录中已用"＊"标出）略超上述大纲。笔者之所以把这些内容收入本书，除了感到这些内容有实用意义外，也因在各高校的结构力学考研命题中有不同程度的反映。这些内容读者可视自身情况选读。

第13章为综合例题，多数例题所用的技巧在前12章中已有阐述。另外还补充了一些对基本概念的理解有启迪意义的例题。力学基础较好的读者可尝试从该章开始，遇到麻烦（包括解题困难或方法欠佳）时，再根据指引去阅读相关章节。

本书最后的第14、15章介绍了17个笔者亲自研发的，可在各种版本的Visual Fortran环境下顺利运行的力学分析程序的应用示例。主要目的是帮助初学者尽可能地利用计算机（器）作数值计算，从而节省更多的时间和精力，更好地集中于力学理论的学习上；其次才是直接用于结构分析与设计（尤指方案阶段），当然亦可用于各种模拟的结构试验。全部程序的exe（一种可以脱离Fortran平台运行的）形式已成功上传五邑大学土木建筑系的网页，有需要的读者可从上面免费下载，这里提供两种下载途径：

（1）http：//dept.wyu.edu.cn/cel-力学分析程序-本地下载。

（2）http：//dept.wyu.edu.cn/ce/Soft-Show.asp？SoftID＝11本地下载

注：若下载不顺利请错开学生上网高峰时段：平日17～23点；周末10～24点。

为节省篇幅和令图面清晰，全书例题除个别须作说明外，一律略去单位；必要时在图中用括号内的字符表示数字的单位。

由于个人水平有限，书中不当之处在所难免，敬请读者批评指正。笔者希望本书能成为您结构设计的实验室和力学探索的快乐园。我相信，只要您深入进去，就会体会到探索的乐趣。

# 目　录

## 第1章　平衡方程新说 ································································· 1
### 预备知识 ········································································· 1
§1.1　力系的范围、分类、独立平衡方程个数与单力的概念 ········· 1
§1.2　平衡方程的分类与必要性 ············································· 2
§1.3　应用举例 ································································· 3
习题1 ·············································································· 5

## 第2章　反力计算技巧 ····························································· 6
### 预备知识 ········································································· 6
§2.1　外荷变换的原则 ······················································· 10
§2.2　等效变换小结 ·························································· 14
§2.3　刚架分析中的代替杆法 ············································· 17
§2.4　似对称结构的对称性利用 ·········································· 17
习题2 ············································································· 19

## 第3章　杆件内力分析技巧 ······················································· 21
### 预备知识 ······································································· 21
§3.1　截面法概述与移置截面法 ·········································· 21
§3.2　举例——梁、刚架与拱 ············································· 22
§3.3　落差法 ··································································· 25
习题3 ············································································· 27

## 第4章　桁架的内力计算技巧 ···················································· 28
### 预备知识 ······································································· 28
§4.1　几种特殊节点补充 ··················································· 28
§4.2　举例 ······································································ 28
§4.3　截面法中的等效变换应用 ·········································· 30
习题4 ············································································· 31

## 第5章　内力图的作图技巧 ······················································ 33
### 预备知识 ······································································· 33
§5.1　铰点直通 ······························································· 35
§5.2　定向平通与连杆直平通 ············································· 36
§5.3　抛物线利用 ···························································· 38
§5.4　落差法应用 ···························································· 42
§5.5　弯矩-剪力-反力（轴力） ··········································· 47
§5.6　内力校核 ······························································· 49

习题 5 ········································································································· 51

## 第6章* 静定结构影响线的理论与方法补充 ·············································· 53

预备知识 ···································································································· 53
§6.1 静定结构影响线的理论补充 ································································ 54
§6.2 斜梁与曲梁的影响线 ············································································ 56
§6.3 混合法作静定拱的影响线 ···································································· 58
§6.4 静定桁架的影响线 ················································································ 60
§6.5 本章小结 ································································································ 61
习题 6 ········································································································· 61

## 第7章* 三维应力应变分析 ········································································ 63

预备知识 ···································································································· 63
§7.1 概述 ········································································································ 63
§7.2 莫尔曲线 ································································································ 64
§7.3 任意面上的应力 ···················································································· 65
§7.4 辅柱与辅球 ···························································································· 65
§7.5 图解、莫尔球（应力球与应变球） ···················································· 66
§7.6 示例 ········································································································ 67
§7.7 莫尔曲线的全貌 ···················································································· 68
§7.8 主值与主向的确定——转轴法 ···························································· 69
§7.9 由应变花求应变张量 ············································································ 71
§7.10 本章小结 ······························································································ 72
习题 7 ········································································································· 72

## 第8章 杆系虎克定律、虚功原理与位移计算技巧 ·································· 73

预备知识 ···································································································· 73
§8.1 杆系虎克定律与虚功原理 ···································································· 73
§8.2 叠加原理与图形的微分观 ···································································· 74
§8.3 纵向拼接 ································································································ 75
§8.4 纵向拼装 ································································································ 77
§8.5 多层叠加法 ···························································································· 78
§8.6 带 $EI$ 的图乘法 ···················································································· 78
§8.7 适当组合 ································································································ 80
§8.8 Simpson 计算法（本法由王小蔚提出） ············································ 80
§8.9 位移计算综合例题 ················································································ 81
习题 8 ········································································································· 84

## 第9章 力法与位移法的对照 ······································································ 85

预备知识 ···································································································· 85
§9.1 力法与位移法的基本思路、联系与区别 ············································ 85
§9.2 广义荷载作用下的超静定方程的不变式 ············································ 87
§9.3 广义荷载作用下的超静定位移计算 ···················································· 89

§9.4 广义荷载作用下的对称性利用 …………………………………………………… 91
§9.5 对称核的利用 ………………………………………………………………………… 92
§9.6 力法与位移法基本结构的选取 …………………………………………………… 92
§9.7 具有刚度无穷大构件的位移法计算 ……………………………………………… 94
习题9 ……………………………………………………………………………………… 96

# 第10章 渐近法 …………………………………………………………………………… 97
预备知识 …………………………………………………………………………………… 97
§10.1* 力矩分配法补充——一分多传法 …………………………………………… 98
§10.2 多层多跨框架手算与电算概述 ………………………………………………… 102
§10.3 反弯点的移动规律 ………………………………………………………………… 102
§10.4 一种新的约束系统及其应用 …………………………………………………… 103
§10.5* 侧移修正法与迭代法的对应与统一 ………………………………………… 106
§10.6* 复式框架的侧移修正法 ………………………………………………………… 107
§10.7 框架手算方法比较与选择及提高精度的措施 ………………………………… 109
习题10 …………………………………………………………………………………… 111

# 第11章 结构动力计算的点滴补充 ……………………………………………………… 112
预备知识 …………………………………………………………………………………… 112
§11.1 单质点体系在干扰力未作用于质点时的计算 ………………………………… 114
§11.2 多质点体系在干扰力未作用于质点时的计算 ………………………………… 121
习题11 …………………………………………………………………………………… 124

# 第12章* 形函数的设计及其应用 ………………………………………………………… 126
预备知识 …………………………………………………………………………………… 126
§12.1 形函数概述 ………………………………………………………………………… 126
§12.2 多项式形函数的设计法——数学法与力学法 ………………………………… 127
§12.3 设计举例 …………………………………………………………………………… 129
§12.4 应用实例 …………………………………………………………………………… 132
§12.5 压杆临界力计算的 $M$ 图模拟法 ……………………………………………… 141
§12.6 变截面压杆的临界力计算 ……………………………………………………… 144
§12.7 单层框架临界力计算的 $M$ 图模拟法 ………………………………………… 149
习题12 …………………………………………………………………………………… 157

# 第13章 综合例题 ………………………………………………………………………… 158
§13.1 静定分析 …………………………………………………………………………… 158
§13.2 超静定分析 ………………………………………………………………………… 165
§13.3 体系的几何组成分析 …………………………………………………………… 175
§13.4 其他 ………………………………………………………………………………… 178

# 第14章 力学分析程序1（基本部分）与算例 ………………………………………… 185
引言 ………………………………………………………………………………………… 185
§14.1 直杆结构的位移计算程序与示例 ……………………………………………… 185
§14.2 低阶力法分析程序与示例 ……………………………………………………… 189

§14.3 低阶位移法分析程序与示例 ································ 191
§14.4 连续梁的力矩分配法计算程序与示例 ···················· 194
§14.5 单跨弹性约束的临界力计算程序与示例 ················· 196
§14.6 多跨等截面刚性约束压杆的临界力计算程序与示例 ··· 200
§14.7 三维张量的主值及主向计算程序与示例 ················· 201
习题 14 ································································ 205

# 第 15 章 力学分析程序 2（框架部分）与算例 ················ 207
§15.1 多层多跨框架的内力分析程序入门 1 与示例 ··········· 207
§15.2 多层多跨框架的内力分析程序入门 2 与示例 ··········· 212
§15.3 多层多跨框架地震荷载计算程序与示例 ················· 217
§15.4 多层多跨框架结构在基础沉降的内力分析程序与示例 · 220
§15.5 多层多跨框架温度内力的计算程序入门与示例 ········ 222
§15.6 多层多跨框架温度内力的计算程序与示例 ············· 225
§15.7 多层多跨框架的内力分析程序与示例 ···················· 230
§15.8* 多层多跨框架的分层法计算程序与示例 ················ 266
§15.9 多层多跨框架的 $D$ 值法计算程序与示例 ··············· 268
§15.10 多层多跨框架的稳定分析程序与示例 ·················· 280
习题 15 ································································ 286

参考文献 ································································ 288
附：exe 程序的下载及使用说明 ····································· 290
后语 ······································································ 291
作者简介 ································································ 292

# 第1章 平衡方程新说

**预备知识**

(1) 物体的自由度

确定物体位置的独立坐标数等于物体的自由度个数。(文献[1] P369)

(2) 力的可传性

作用于刚体的力可以沿其作用线移至刚体内任意一点，而不改变它对于刚体的效应。(文献[1] P12)

(3) 合力投影定理

合力在任意轴上的投影，等于它的各分力在同一轴上投影的代数和。(文献[1] P34)

(4) 合力矩定理

若平面任意力系可合成为一力时，则其合力对于作用面内任一点之矩等于力系中各力对于同一点之矩的代数和。(文献[1] P63)

(5) 力线平移定理

作用于刚体上的力均可以从原来的作用位置平行移至刚体内任意指定点，欲不改变该力对刚体的作用，则必须在该力与指定点所决定的平面内加一附加力偶，其力偶矩等于原力对于指定点之矩。(文献[1] P58)

(6) 平面汇交力系的平衡方程（文献[1] P58）

$\sum X = 0$，$\sum Y = 0$ 称为平面汇交力系的平衡方程（$X$，$Y$ 互不平行）

(7) 平面一般（任意）力系的平衡方程（文献[1] P64）

$\sum X = 0$，$\sum Y = 0$，$\sum M_O(\boldsymbol{F}) = 0$ 称为平面任意力系的平衡方程。

二力矩形式的平衡方程：

$\sum M_A(\boldsymbol{F}) = 0$，$\sum M_B(\boldsymbol{F}) = 0$，$\sum X = 0$

三力矩形式的平衡方程：

$\sum M_A(\boldsymbol{F}) = 0$，$\sum M_B(\boldsymbol{F}) = 0$，$\sum M_C(\boldsymbol{F}) = 0$

(8) 空间汇交力系的平衡方程（文献[1] P116）

$\sum X = 0$，$\sum Y = 0$，$\sum Z = 0$ 称为空间汇交力系的平衡方程。

(9) 空间一般（任意）力系的平衡方程（文献[1] P129）

$\sum X = 0$，$\sum Y = 0$，$\sum Z = 0$，$\sum M_x(\boldsymbol{F}) = 0$，$\sum M_y(\boldsymbol{F}) = 0$，$\sum M_z(\boldsymbol{F}) = 0$

## §1.1 力系的范围、分类、独立平衡方程个数与单力的概念

表1-1给出力系的范围、分类、独立平衡方程个数及与之相当的对象（其自由度与静力平衡方程个数相当）的对应。

一维力系指力（作用）线在同一直线上的力系。

力 系 分 类 表　　　　　　　　　　　表 1-1

| 范　围 | 分　类 | 独立平衡方程个数 | 相当对象 |
|---|---|---|---|
| 一维（直线） | 共线力系 | 1 | 直线上的点或线段 |
| 二维（平面） | 汇交力系<br>一般力系 | 2<br>3 | 平面上的点<br>平面上的刚片或线段 |
| 三维（空间） | 汇交力系<br>一般力系 | 3<br>6 | 空间点<br>空间刚体、面或线段 |

　　二维力系指力线在同一平面内的力系，所有力线汇交于一点者称（平面）汇交力系，否则称（平面）一般力系（本书把平面平行力系与平面力偶系归入平面一般力系）。

　　三维力系指力线不在同一平面上的情况，所有力线汇交于一点者称（空间）汇交力系，否则称（空间）一般力系。

　　由于平衡状态下的未知力可理解为限制相当对象沿某方向的移动的约束力，故未知力的个数就是约束的个数，最少的约束个数便是该对象的自由度，因而有：力系的独立平衡方程个数可由相当对象的自由度确定。至于相当对象的概念其实就是力系作用的对象，在静力学中，不考虑对象的变形，所以全都冠以"刚"字了。

　　如汇交力系可由作用点（可利用力的可传性将各力移至力线的汇交点）的自由度来确定，而一般力系则可由作用刚体的自由度确定。如平面上一点的自由度为 2，处于静力平衡状态时，该点在任一自由度方向上无加速度或位移，即该方向各力的投影必须平衡，故平面汇交力系独立平衡方程个数为 2。依此类推：由平面上一刚片的自由度为 3 得知平面一般力系的独立平衡方程的个数为 3 等。

　　为了便于叙述，引进 3 个概念：

　　**单力**：平衡方程中若仅有一个未知力，该力称单力。

　　**平行单力**：力系中所有未知力中除某一未知力外，全部互相平行，该力称平行单力。

　　**汇交单力**：力系中所有未知力中除某一未知力外，全部汇交于一点，该力称汇交单力。

## §1.2　平衡方程的分类与必要性

　　平衡方程的分类：

　　**投影方程与力矩方程**：投影方程表明分析对象在该方向上无移动加速度或（线）位移，而力矩方程则表明分析对象绕该矩心（对点之矩）或轴线（对轴之矩）无转动加速度或（角）位移。倘若分析对象既无线位移又无角位移，自然处于平衡状态。因而，可把静力平衡方程简单分类为投影方程和力矩方程。

　　平衡方程的必要性：

　　由于处于静力平衡状态的分析对象（可以是一质点、一刚体、刚体的某部分或刚体系统及其某部分）无论在任一方向上都不可能有任何（线、角）加速度或位移，故投影方程与方向无关，因而在建立投影方程时可选择最理想的方向（以便于计算）；而力矩方程则与矩心、轴线无关，因而在建立力矩方程时可选择最理想的矩心、轴线（因为分析对象的形状和大小可任意想象，这些矩心与轴线不受空间的限制），正是由于平衡方程的这一必要性令平衡方程可用于求解未知力。

明确了平衡方程的必要性后，作静力分析（求反力或求内力）就获得更多的自由——建立平衡方程时可自由选取方向与矩心（轴线），力求使计算得到最大限度的简化，从而提高分析（学习与工作）效率。

### §1.3 应用举例

在桁架截面法的分析中有时会遇到单力的情况，即若干个未知力中，除某一未知力以外，其余都互相平行（该力对应的杆件俗称单杆），如：

【例 1-3-1】 图 1-3-1 中，若各斜杆均与水平方向成 45°角，已知 $N_b=0$，求 $N_a$。

【分析】 本例属平面一般力系，有 3 个独立的平衡方程（与平面上的一刚片自由度 3 相对应），但分析对象有 4 个未知力，不可能单凭这一分析对象全部求解；然而 $N_a$ 为平行单力，只要选择适当的坐标轴建立投影方程，就可顺利求解。

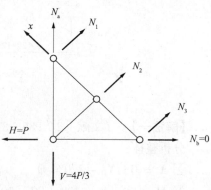

图 1-3-1

如图设立 $x$ 坐标如图，建立投影方程：$\sum X = 0$，即：

$$\frac{N_a}{\sqrt{2}} + \frac{P}{\sqrt{2}} - \frac{4P}{3\sqrt{2}} = 0$$

得：

$$N_a = \frac{P}{3}$$

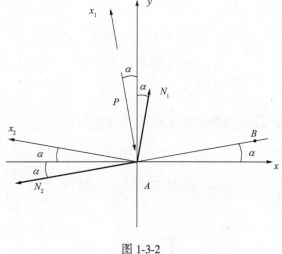

图 1-3-2

【例 1-3-2】 平面汇交力系如图 1-3-2，已知 $P$，求 $N_1$，$N_2$，（图中 $\alpha = 15°$，$x$，$y$ 分别为水平与竖直方向）。

【分析】 本例属于平面汇交力系，有两个独立平衡方程，未知力个数为 2（$N_1$，$N_2$），可解。

【解法一】 建立坐标 $x_1$，$x_2$，（分别垂直于 $N_2$ 与 $N_1$）

由方程 $\sum X_1 = 0$：$N_1 \times \frac{\sqrt{3}}{2} - P = 0 \Rightarrow$

$$N_1 = \frac{2\sqrt{3}P}{3}$$

由方程 $\sum X_2 = 0$：

$$N_2 \times \frac{\sqrt{3}}{2} - \frac{P}{2} = 0 \Rightarrow N_2 = \frac{\sqrt{3}P}{3}$$

【解法二】 在 $N_2$ 作用线上取 $B$ 点为矩心，建立力矩方程（设 $AB = L$）：

由方程 $\sum M_B = 0$：$N_1 \times \frac{\sqrt{3}}{2} \times L - P \times L = 0 \Rightarrow N_1 = \frac{2\sqrt{3}P}{3}$

用类似的方法可求得 $N_2 = \dfrac{\sqrt{3}P}{3}$

【例 1-3-3】 结构如图 1-3-3（$a$）所示，求反力（图中反力箭头在箭杆上加了交叉斜杆，下同）。

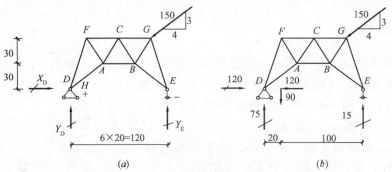

图 1-3-3

【解法一】 （文献 [2] P86~87）

分析整体：

$\sum X = 0: X_D - 120 = 0$ $\Rightarrow X_D = 120$

$\sum M_E = 0: Y_D \cdot 120 - 90 \times 20 - 120 \times 60 = 0: \Rightarrow Y_D = 75$

$\sum M_D = 0: Y_E \cdot 120 + 120 \times 60 - 90 \times 100 = 0 \Rightarrow Y_E = 15$

核：$\sum Y = 0: 75 - 90 + 15 = 0$

【解法二】 利用力的可传性把荷载沿作用线移至该力线与 $DE$ 的交点 $H$ 并分解成水平与竖直两个分量如图 1-3-3（$b$）。

$\sum X = 0: X_D - 120 = 0$ $\Rightarrow X_D = 120$

$\sum M_E = 0: Y_D \times 120 - 90 \times 100 = 0$ $\Rightarrow Y_D = 75$

$\sum M_D = 0: Y_E \times 120 - 90 \times 20 = 0$ $\Rightarrow Y_E = 15$

【例 1-3-4】 结构受荷如图 1-3-4（$a$），求 $D$ 铰两侧的剪力 $V_D^l$ 和 $V_D^r$。

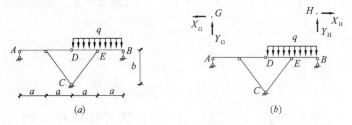

图 1-3-4

【分析】 本题无论以整体或任何一部分为对象都有四个未知力，而平面一般力系只有 3 个独立平衡方程，且这些未知力并没形成单力情况，似乎无法下手。然而只要以整体为对象，不难发现四个未知力中，可看成两两相交的交点处于同一水平线上 [见图 1-3-4（$b$）] 的 $G$、$H$ 两点。这样若把未知力都移到交点后经合成再分解成水平与竖直方向，就可看成四个新的未知力（$X_G$、$Y_G$、$X_H$和$Y_H$）且其中有三个汇交于同一点而形成汇交单力情况，该单力便可用力矩方程求得。

由于铰 $D$ 处无集中荷载，故左右截面剪力大小相等，方向相反—符号相同，

即：$V_D^l = V_D$

现以整体为对象建立力矩方程，$\sum M_H = 0$，

即：$Y_G \cdot 4a - 2qa \cdot a = 0 \Rightarrow Y_G = qa/2$（向上，且 $Y_G = Y_A + Y_E$）

以 AED 为对象建立投影方程，$\sum Y = 0$：$Y_G - V_D^l = 0 \Rightarrow V_D^l = qa/2 = V_D$

【小结】

平衡方程的问题可归纳为二：其一是形式——只有投影方程与力矩方程两种，其二是独立方程个数——与相当对象的自由度对应。

## 习 题 1

1-1 平衡方程可分投影方程和什么方程？其中投影方程与什么无关，另一类是什么方程，与什么无关？

1-2 直线上的一点有几个自由度？共线力系共有几个独立平衡方程？可解几个未知量？

1-3 平面上的一点有几个自由度？平面汇交力系共有几个独立平衡方程？可解几个未知量？

1-4 平面上一刚片有几个自由度？平面一般力系共有几个独立平衡方程？可解几个未知量？

1-5 空间一点有几个自由度？空间汇交力系共有几个独立平衡方程？可解几个未知量。

1-6 空间一刚体有几个自由度？空间一般力系共有几个独立平衡方程？可解几个未知量？

1-7 计算未知力 $N_1$。

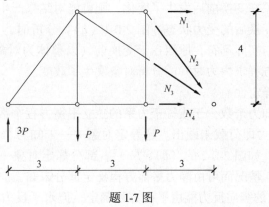

题 1-7 图

# 第2章 反力计算技巧

**预备知识**

(1) 力线平移定理

作用于刚体上的力均可以从原来的作用位置平行移至刚体内（刚体可任意缩放——笔者注）任一指定点，欲不改变该力对刚体的作用，则必须在该力与指定点所决定的平面内附加一力偶，其力偶矩等于原力对于指定点之矩。(文献 [1] P159)

(2) 等效荷载

合力相同（即主矢与对同一点的主矩均相等）的各种荷载。(文献 [3] P25)

(3) 等效变换

是指将一种荷载变换为另一种静力等效的荷载。(文献 [3] P25)

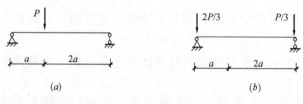

图 2-0-1

(4) 等效变换原理

力系在所选定的分析对象中可作任意的等效变换，这种变换虽会影响受力分析（求未知力）的过程却不会改变受力分析的结果；这种变换因作为分析对象的刚体可任意想象其大小和形状而不受空间的限制，但不能脱离原分析对象。如图2-0-1中荷载作 (a) 到 (b) 的变换，不难验证反力无变化，这是因为求反力时以整梁为对象，而外力的等效变换亦以整体为对象（变换前后的分析对象未改变），故变换不会对结果造成影响。

然而，若分析对象在变换前后发生了变化，则可能对结果产生影响，如：上图中若求任一截面的内力，用变换后的受力状态 [图2-0-1 (b)] 分析时，不难用截面法求得处处内力为零。显然结果与实际不符，原因在于变换前（以整体为对象求反力时）、后（以截面的一侧为对象建立方程求内力时）的分析对象发生了改变。

(5) 分析对象的静定性

静定对象——未知力个数少于或等于力系的独立平衡方程个数的分析对象，如图2-0-2 的 (a) 一图中主动力即荷载未画出。超静定对象——未知力个数大于力系的独立平衡方程个数的分析对象 [如图2-0-2 的 (b)、(c)]。部分静定对象——在超静定对象中，当存在单力（见第1章）情况而可由静力平衡方程确定部分未知力时的分析对象 [如图2-0-2 (c)]。显然 (c) 中的竖向反力能由平衡方程确定，但水平反力却无法仅由该分析对象的平衡方程确定。某些超静定对象如图2-0-2 (b)，经未知力的变换后也可能变成部分静定对象如图2-0-2 (d)，但却无法变成静定对象。

(6) 叠加原理

由几个外力所引起的某一参数（内力、应力或位移）就等于每个外力单独作用所引起

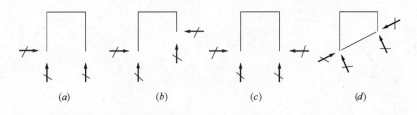

图 2-0-2

的该参数之和。(文献 [4] P186)

(7) 叠加原理补充

由几个广义荷载（包括外力、支座移动或温度改变等因素）所引起的某些与这些广义荷载具备线性相关的物理量（如在线弹性和小变形范围内，反力、内力、应力、应变或位移等）等于每个荷载单独作用所引起的物理量之和。对于某些与广义荷载不具备线性相关的物理量（如功、能等），则上述叠加关系不成立。

(8) 加减平衡力系公理

在作用于刚体的任意力系上增加或取去任何平衡力系，并不改变原力系对刚体的效应。(文献 [1] P12)

(9) 加减平衡力系公理推论 1——力的可传性原理（文献 [1] P12）

作用于刚体的力可以沿其作用线移至刚体内任意一点，而不改变它对于刚体的效应。

(10) 加减平衡力系公理推论 2　静定对象的反力定理

在静定对象中，当荷载的作用线与某反力共线时，该反力与之大小相等，方向相反，其余反力为零（可由加减平衡力系公理证明）。

如图 2-0-3 中的 (a)，右支座反力 $Y = P$，其余反力为零。

但对于部分静定对象如图 2-0-3 中的 (b)，若出现荷载类似情况，仍然有 $Y = P$、$Y_1 = 0$，但却无法由平衡方程确定其他反力。

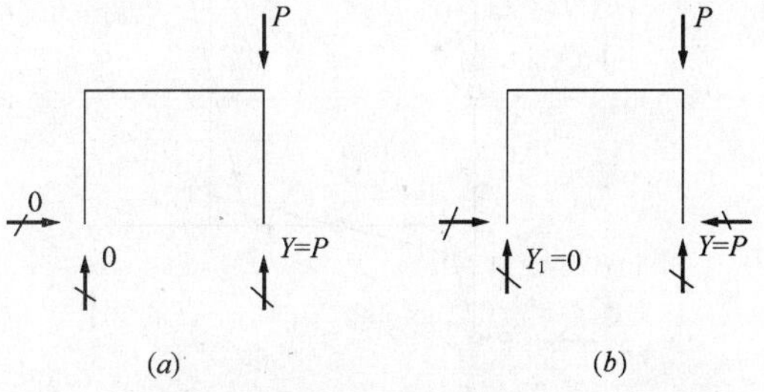

(11) 静定体系中任一几何不变部分都为静定对象

因静定体系中所有约束力均可仅凭静力平衡方程惟一地确定，故任一几何不变部分必为静定体系，而单个刚体的静定体系即为静定对象。只不过有时（当体系可按几何不变体系的三角形规律组成时）约束力的位置与方位明显（如三铰拱中任何一侧单独分析时均为静定对象，见图 2-0-4），有时（当体系难于找到按几何不变体系的三角形规律组成分析时）约束力的位置与方向不明显，需要经过较为复杂的受力分析（详见 2.5 节）才能确定其 3 个约束力（对于平面体系）的位置与方位（如图 2-0-5）。

图 2-0-3

说明：为了说明图 2-0-5 (a) 中各几何不变部分，如 BDF，均为静定对象，现由其引出一辅助刚臂，令荷载作用于其上如图 2-0-5 (b) 所示，从而可求得反力和弯矩，此时 B 处反力为 0。再把荷载作用如图 2-0-5 (c) 所示，求得反力和弯矩，此时 B 处反力亦为 0。从而得知 D、E 两处的约束反力相当于 O 处 [图 2-0-5 中的 (b) 和 (c) 两状态荷载作

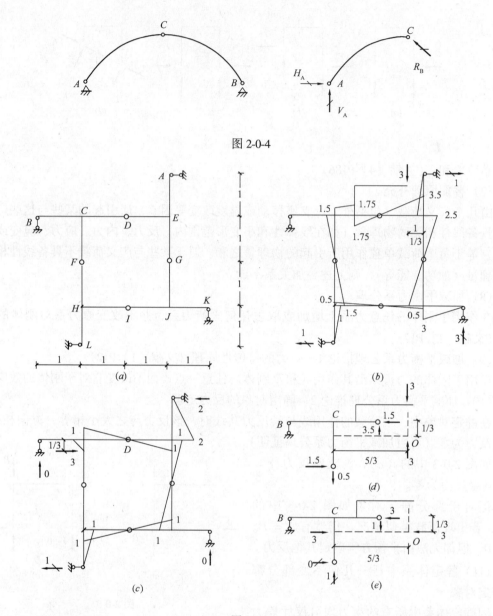

图 2-0-4

图 2-0-5

用线的交点]的约束力[见图 2-0-5 中的 (b),(c)],从而可断定,D,E 两处的约束相当于 O 处的一个固定铰支座。这样,BDF 的反力作用线的位置(O 点)与方位(过 O 点的任何方向)就可确定了,从而验证了静定体系中任一几何不变部分都为静定对象。

(12) 静定结构静力解答的惟一性

只有静定结构,全部反力和内力才可由平衡条件确定,在任何给定荷载下,满足平衡条件的反力和内力的解答只有一种,而且是有限的数值。(文献[3] P34)

(13) 体系的基本部分与附属部分

不依赖其他部分的存在而能独立维持其几何不变性,称它为基本部分,必须依靠基本部分才能维持其几何不变性,称为附属部分。(文献[3] P24)

（14）二力构件（杆）原理

工程上常遇到只受两个力作用而平衡的构件，称为二力构件或二力杆。根据二力平衡公理，该两力必须沿作用点的连线。（文献［1］P12）

（15）三力平衡汇交定理

当刚体受三个力作用而成平衡时，若其中任何两个力的作用线相交于一点，则其余一力的作用线亦必交于同一点，且三个力的作用线在同一平面内。（文献［1］P14）

（16）对称性公理

对称结构在对称的外因作用下，引起的各物理量（反力、内力、应力、应变及变形等）是对称的；在反对称外因作用下，引起的各物理量是反对称的（见图 2-0-6）。

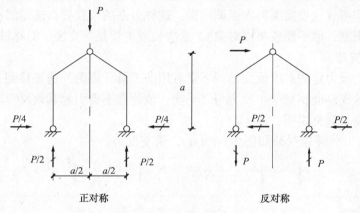

图 2-0-6

（17）对称性公理补充

在静定结构中（不考虑变形），两侧结构虽有所不同，但从力系的角度出发已形成对称的情况，在求解某些与形状无关的物理量（如反力）时仍可利用对称性公理。见图 2-0-7。

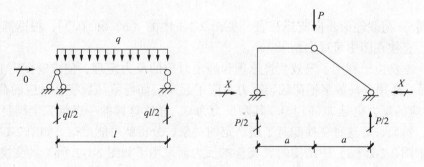

图 2-0-7

（18）代替杆法（见文献［5］P91）

对于传力关系比较复杂的静定结构，在不改变其静定性质的前提下把结构作一些约束方面的调整、增减（目的在于令结构的传力关系变得简单易算）。此时人为增加的约束可称代替约束，如果代替约束为一杆件则称之为代替杆件。显然删除的约束本应有约束力，可设其大小为未知量（比如 $X$）作为外力与原荷载共同作用于（调整后的）结构。此时作的静力分析时，各量值（包括人为增加的约束所产生的约束力）必含有未知量 $X$；因新增的约束是虚设的，其约束力应为 0，从而可建立方程求解该未知量而令问题得以顺利解决。如果新增的约束为一杆件，此法则可称代替杆法。（举例见文献[5] P91）

### §2.1 外荷变换的原则

确定静定结构反力的惟一依据是静力平衡方程，然而荷载的位置及方向对平衡方程的建立及其求解过程的繁简至关重要：当荷载处于某些特殊位置和方向时，平衡方程将特别简单甚至可直接判断结果而省去书写、建立和求解平衡方程之烦。等效变换的原则就是把荷载按等效的原则，变换到令平衡方程尽可能简单的位置，分别单独分析这些荷载引起的反力后再叠加即可（这里需要再次强调的是：这种力系的变换要在选定的对象内进行，变换的空间不受限制，但不能脱离原对象）。这些位置主要是：支座、对称轴与铰结点。

#### §2.1.1 支座

静定对象的反力定理对求反力是一非常有用的工具。因为外荷被移到支座后，对于静定对象只要在该支座能找到一个反力与之平衡，该荷载不会引起其他反力。故外荷移置的位置应首选支座。举例说明：

【例 2-1-1】 外伸梁受荷如图 2-1-1（a），求支反力。

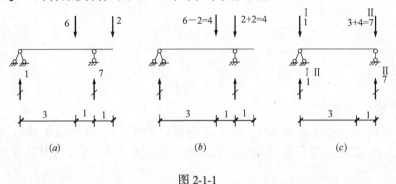

图 2-1-1

【分析】 荷载经两步向支座移置［见图 2-1-1 中的（b）和（c）］，根据静定对象的反力定理，直接在图中可写出结果。

说明：本例由于利用了等效变换原理和静定对象的反力定理，使求解变得非常简单。图 2-1-1（c）还用罗马数字把荷载与反力对应了起来。如与罗马数字Ⅱ对应的荷载 7（向下），相对应的反力也是 7（向上），其余反力为 0。显然这样的一组解完全满足所有静力平衡方程。然而，若这种变换超越了所选定的对象，分析就可能出错，如图 2-1-2：

若在求图 2-1-2（a）中结构的 A 支座的反力而采用了如图 2-1-2（b）的变换，再利用静定对象的反力定理而得 A 处的反力为 P（向上）显然结果与实际不符。原因在于变换时以整体为对象，变换后以下部为对象（变换前后对象改变了）。若变换后仍以整体为对象，由于未知（反）力的数量（5）大于独立平衡方程数（3）而成为超静定对象。此时虽然无法应用静定对象的反力定理来求解未知力，但不会因变换导致错误结论。这样的变换并未对分析带来任何好处，可见如何选取变换与如何选取对象一样十分重要。

【例 2-1-2】 结构受荷如图 2-1-3（a）所示，求支反力。

【分析】 荷载经一次变换后如图 2-1-3（b）后，利用静定对象的反力定理和对称性

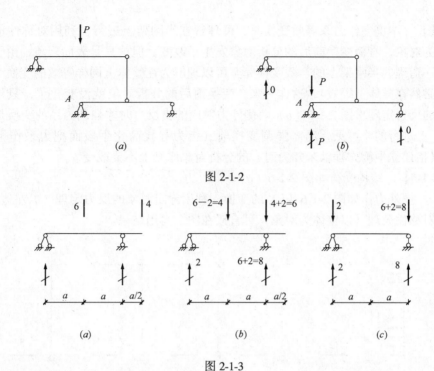

图 2-1-2

图 2-1-3

公理求出各荷载对应的支反力后再叠加；亦可把跨中荷载作进一步的变换如图 2-1-3（c），再根据静定对象的反力定理写出结果。

### §2.1.2 对称轴

由例 2-1-2 可见，荷载处于对称轴时，利用对称性（公理）求反力可简化计算。

【**例 2-1-3**】 简支梁受荷如图 2-1-4（a），求支反力。（选自文献［2］P18）

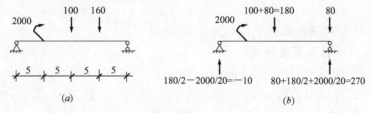

图 2-1-4

【**解法一**】 方程法，参见文献［2］P18。

【**解法二**】 荷载变换后如图 2-1-4（b），不难利用对称性公理，静定对象的反力定理，以及刚体力学中力偶是自由矢量等原理，直接把反力叠加计算标于图中。

【**例 2-1-4**】 结构如图 2-1-5（a），求反力。

【**解**】 将荷载作如图 2-1-5（b）的变换，利用静定对象的反力定理（分别以半刚架为对象）和对称性（以整体为对象）求解，叠加后得反力如图 2-1-5（a）所示。

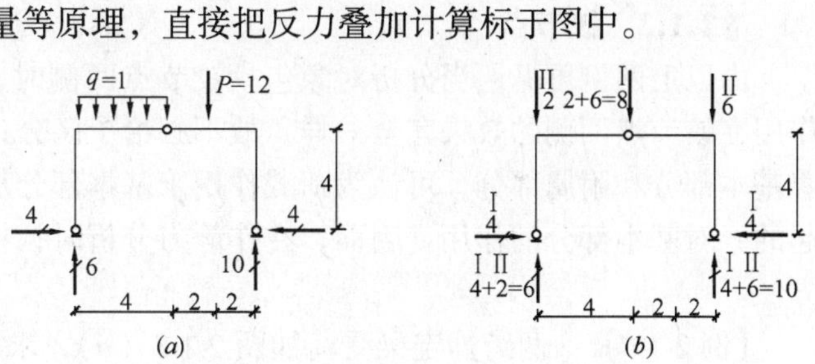

图 2-1-5

【小结】 本例在作力系等效变换时，可理解在半刚架上进行，利用对称性求反力时却以整体为对象，看似变换前后的分析对象发生了改变，但这只是表面现象，由于局部属于整体这一道理，半刚架上的等效变换完全可以理解为在整体上同样等效的变换（在半刚架上等效必然在整体上等效），这样一来，变换前后的分析对象就没变化了，只是在利用静定对象的反力定理求图2-1-6（b）两侧外力对应的支反力时才强调力系的变换是在局部（半刚架）上进行的。可见，仍需强调变换前（指为寻找简化手段而把力系作等效变换时）、后（指建立平衡方程求未知力时）的分析对象原则上不要改变。

【例2-1-5】 结构受荷如图2-1-6（a），求反力。

【解】 把外力作如图2-1-6（b）的变换，利用静定对象的反力定理（以左边为对象）和（反）对称性公理（以整体为对象）可直接在图上写出结果。

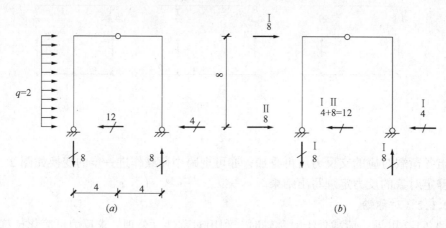

图2-1-6

【例2-1-6】 结构受荷如图2-1-7（a），求反力。

【解法一】 （选自某英文教材）

分析整体：$\sum X = 0: X_A + X_B + 12 = 0$

$\sum Y = 0: Y_A + Y_B - 16 = 0$

$\sum M_A = 0: Y_B \cdot 24 - 16 \times 12 - 12 \times 4 = 0$

分析$BC$［见图2-1-7（b）］，$\sum M_C = 0: Y_B \cdot 12 + X_B \cdot 6 = 0$

解以上4式得：$X_A = 8$；$Y_A = 6$；$X_B = -20$；$Y_B = 10$

【解法二】 把荷载作等效变换如图2-1-7（c），计算可在图上完成。

§2.1.3 铰节点

由以上两例可见，当分析对象包括铰节点两侧时，因为此时从分析对象的角度出发，作用在铰节点两侧的效果完全一样，故不必给予区分；然而，若荷载所作用的铰节点连接着基本部分和附属部分，可认为荷载作用于基本部分从而免去求解附属部分（由该荷载引起的）对基本部分的作用。因而，在作静力分析时，把荷载向该铰点移置也会带来一定的方便。

【例2-1-7】 两跨静定梁受荷如图2-1-8（a），求反力。

【解】 在附属部分上作分解和分析如图2-1-8（b），再分析基本部分如图2-1-8（c）。

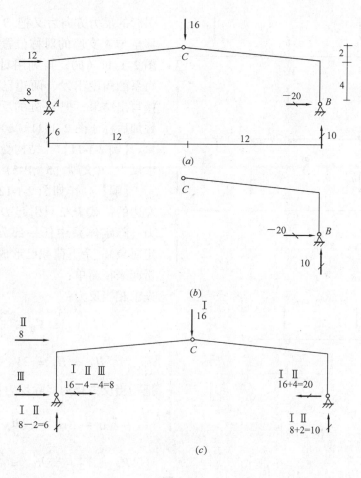

图 2-1-7

最后把反力标于图 2-1-8（a）。

### §2.1.4 形成局部平衡力系

由上例可见，形成局部平衡力系后，该力系立即可在余下的分析中略去，使得余下的分析变得更简单（增减平衡力系原理）。

【例 2-1-8】 两跨静定梁受荷如图 2-1-9（a），求反力。

【解】 先分析 CD 得 $Y_D = 4$（向上），再对整体的外力进行变换，使其形成局部平衡力系如图 2-1-9（b），略去平衡力系后问题得以简化，把结果标于图 2-1-9（a）。

### §2.1.5 形成二力构件

因二力构件的反力方向明确，有利于求解；充分利用可简化计算。

【例 2-1-9】 结构如图 2-1-10（a），求 A 处的支反力。

【解】 把荷载作如图 2-1-11 的变换，利用静定对象的反力定理首先确定 A 支座由水平荷载 1（向右）所引起的反力 1（向左），接着把 C 处的竖向荷载沿作用线移至 A，水平荷载移至 B 处，从而使 AB 形成二力杆，水平反力为二因素叠加见图 2-1-10（b）。

【例 2-1-10】 不对称三铰刚架受荷如图 2-1-11（a）求反力。

【解】 把荷载作如图 2-1-11（b）的变换，利用静定对象的反力定理首先确定作用于两边的外力（5 与 3）所引起的反力，再利用二力构件原理确定余下外力（5＋3＝8）所

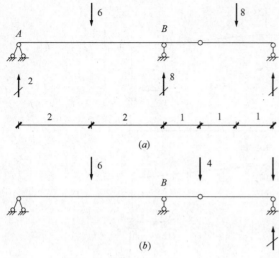

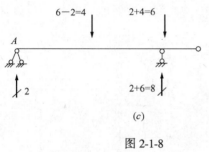

图 2-1-8

把左边荷载 $P/2$ 所引起的反力叠加后：

$$R_D = -\frac{3}{4}P + \frac{1}{2}P = -\frac{1}{4}P\ (\downarrow)$$

## §2.2 等效变换小结

以上各例说明，建立方程求反力前先作力系的等效变换有时可简化计算，但掌握不好又容易出错。下面给出等效变换的注意事项与保证措施。

【注】

实施等效变换时，认清分析对象是关键。确定了对象也就限定了等效变换的力系。然而，分析对象选定后，对象的大小范围仍然是任意的（可根据需要把分析对象想象成能承接变换前后的力系中所有各力的刚体），只要对象是静定的或部分静定的，就可利

引起的反力方向后又把 B 支座的支反力移至与 A 支座的对称位置 D 再作分解如图 2-1-11（b）；再利用对称性（此时从力系的角度出发，两边已对称）则可直接写出结果，把 D 处的反力移回 B 处再叠加后标于图 2-1-11（a）。

【例 2-1-11】 结构受荷如图 2-1-12，求反力。（文献［5］P45）

【解】 作如图 2-1-12（b）的变换，左边的荷载 $P/2$ 只引起 D 支座的竖向反力（静定体系中任一部分，ADC，为静定对象）。余下荷载已形成对称情况，分析起来很简单：

先求相当反力：

$$V_A = V_B = \frac{3}{4}P$$

$$H_A = H_B = 2V_A = \frac{3}{2}P$$

把相当反力化为实际反力：

$$R_{AJ} = R_{BK} = \sqrt{2}H_A = \frac{3\sqrt{2}}{2}P$$

$$R_E = V_B - \frac{\sqrt{2}}{2}R_{BK} = -\frac{3}{4}P\ (\downarrow)$$

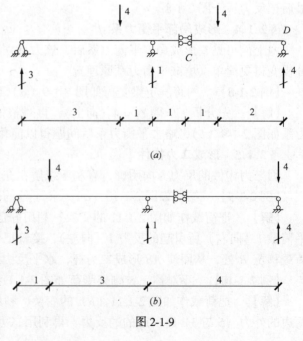

图 2-1-9

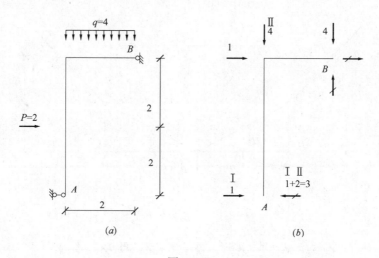

图 2-1-10

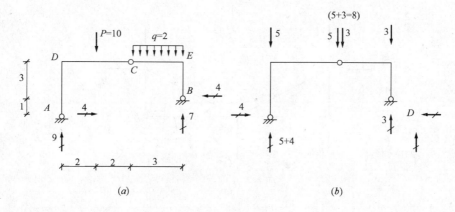

图 2-1-11

用平衡方程求解。举例说明：

**【例 2-2-1】** 结构如图 2-2-1（a），求反力。

**【解】** 作等效变换如图 2-2-1（b），其中刚架右边的外力移至 A 点再分解（但必须理解该外力仍然作用于右边），再据（每边）静定对象的反力定理和（整体为对象）对称性（从力系的角度出发，两边已对称）求出相应的反力，叠加后如图 2-2-1（a）所示。

**【例 2-2-2】** 结构如图 2-2-2（a），求反力。

**【解】** 利用叠加原理，将荷载分解为图 2-2-2（b）与图 2-2-2（c）两情况的叠加。作受力分析时把反力滑移到适当的位置再分解，叠加后结果如图 2-2-2（a）。

保证措施

既要利用荷载的变换来简化计算，又要防止造成错误，对于初学者，这里提出三项保证措施：先选后变、宁长勿消、检验等效。

先选后变

选定分析对象之后再考虑是否需要作力系的等效变换。

宁长勿消

若在作过力系的等效变换后才发现某平衡方程对计算未知力很方便而想建立平衡方程

15

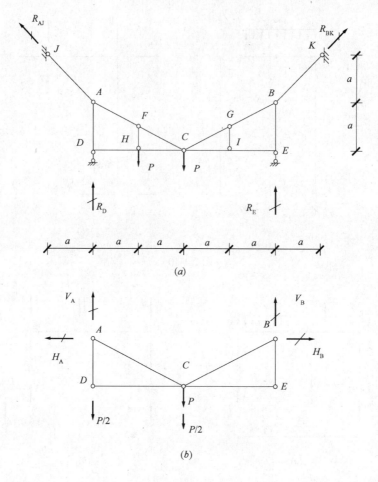

图 2-1-12

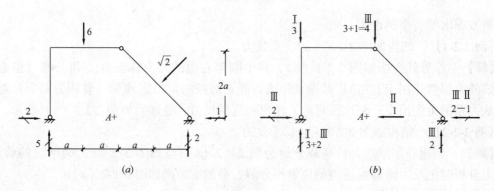

图 2-2-1

时检查一下对象在变换前后是否改变了。若有所改变则尽量遵循宁长勿消（可长大但不要缩小，因缩小有时会出错）的原则。

检验等效

在建立平衡方程求解未知力时检查一下分析对象的力系与原始力系是否等效，等效了不会出错，否则可能有问题。

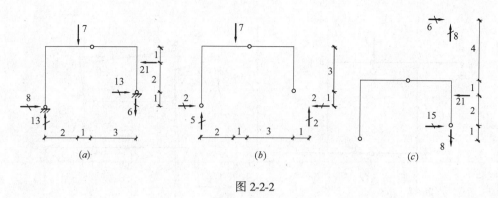

图 2-2-2

【小结】

以上各节内容说明,在求反力时作适当的等效变换可简化计算。然而,等效变换并不局限在求反力的计算。在余下各章中还将结合其他内容给出更多利用等效变换以取得简化的算例,其基本原理就是力系与对象的关系。上述注意事项与保证措施到时仍然适用。

## §2.3 刚架分析中的代替杆法

文献[5](一种较高要求,专为本科5年制专业编写的《结构力学》教材)介绍了关于桁架分析的代替杆法。但笔者以为,该法不仅是一种分析方法,更是一种思维方式。因而并非仅限于桁架的分析。下面结合例题介绍该法在刚架支反力分析中应用。

【例 2-3-1】 结构如图 2-3 所示,求支反力。

【分析】 不难分析体系计算自由度为0,为无多余约束的不变体系,即静定结构。但寻找仅含一未知量的对象建立平衡方程相当困难,因而可采用在 $F$、$G$ 之间增加一0杆的办法;为了使结构不出现多余约束,暂时去掉 $A$ 处的约束,并把未知的约束力 $V$ 作用其上如图 2-3(b)。由此求得约束反力并产生弯矩如图 2-3(b),并算得附加杆的轴力为 $0.5V$。现把荷载 $P$ 单独作用其上且经分析[途径之一见图 2-3(d),可先求得 $N_{FG}$,再求余下未知力]得内力图如图 2-3(c)。由于 $FG$ 为0杆,

得: $$0.5P = 2V \Rightarrow V = 0.25P$$

图 2-3(b)、(c)叠加得图 2-3(d)。

【小结】 代替杆法在桁架中的应用详见文献[5],但这种思维方式在刚架分析中同样有效。通常用于体系的计算自由度为0,在难于找到仅含一个未知量的分析对象时(一般在体系的几何分析难于采用三角形规律—无多余约束体系的几何组成规律时)可考虑采用本法。

## §2.4 似对称结构的对称性利用

所谓似对称结构是指稍作改造就具对称性的结构。这种情况可设法利用对称性以简化计算,举例说明。

【例 2-4-1】 结构如图 2-4-1(a),求 $V_B$ 和 $H_C$。(同济大学)

【分析】 只要在 $B$ 支座加一向左的大小为 $P/2$ 的水平力,结构就呈现正对称的受力状态如图 2-4-1(b),因而反对称的反力 $H_C = 0$。再于 $B$ 处加一向右的 $P/2$ 如图 2-4-1(c),依次分析节点 $B$、$D$、$A$ 的 $A$ 处反力为 $P/2$ 向右如图。由于(a)=(b)+(c),故得

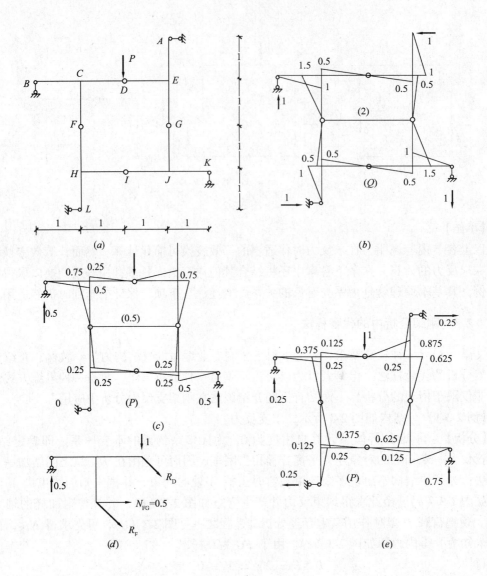

图 2-3

图 2-4-1

$B$、$C$ 的反力如图 2-4-1($a$)。

**【例 2-4-2】** 求图示半圆形三铰拱拉杆 $AB$ 的拉力。（广东工业大学）

**【分析】** 只要在左支座加一水平约束，结构就对称；再把荷载作如图 2-4-2（$b$）的等效变换，下部作用于 $A$ 支座的水平荷载只引起 $A$ 支座的水平反力（静定对象反力定理）。上部作用于拱顶的荷载则可视为反对称荷载，可得两支座的水平反力均为其一半（$qR/4$）。利用 $BC$、$AC$ 均为二力杆可求得 $B$ 处的竖向反力 $qR/4$（向上），而 $A$ 支座的竖向反力亦为 $qR/4$（向下），叠加后的反力如图 2-4-2（$b$）。利用等效关系，$AB$ 杆的轴力亦为 $qR/4$（受拉）。

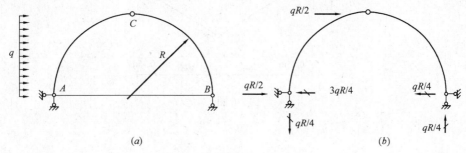

图 2-4-2

**【小结】** 似对称结构通常可设法利用其对称性以简化计算。

# 习 题 2

2-1 静力分析过程中，选定分析对象后，力系可作任意的等效变换。这种变换虽对分析结果无影响，但对什么有影响？

2-2 力系作了的等效变换后，在建立方程求未知力时，分析对象若扩大了，或缩小了，对分析结果是否有影响。依据是什么？

2-3 铰节点上的荷载，在分析对象包括节点两侧时，是否必须讲究荷载作用在那一侧？而在分析对象仅包括其中一侧且两侧分别为基本部分和附属部分时，可认为荷载作用的那部分对计算反力和内力无影响？

2-4 对称结构在正、反对称荷载作用下，所有物理量具备什么关系？

2-5 分析判断

荷载如题 2-5 图所示，求反力。

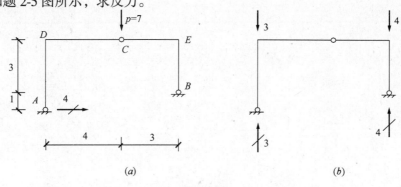

题 2-5 图

解：作题2-5图（b）的变换后，反力直接与外力等值反向。
以上分析错在哪里？

2-6 用代替杆法对题2-6图所示结构作内力分析。

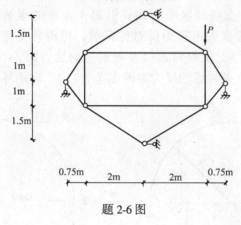

题 2-6 图

# 第3章 杆件内力分析技巧

**预备知识**

(1) 截面法（文献 [6] P5）：用截面假想地把构件分成两部分，以显示并确定内力的方法称截面法。可归纳以下三个步骤：

1) 欲求某一截面上的内力时，就沿该截面假想地把构件分成两部分，任意留下一部分作为研究对象，摒弃另一部分。
2) 用作用于截面上的内力代替摒弃部分对留下部分的作用。
3) 建立留下部分的平衡方程，确定未知的内力。

(2) 等效力系（文献 [1] P11）

若两力系分别作用于同一物体而效应相同时，则这两力系为等效力系。

(3) 内力计算中3个常用的常数（见图 3-0）：$\dfrac{qL^2}{2}$、$\dfrac{qL^2}{8}$、$\dfrac{Pab}{L}$

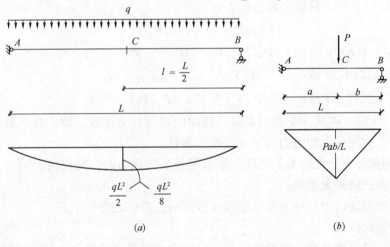

图 3-0

## §3.1 截面法概述与移置截面法

求内力是结构分析的关键一环，是各类设计的最主要任务之一。其最基本的方法是截面法，而截面法可用以下介绍的移置截面法取而代之。为此要引进一些新概念与新理论。

(1) 两个概念与一个关系

等效力系：（其实这是个旧概念，只因它与接下的一个新概念关系密切，这里一并列举）

若力系 $\{F\}_1$ 与 $\{F\}_2$ 对分析对象产生的（外）效应相同，则称 $\{F\}_1$ 与 $\{F\}_2$ 等效或

$\{F\}_1$与$\{F\}_2$互为等效力系。

记作：$\{F\}_1 = \{F\}_2$（这里不能与矩阵符号相等混淆）

反效力系：

若力系$\{F\}_1$与$\{F\}_2$对分析对象产生的（外）效应相反，则称$\{F\}_1$与$\{F\}_2$反效或$\{F\}_1$与$\{F\}_2$互为反效力系，

记作$\{F\}_1 = -\{F\}_2$

力系公理1：一个平衡力系可分为两个反效力系。

力系公理2：作用与反作用互为反效力系。

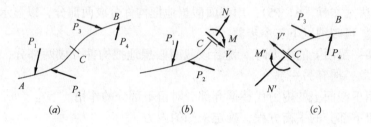

图 3-1

在图 3-1 中，若杆 AB 处于平衡状态，根据力系公理1有：

在图 3-1-1（a）中：$\{P_1, P_2\} = -\{P_3, P_4\}$ (3-1)

在图 3-1-1（b）中，根据力系公理2有：

$$\{P_1, P_2\} = -\{M, V, N\} \tag{3-2}$$

同理在 3-1-1(c) 中：$\{P_3, P_4\} = -\{M', V', N'\}$ (3-3)

由式(3-1)，式(3-2)得：$\{M, V, N\} = \{P_3, P_4\}$ (3-4)

由式(3-1)，式(3-3)得：$\{M', V', N'\} = \{P_1, P_2\}$ (3-5)

式（3-4），（3-5）说明一个重要关系——截面内力与外力等效定律：处于静力平衡状态的分析对象中，截面一侧的内力与另一侧外力等效。

推论：（两侧外力）变换无关定理：欲求某截面的内力时，截面两侧的外力各自作等效变换对求内力的结果无影响。

本定理可由截面内力与外力等效定理直接证明，故称之为推论。

(2) 移置截面法

上述关系就是移置截面法的理论依据。欲求构件某截面的内力，只需把截面一侧的所有外力（等效地）移至另一侧的截面（形心）处（亦称向截面形心简化）并化作内力形式（对于平面结构仅为 M，V，N 三个内力分量，但对于空间力系则有两个方向的弯矩与剪力以及扭矩与轴力等六个内力分量）即可。如在图 3-1（a）中欲求 C 截面的内力，只需把截面左侧的全部外力（$P_1$，$P_2$）向右侧截面形心移去并化作内力形式（$M'$，$V'$，$S'$）即可；同样把右侧外力向左侧截面形心移置亦然。为了便于说明，下文把传统的截面法称之为方程截面法简称方程法，把移置截面法简称移置法。

## §3.2 举例——梁、刚架与拱

**【例 3-2-1】** 简支梁受荷如图 3-2-1（a），求截面 D 的内力。

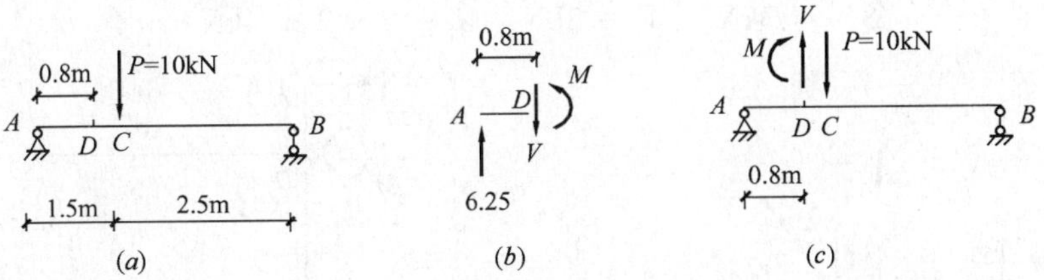

图 3-2-1

**【解法一】** （方程法，文献 [7] P113）

先分析整体，求得支反力：$R_A = 6.25$ kN，$R_B = 3.75$ kN

取 $D$ 截面以左为对象画受力图如图 3-2-1（b）（图中未知内力按正向画出），由平衡方程：

$\sum y = 0, R_A - V = 0$ 解得 $V = R_A = 6.25$ kN

由平衡方程：

$\sum M_D = 0: R_A \cdot 0.8 - M = 0$，解得 $M = 5$ kN·m

**【解法二】** （移置法）求支反力同解法一

把截面以左的所有外力（$R_A$）向右侧截面形心作等效移置并化作 $V$，$M$ 形式 [$V$、$M$ 坐标见图 3-2-1（c）] 得：

$V = R_A = 6.25$ kN 以及 $M = R_A \cdot 0.8 = 5$ kN·m

**【例 3-2-2】** 一简支梁受集度为 $q$ 的均布荷载作用（见图 3-2-2）求 $C$ 截面（距 $A$ 为 $x$）的剪力和弯矩。

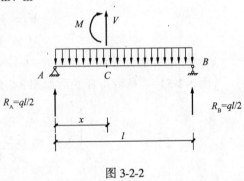

图 3-2-2

先求支反力得：$R_A = R_B = \dfrac{ql}{2}$

**【解法一】** 方程法（文献 [7] P116）

**【解法二】** 移置法

把 $C$ 截面以左的所有外力（$R_A$ 与 $qx$）向右侧截面移去并化作 $V$，$M$ 形式：

$$V(x) = R_A - qx = q(l - 2x)/2$$
$$M(x) = R_A x - qx^2/2 = qx(l - x)/2$$

讨论：若把 $C$ 截面以左的所有外力（$R_A$ 与 $qx$）向右侧截面移去前作适当的等效变换，求弯矩时还可进一步简化计算：

$$M(x) = (R_A - qx/2)x = qx(l - x)/2$$

这样便很容易记忆在内力分析中 2 个使用频率极高的常数：$\dfrac{ql^2}{2}$ 和 $\dfrac{ql^2}{8}$

**【例 3-2-3】** 简支梁受荷如图 3-2-3，求截面 $D$ 的内力（文献 [2] P25）

分析整体求得支反力：$X_A = 3$ kN，$Y_A = 2$ kN

**【解法一】** 方程法（见上述文献）

**【解法二】** 移置法

把截面以左的所有外力（$Y_A$ 与 $X_A$）向右侧截面移去并化作 $S$、$V$、$M$ 形式：

$$S = -3\text{kN}, \quad V = 2\text{kN} \quad M = 2 \times 2 = 4\text{kN} \cdot \text{m}$$

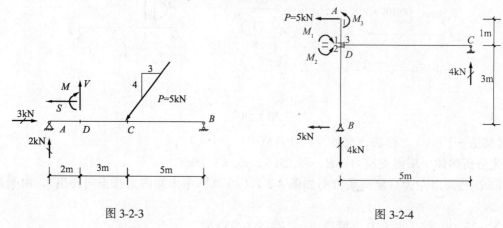

图 3-2-3　　　　　　　　　　　图 3-2-4

【例 3-2-4】　刚架受荷如图 3-2-4，求节点 $D$ 处三杆端的弯矩 $M_1$，$M_2$ 和 $M_3$（文献 [8] P72）。

【解】　先求支反力（已标于图中），

方程法：（见上述文献）

作内力坐标系（注意选定与外力比较简单的另一侧截面），用移置法求解：

$$M_1 = P \cdot 1 = 5$$
$$M_2 = -X_B \cdot 3 = -15$$
$$M_3 = Y_C \cdot 5 = 20$$

显然，这样的计算简明清晰。

【例 3-2-5】　悬臂折杆受荷如图 3-2-5，求截面 $A$ 的内力。

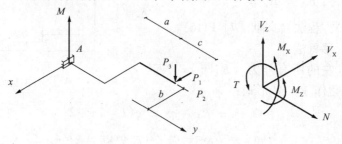

图 3-2-5

【解】　把外荷向点 $A$ 移置并化为内力形式（$M_x$、$V_x$、$M_z$、$V_z$、$T$ 和 $N$）：

$$M_x = -P_3(a+c), \quad V_x = -P_1$$
$$M_z = -P_1(a+c) - P_2 \times b, \quad V_z = -P_3$$
$$T = -P_3 \times b, \quad N = P_2。$$

【例 3-2-6】三铰拱受荷如图 3-2-6，已知拱轴方程为：$y = 4fx(l-x)/l$ 求 $D$ 点左右截面的内力 $M_D$、$S^l$、$V^l$、$S^r$ 和 $V^r$。（文献 [8] P112）

【解】　先求 $B$ 支座的反力（已标于图中）

利用拱轴方程的导数求得 $D$ 截面的倾角 $\varphi \approx -26°34'$

24

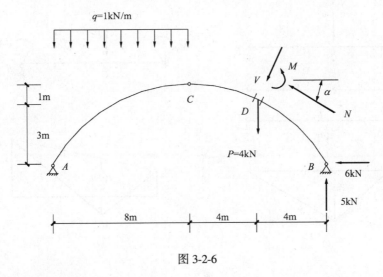

图 3-2-6

取 $\alpha = |\varphi| \approx 26°34'$

【解法一】 公式法（见上述文献）

【解法二】 移置法：

选定较简单的右侧外力并画出左侧的内力坐标，再把右侧的所有外力向左侧的截面移置并化为 $N$、$V$、$M$ 形式：

$$M_D = Y_B \cdot 4 - H \cdot 3 = 5 \times 4 - 6 \times 3 = 2 \text{kN} \cdot \text{m}$$

$$N^l = (P - Y_B)\sin\alpha - H\cos\alpha = -5.81 \text{kN}$$

$$V^l = (P - Y_B)\cos\alpha - H\sin\alpha = -1.79 \text{kN}$$

$$N^r = -Y_B\sin\alpha - H\cos\alpha = -7.60 \text{kN}$$

$$V^r = -Y_B\cos\alpha + H\sin\alpha = -1.79 \text{kN}$$

【注】 公式法在实际应用中（求多个截面的内力）是很方便的工具，但作为理解内力的起因及在只求单个截面的内力时，用截面法可避免记忆、查找公式的麻烦。

移置截面法的计算步骤：

(1) 确定截面后，选定外力较为简单一侧并作另一侧截面的内力坐标，其正向按内力正向画出（熟练后，本步骤可省去）；

(2) 把选定的外力向另一侧截面形心移置并按坐标系化为内力形式。

【小结】 与方程法相比，移置法优点有二，作图方面用内力坐标代替脱离体，简化了作图工作量；计算方面用算术计算代替代数计算，可省去建立方程这一步。

### §3.3 落差法

先引进一个概念：

（弯矩）落差——简支梁 $AB$ 受荷如图 3-3-1（$a$），若 $C$ 为简支梁中某截面，则定义 $M_C^{AB} = \dfrac{Pab}{L}$ [见图 3-3-1（$b$）] 为 $C$ 在 $AB$ 中的落差。

显然，若 $A$、$B$ 两端受集中力偶作用如图 3-3-1（$c$），则由叠加原理得知图 3-3-1（$d$）中的关系仍然成立，这就为落差法提供了理论基础。此外，若梁的弯矩符号采用下

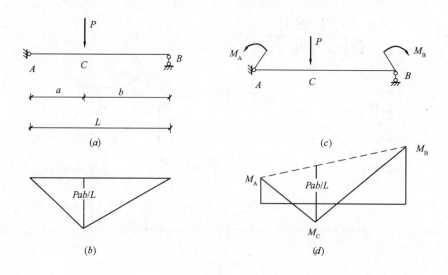

图 3-3-1

面受拉为"+",在求出 $M_C^{AB}$ 的情况下,由几何关系得知:$M_C = M_C^{AB} + \dfrac{aM_A + bM_B}{L}$,从而只要已知 $M_A$、$M_B$、$M_C$ 3 者中的两个量值就可由几何关系求出第三者。

【例 3-3-1】 结构如图 3-3-2(a),求 E 截面的弯矩(选自文献[5] P249—原题求 C 截面的位移,求内力只是中间环节)。

【分析】 两支座截面的弯矩很容易利用悬臂段的荷载求得,中间 E 截面的弯矩若用截面法计算,必须先求支反力;然而,利用两侧外力变换无关定理,把截面两侧的外力作等效变换后见图 3-3-2(b),利用常量 3(当 C 处于 AB 的中点时):

$$C3 = \frac{Pab}{L} = \frac{PL}{4}$$

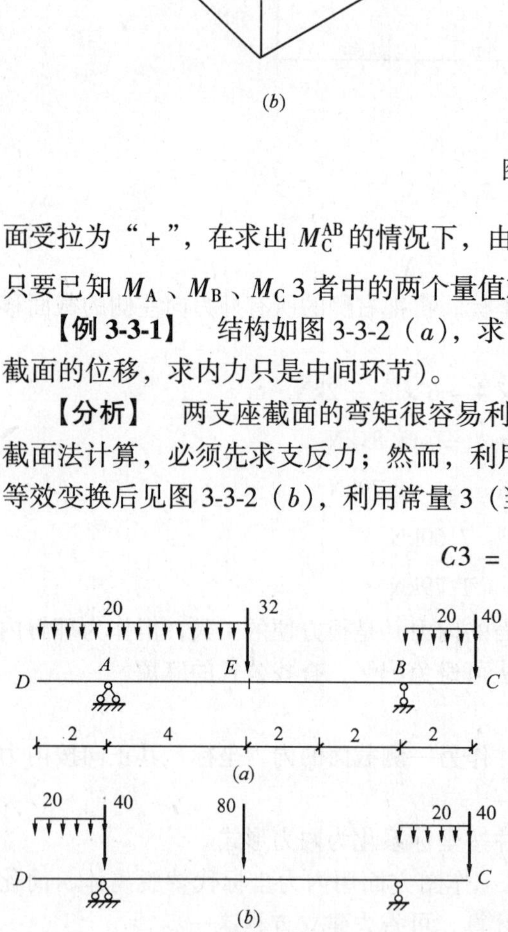

即 E 在 AB 的落差:$M_E^{AB} = \dfrac{PL}{4} = \dfrac{80 \times 8}{4} = 160$(见图 3-3-2)。

从而用以上计算代替了求支反力以及利用截面法求弯矩两个步骤,因而简化了计算。

为了使帮助读者更好的理解和应用落差法,下面提示均布力与集中力偶的等效变换计算,图中还给出了变换前(实线)、后(虚线)的弯矩图的异同。

图 3-3-2

【例 3-3-2】 用落差法求图 3-3-3 中的(a)(b)中 C 截面的弯矩,并作荷载变换前(实线)、后(虚线)的弯矩图作比较。

【解】 只要把 C 截面两侧外力分别作等效变换得图 3-3-3(c)和 3-3-3(d),分别把 $P = \dfrac{qL}{2}$ 和 $P = \dfrac{m}{b}$ 代入常量 3,即 $\dfrac{Pab}{L}$,即可求得:$M_C = \dfrac{qab}{2}$ 和 $M_C = \dfrac{a}{L}m$。

【小结】 荷载变换前后的弯矩图虽不相同,但在落差截面 C 处的量值却相等。

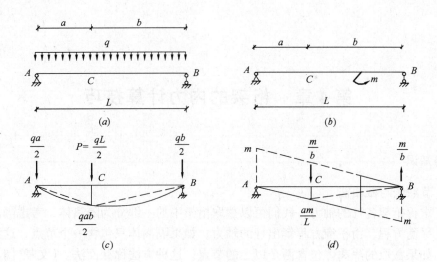

图 3-3-3

## 习 题 3

3-1 一侧截面的内力与哪一侧的外力等效？

3-2 什么叫内力坐标？为方便计算应如何确定内力坐标的正向？

3-3 分别用公式法、截面法及移置截面法计算抛物线三铰拱（见图 3-2-6）指定截面 $D$ 的内力并比较三种方法的异同及优缺点。

3-4 为何用落差法计算某截面的弯矩时，两侧的外力必须各自变换，可否把左、右两边的外力合在一起变换？

# 第4章 桁架的内力计算技巧

**预备知识**

(1) 节点法与截面法

为了求得桁架各杆的轴力，我们可以截取桁架中的一部分为隔离体，考虑隔离体的平衡，建立平衡方程，由平衡方程解出杆的轴力。如果隔离体只包含一个节点，这种方法称节点法。如果截取的隔离体包含两个以上的节点，这种方法称截面法。（文献［8］P86）

(2) 截面单杆：如果某个截面所截的内力为未知的各杆中，除某一杆外，其余各杆均交于一点（或彼此平行—交点在无穷远处），则此杆称为该截面的单杆。（文献［8］P92）

(3) 几种特殊节点：在桁架中常有一些特殊形状的节点，掌握这些节点的平衡规律，可以给计算带来很大的方便。（文献［3］P56）

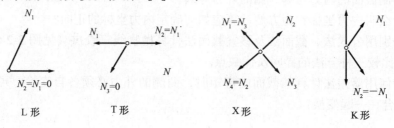

图 4-0

## §4.1 几种特殊节点补充

预备知识中已介绍了一些特殊节点这里再作一些补充。为了便于查阅，把原有的与补充的画在一起（由于各特殊节点的内力关系可根据 X 形和 K 形节点的内力关系导出，图4-1-1 中把它们排在每行的首位）：

X、Y、V、K、K′、ψ 和 ψ′形节点，其关系（证明略）已标于图 4-1-1 中。

尚需补充两点：

1) K′和 ψ′节点分别表示 $N_1$ 与 $N_2$ 各为异号和同号。

2) 当某一已知力作用于节点时，若把它当成一杆件的内力就符合特殊节点的形状（条件）时，便可按特殊节点处理，如图 4-1-2 所示。

## §4.2 举例

**【例 4-2-1】** 桁架受荷如图 4-2-1，求各杆内力。（文献［9］P94）

**【解】** 首先分析节点 5（ψ形），得：

$$N_{56} = 15$$

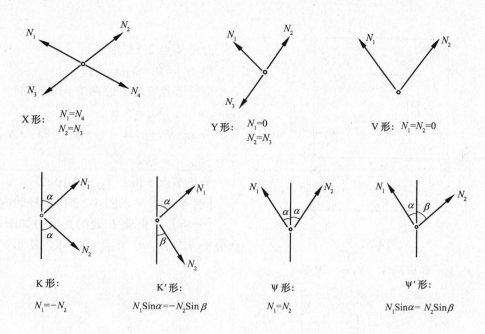

图 4-1-1

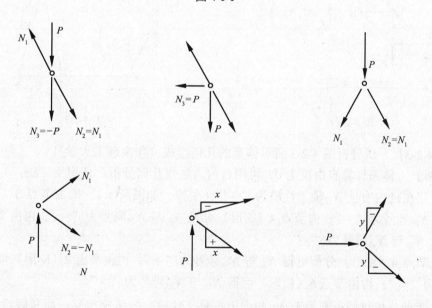

图 4-1-2

分析节点 6（ψ形）

得：$N_{67} = 15$，$N_{61} = 15\sqrt{2}$

分析整体

得 $X_1 = 15$（向左）

$Y_1 = 10$（向下）

$Y_2 = 10$（向上）

分析节点 1（把已知力 $N_{61} = 15\sqrt{2}$ 分解成水平与竖直方向后得 X 形）得：$N_{12} = 0$，

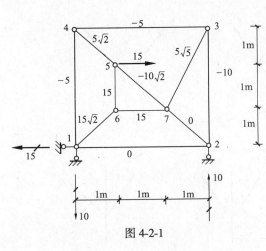

图 4-2-1

$N_{14} = -5$

分析节点 2（K'形）得 $N_{27} = 0$，$N_{23} = -10$

分析节点 3（考虑两方向的平衡）得：
$N_{37} = 5\sqrt{5}$；$N_{34} = -5$

分析节点 4（ψ形）得：$N_{14} = -5$；$N_{45} = -5\sqrt{2}$

分析节点 5 得：$N_{57} = -10\sqrt{2}$

【例 4-2-2】 求图 4-2-2 指定杆的内力。

【分析】 先求 $B$ 处的支反力如图，依次分析 $E$、$D$、$C$ 节点（ψ、K、K形）得：
$N_1 = -P/3$，$N_2 = P/3$，$N_3 = -P/3$。

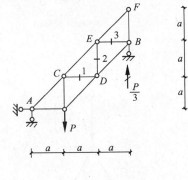

图 4-2-2

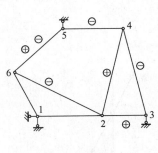

图 4-2-3

【例 4-2-3】 试分析图 4-2-3 所示体系的几何组成（华南理工大学）。

【分析】 体系计算自由度为 0，可用自内力法作几何分析，且用反证法：

假定存在自内力且 $N_{23}$ 轴力性质为"+"（受拉，如图所示），则由节点 3（K'形）可得 $N_{34}$ 与 $N_{23}$ 异号为"-"；由节点 4（ψ'形）可见 $N_{45}$ 与 $N_{34}$ 同号为"-"；再由节点 5（ψ'形）可见 $N_{56}$ 与 $N_{45}$ 同号为"-"。

现从节点 4（K'形）分析可得 $N_{24}$ 与 $N_{34}$ 异号为"+"；再由节点 2（K'形）可得 $N_{26}$ 与 $N_{24}$ 异号为"-"；再由节点 6（K'形）可得 $N_{56}$ 与 $N_{26}$ 异号为"+"。

以上两种分析路径得到关于 $N_{56}$ 的内力符号（性质）的结论相反，而其假设条件却是相同的 $-N_{23}$ 为"+"。因而推翻了自内力存在的假定。可得体系为无多余约束的不变体系的结论。

### §4.3 截面法中的等效变换应用

在应用截面法求桁架的内力时，无论已知力还是未知力，都可作适当的（等效）变换；变换得当则可简化计算，举例说明。

【例 4-3】 桁架受荷如图 4-3（a）所示，求杆 1，2，3 的内力 $N_1$、$N_2$、$N_3$。（文献 [9] P74)

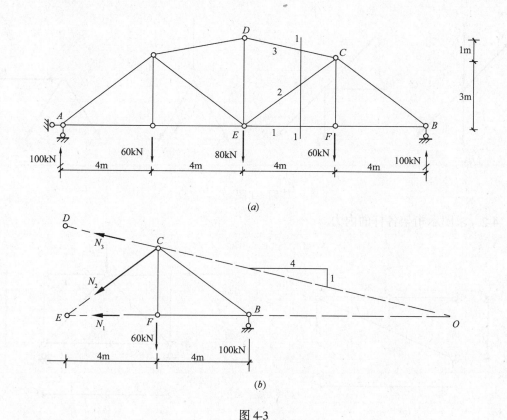

图 4-3

**【解法一】** （选自上述文献）取截面 1—1 右部为隔离体，见图 4-3（b）。

由 $\sum M_C = 0$：$N_1 \cdot 3 - 100 \times 4 = 0 \Rightarrow N_1 = 400/3 \text{kN}$

通过几何分析算出图中 $OB = 8\text{m}$

由 $\sum M_O = 0$：

$$N_2 \cdot \frac{3}{5}(4+8) + N_2 \cdot \frac{4}{5} \times 3 + 60(4+8) - 100 \times 8 = 0 \Rightarrow N_2 = 25/3 \text{kN}$$

由 $\sum M_E = 0$：

$$N_3 \cdot \frac{4}{\sqrt{17}} \times 3 + N_3 \cdot \frac{1}{\sqrt{17}} \times 4 + 100 \times 8 - 60 \times 4 = 0 \Rightarrow N_3 = -35\sqrt{17} \text{kN}$$

**【解法二】** 在求出 $N_1 = 400/3 \text{kN}$ 后，把 $N_3$ 移置 $D$ 后再分解，

由 $\sum M_E = 0$：$N_3 \cdot \frac{4}{\sqrt{17}} \times 4 + 100 \times 8 - 60 \times 4 = 0 \Rightarrow N_3 = -35\sqrt{17} \text{kN}$

由 $\sum X = 0$：

$$N_2 \cdot \frac{4}{5} - 35\sqrt{17} \times \frac{4}{\sqrt{17}} + \frac{400}{3} = 0 \Rightarrow N_2 = 25/3 \text{kN}$$

**【小结】** 本例说明，在桁架分析中，由于对未知外力做了必要的变换，避免了繁杂的几何分析，简化了计算。

# 习 题 4

4-1 在题 4-1 图 5 个等号后填上正确的量值。

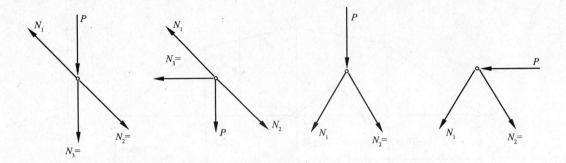

题 4-1 图

4-2 求图示桁架各杆的内力。

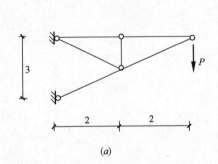
(a)

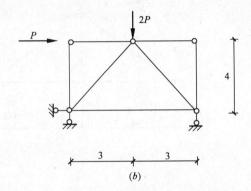
(b)

题 4-2 图

4-3 求图示指定杆件的内力。

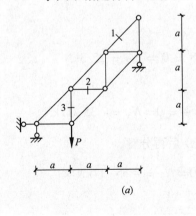
(a)

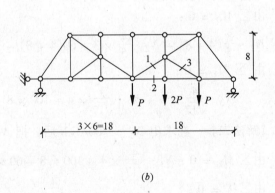
(b)

题 4-3 图

# 第5章 内力图的作图技巧

**预备知识**

(1) 荷载集度（这里指与直杆杆轴垂直方向的荷载—笔者注）、剪力与弯矩间的微分关系，即：

$$\frac{dV(x)}{dx} = q(x), \frac{dM(x)}{dx} = V(x), \frac{d^2M(x)}{dx^2} = q(x)。（文献[4]P178）$$

（以上关系必须与坐标系联系起来，若坐标系的正向规定不同，则需注意是否需要改变符号）

这些关系概括为四个字：0、平、斜、弯（文献 [9] P27）

列表说明：

| 情 况 | 0 | 平 | 斜 | 弯 |
|---|---|---|---|---|
| $q=0$ | $q$ | $V$ | $M$ | |
| $q=c$（常量） | | $q$ | $V$ | $M$ |

补充：0、平、斜、弯关系纯属构件的静力关系，与刚度无关，如图 5-0-1（a），（若采用与荷载平行的方向截取截面而不是采用与杆轴垂直的截取法）只跟与荷载垂直方向的坐标有关而与杆轴线的形状无关，如图 5-0-1（b）；还与节点无关，见5.1节与5.2节。

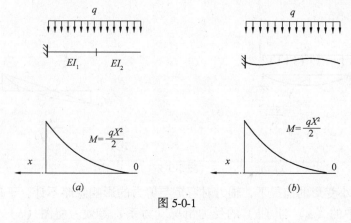

图 5-0-1

(2) 跟踪法*作剪力图（译自文献 [2] P34~35，由于剪力与弯矩的代号与符号以及作图法规定与我国通用教材不同，以下译文及作图作了适应我国读者的处理）。

由 $\frac{dV(x)}{dx} = q(x)$，积分得 $V(x) = \int_0^x q(x)dx + C$

由此可见，若不考虑积分常数 $C$，某截面的剪力等于竖向荷载从左端到考虑截面的积分，可见任何两截面的剪力差等于该梁段的所有竖向荷载的积分。如果某梁段无荷载将不会发生剪力变化。若该积分中出现集中荷载，剪力图将产生间断点。由于集中荷载可看作分布在无限小的梁段内的分布荷载，上述的积分仍然有效。

举例：如图 5-0-2：（图中的箭头表示剪力图线的走向）

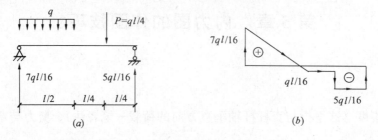

图 5-0-2

跟踪法同样可用于求作弯矩图，只是优势不明显，这里未作介绍。

\* 原文 summation 意为累加之，但采用跟踪法更形象。

(3) 分段叠加法作弯矩图（文献［9］P28）

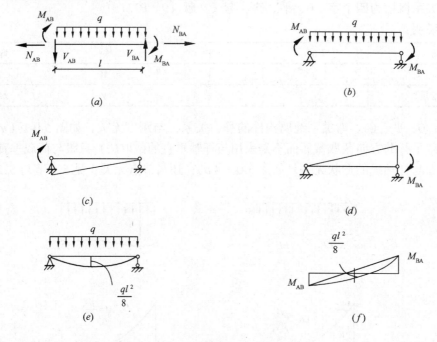

图 5-0-3

由于直梁在小变形的前提下，轴力对弯矩与剪力的影响忽略不计，于是就弯矩与剪力而言，图 5-0-3 中的（a）与（b）的受力情况（力系）等效。将图（b）分解为图（c）、(d) 和（e）后再叠加得结果如图（f）所示。

叠加法的重要前提是梁段两端的弯矩必须预先求得，一般情况下可采用截面法计算，然而在某些情况下可另辟蹊径。

(4) 抛物线利用

熟知，抛物线 $y = qx^2/2$ 具有如下特点：

1) 顶点处切线与基线 $x$ 轴平行，以直线 $x = 0$ 对称轴；

2) 在均布荷载作用下，悬臂梁的弯矩图相当于坐标原点在自由端的抛物线，固定端的弯矩绝对值为常量 1：$C1 = \dfrac{ql^2}{2}$。

3) 用等长的横坐标 $\Delta x = L$，把抛物线 $y = qx^2/2$ 按横坐标等长分割时，每段弦、弧中点的竖标差为常量，相当于均布荷载作用于跨度为 $L$ 的简支梁时跨中截面的弯矩，常量 2：$C2 = \dfrac{qL^2}{8}$。

(5) 简支梁跨中某截面承受集中力时该截面弯矩为常量 3：$M_C^{AB} = \dfrac{Pab}{L}$；式中 $P$、$a$、$b$ 和 $L$ 分别为集中力大小、作用点距左右支座的距离和跨度。

## §5.1 铰点直通

直杆上若有一铰，只要该点无集中荷载，两侧的剪力就相等，大小相等，转向一致，见图 5-1-1（$a$），因而弯矩图切线互相平行，即斜率相等。又因两侧截面在同时无集中力偶作用时，弯矩同为 0，故两侧弯矩图在该处光滑连接，两侧无荷载时为直线连接，见图 5-1-1（$b$）；一侧无荷载，另一侧为均布荷载时为直线与曲线的光滑连接，见图 5-1-1（$c$），两侧有均布荷载时为曲线连接，荷载集度相等时为同一抛物线，见图 5-1-1（$d$），否则为不同抛物线，但仍然保持光滑连接，见图 5-1-1（$e$）；而在两侧有集中力偶（含一侧为 0）时，弯矩图仍然保持平行关系。

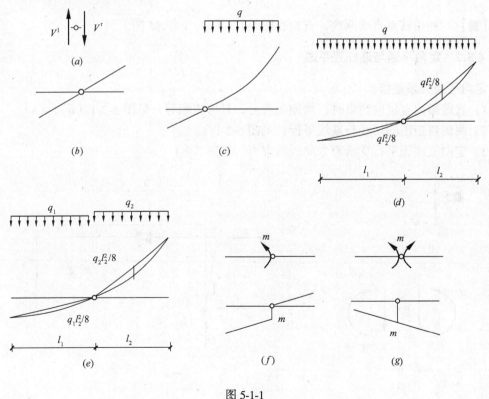

图 5-1-1

【例 5-1-1】 结构受荷如图 5-1-2，求作弯矩图。

【解】 先分析附属部分 CDE，并作弯矩图，在 C 点直通到 B 截面（竖标可由几何关系确定）再根据 AB 段的情况完成整个弯矩图。

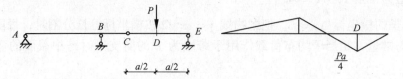

图 5-1-2

【例 5-1-2】 结构受荷如图 5-1-3，求作弯矩图（选自文献 [37] P48）。

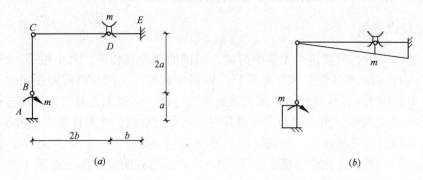

图 5-1-3

【解】 利用铰点直通原理，直接在图 5-1-3（b）上作 M 图。

## §5.2 定向平通与连杆直平通

定向平通关系是指：
1）直线段内有定向约束时，两侧无剪力，且弯矩相等，见图 5-2-1（a）、（b）。
2）两侧弯矩图的切线与基线平行，见图 5-2-1（c）。
3）定向支座无平行支承面方向的约束力，见图 5-2-1（a）。

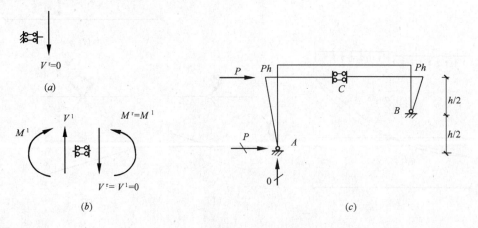

图 5-2-1

【例 5-2-1】 结构如图 5-2-2 所示，求作 M 图。

【分析】 在图 5-2-2（a）中，横梁受均布荷载作用，C 截面（左、右）无剪力，肯定为弯矩图抛物线的顶点。两柱下端均为铰支，弯矩为 0，因而只要求出一个水平支反力就可完成弯矩图。

【解】 分析左边（ABC），由 $\sum y = 0$ 可求得 A 处的竖向反力 40，再分析整体，由 $\sum M_E = 0$ 可求得 A 处的水平反力为 0。故可先作 AB 段的弯矩图：利用常量 1：$M_{BA} = \dfrac{ql^2}{2} = \dfrac{10 \times 4^2}{2} = 80$，再利用横梁的抛物线顶点在 C 处，可作横梁的弯矩图，进而完成整个弯矩图；当然，亦可先分析右边，过程类似，此处从略。图 5-2-1（b）已给出弯矩图，请读者验算其结论的正确性。

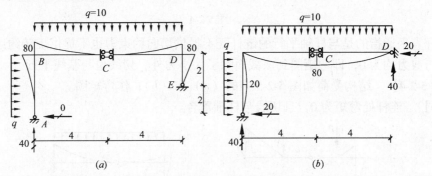

图 5-2-2

【例 5-2-2】 结构如图 5-2-3 所示，求作 M 图。

【分析】 在图 5-2-3（a）中，E 支座无竖向反力，故 DE 段无弯矩。利用定向平通关系得 CD 段亦无弯矩。余下分析［含图 5-2-3（b）］留给读者自行完成。

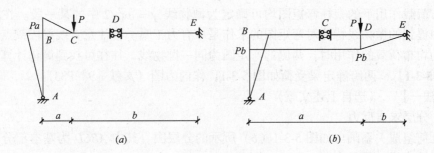

图 5-2-3

【例 5-2-3】 快速完成图 5-2-4 所示机构的弯矩图。（选自文献［18］P21）

【分析】 CD 段只有左边有竖向反力 20，先作该段弯矩图，见图 5-2-4（b）。利用铰点直通原理把 CD 段的弯矩图直通到 B 截面，余下的计算相信读者已很熟悉，从略。

若把集中力偶的矩改为 100 如图 5-2-4（c），则弯矩图如图 5-2-4（d）（提示：定向约束可承受弯矩）。

【小结】 定向约束在平行支撑面方向无约束（力），但在垂直支撑面方向有约束（力）。

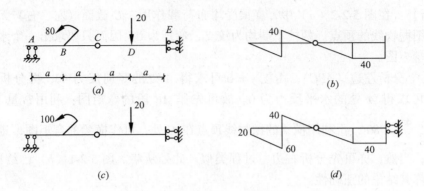

图 5-2-4

链杆直平通指的是与杆轴平行的链杆既不提供切向约束力也不提供旋转约束力,故该点弯矩与剪力均为0,即弯矩图到该截面除了大小为外,切线也与基线平行。

**【例 5-2-4】** 结构受荷如图 5-2-5 中的（a）和（b），作弯矩图。

**【解】** 连杆处弯矩为0,且切线与杆轴重合。

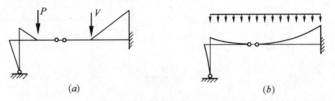

图 5-2-5

## §5.3 抛物线利用

均布荷载作用下的直杆弯矩图均可确定为抛物线 $y = qx^2/2$ 中的某一段。在本章的预备知识中提到的抛物线特性对弯矩图的求作是一有力工具。再注意直线梁段铰点两侧受同一集度的均布荷载的作用时,两侧的弯矩图为同一抛物线,往往可找到简化计算的途径。

**【例 5-3-1】** 两跨静定梁受荷如图 5-3-1,作内力图（文献 [9] P33）。

**【解法一】** （选自上述文献）

(1) 分层求支反力

按几何组成关系画出如图 5-3-1 (b) 所示的分层图。其中 ABCD 为基本部分。附属部分相当于简支梁,显然有: $V_D = V_E = ql/2$

基本部分为外伸梁,由整体平衡,$\sum M_C = 0$得:

$$V_A \cdot 2l - 2ql \cdot l + ql^2/2 + ql^2/2 = 0 \Rightarrow V_A = ql/2 \,(\uparrow)$$

$$\sum Y = 0: V_A + V_C - 2ql - ql - ql/2 = 0 \Rightarrow V_C = 3ql \,(\uparrow)$$

(2) 作内力图

选 A、B、C、D 和 E 为控制截面。分段平衡求控制截面得内力。

AB 段: $M_B = \frac{1}{2}ql^2$（下侧受拉）, $V_{AB} = V_A = \frac{1}{2}ql$

CD 段: $M_C = ql^2$（上侧受拉）, $V_{CD} = -\frac{3}{2}ql$

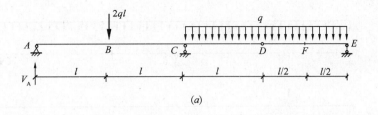

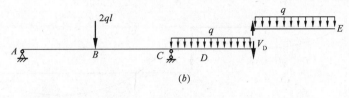

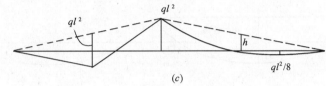

图 5-3-1

其余各段内力容易由支反力求出。根据"零平斜弯"和叠加法可作出图 5-3-1（c）所示的弯矩图。

【解法二】 利用抛物线作 $M$ 图

【分析】 首先分析铰点 $C$ 两侧无集中荷载的情况可判断 $C$ 点的两侧是同一抛物线，故只要确定 $M_C$，则可以用叠加原理画出两侧的弯矩图。下面介绍三种方法计算 $M_C$。

方法一 利用抛物线的顶点在 $F$ 可求得：$M_{CD} = \dfrac{q(1.5l)^2}{2} - \dfrac{ql^2}{8} = ql^2$。

方法二 利用常量 2，$ql^2/8$，可求得图 5-3-1（c）中的 $h$，

即： $h = q(2l)^2/8 = ql^2/2$

再利用几何关系得：$M_{CD} = 2h = ql^2$

方法三 利用抛物线的对称性，把 $FE$ 部分向左延伸至点 $C$ 的对称点，再利用常量 2 得：$M_{CD} = \dfrac{q(3l)^2}{8} - \dfrac{ql^2}{8} = ql^2$

【例 5-3-2】 图 5-3-2 所示为一两跨梁，全长承受均布荷载 $q$。试求铰 $D$ 的位置，使负弯矩峰值与正弯矩峰值相等（文献 [5] P49）。

【解法一】 （选自上述文献）

以 $x$ 表示铰 $D$ 与支座 $B$ 之间的距离。在图中先计算附属部分 $AD$，求出支反力为 $\dfrac{q(l-x)}{2}$ 并作弯矩图，跨中正弯矩峰值为 $\dfrac{q(l-x)^2}{8}$。再计算基本部分 $DC$，将附属部分在 $D$ 点所受到的支承力 $\dfrac{q(l-x)}{2}$ 反其指向，当作荷载作用于基本部分，支座 $B$ 处的负弯矩峰值为 $\dfrac{q(l-x)x}{2} + \dfrac{qx^2}{2}$。

令正负弯矩峰值彼此相等，即：

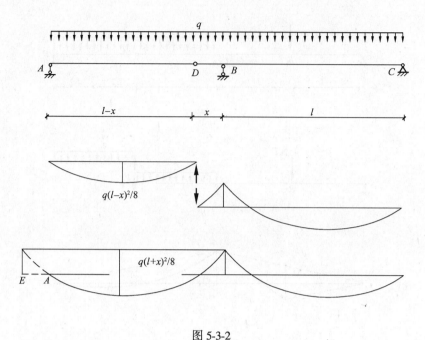

图 5-3-2

$$\frac{q(l-x)^2}{8} = \frac{q(l-x)x}{2} + \frac{qx^2}{2} \Rightarrow x^2 - 6lx + l^2 = 0$$

解得：$x = 0.1721l$

铰的位置确定后，可作弯矩图如图 5-3-2 所示，正负弯矩的峰值都等于 $0.086ql^2$。

【解法二】 注意到铰 $D$ 左右同受均布荷载 $q$ 的作用，弯矩图应为同一抛物线，利用抛物线的对称性及常量 2，$\frac{ql^2}{8}$，把抛物线向左延伸到点 $B$ 得对称点 $E$，根据题义有：

$2\frac{q(l-x)^2}{8} = \frac{q(l+x)^2}{8}$ 同样解得 $x = 0.8284l$。

【例 5-3-3】 结构如图 5-3-3（a），求作 $M$ 图。

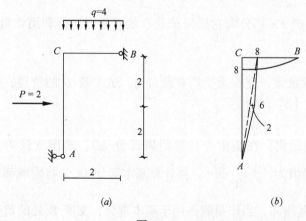

图 5-3-3

【分析】 注意到 $BC$ 梁段受均布荷载作用，弯矩图为一抛物线，且 $V_{CB} = 0$，因此该处为抛物线的顶点而 $B$ 处弯矩为 0，马上（利用常量 1 或 2）算得：

$$M_{CB} = \frac{4 \times 2^2}{2} = 8$$

或 $$M_{CB} = \frac{4 \times 4^2}{8} = 8$$

再利用 $C$ 节点的平衡可确定 $M_{CA}$，利用叠加法可完成 $AC$ 段的弯矩图。

【小结】 认清（均布荷载 $q$ 作用下）弯矩图中抛物线（总是 $M = qx^2/2$ 中的一段）的特性经常可用几何计算代替静力分析，在很多情况下可简化计算。

下面再举几个例子

【例 5-3-4】 结构如图 5-3-4，求作弯矩图。

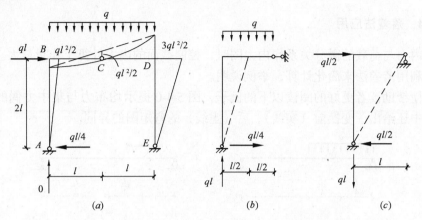

图 5-3-4

【分析】 本结构二柱均无荷载，故柱子的弯矩图仅决定于支座的水平反力，而横梁在铰点的两侧受同一集度的均布荷载，故为一 C 处竖标为零的抛物线；在求柱子水平反力时可利用结构的对称性：荷载的作用可分为正、反对称情况的叠加，见图 5-3-4 的（b）与（c），由三力汇交原理可迅速求得 A 支座的水平（及竖向）反力，从而可求得 $M_{BA}$。BC 梁弯矩图的计算，可选择多种方案完成：

（1）注意到横梁的弯矩图为同一抛物线，利用常量 2 为 $q(2l)^2/8 = ql^2/2$ 即为 C 处落差 $\dfrac{ql^2}{2}$，可迅速完成整个弯矩图。

（2）注意到 A 支座的竖向反力为 0 可推导 $V_{BC}=0$，可知横梁的弯矩图为顶点在 B 的抛物线 $y = qx^2/2$ 从而可完成弯矩图。

（3）分析整体求 B 支座的水平反力，进而求得 $M_{DE} = M_{DC} = 3ql^2/2$，用抛物线 3 个已知点（$M_B$、$M_C$ 和 $M_D$）连成的弯矩图（注意过 C 点且为光滑连接）。

【例 5-3-5】 结构如图 5-3-5 的（a）和（b），求作弯矩图。

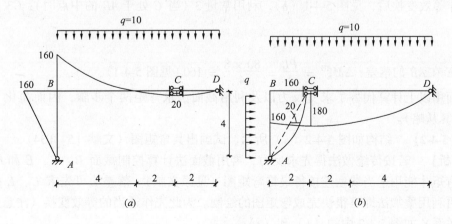

图 5-3-5

【分析】 只要判断梁的弯矩图为一抛物线且顶点在 C 截面，就可利用抛物线特性完成 BD 段的弯矩图。再利用 B 节点的力矩平衡可完成整个弯矩图。

### §5.4 落差法应用

利用内力与荷载的微分关系作内力图时，控制截面的内力计算工作量最大。在很多情况下，可利用落差法来简化计算，举例说明。

为了使帮助读者更好的阅读以下的例子，图 5-4-0 提示均布力与集中力偶的等效变换结果，图中还给出了变换前（实线）、后（虚线）的弯矩图的异同。

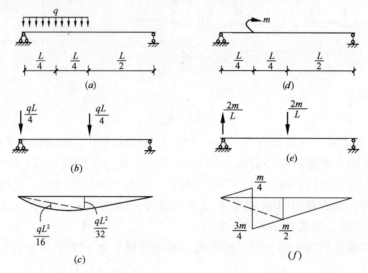

图 5-4-0

【例 5-4-1】 结构如图 5-4-1 （a），求 C 截面的竖向位移（选自文献 [5] P249）。

【分析】 为计算位移，必须先作两个弯矩图，荷载弯矩图与单位力弯矩图。

先作荷载弯矩图：两支座截面的弯矩很容易利用悬臂段的荷载求得，中间 E 截面的弯矩若用截面法计算，必须先求支反力；然而，利用两侧外力变换无关定理，把截面两侧的外力作等效变换后，见图 5-4-1 （b），利用常量3（当 C 处于 AB 的中点时）：$C3 = \dfrac{Pab}{L} = \dfrac{PL}{4}$

即 E 在 AB 的落差：$\Delta M_E^{AB} = \dfrac{PL}{4} = \dfrac{80 \times 8}{4} = 160$（见图 5-4-1）

从而用以上计算代替了求支反力以及利用截面法求弯矩两个步骤，因而简化了计算（余下计算从略）。

【例 5-4-2】 结构如图 5-4-2 （a） 所示，试画出其弯矩图（文献 [5] P34）

【分析】 若按传统做法得先求反力，再用截面法计算控制截面 B、C、E 和 F（左、右）的弯矩才能用适当线型连接得最终弯矩图（见原文献）。落差法可先求 C、E 截面的弯矩，再利用叠加法即可很快完成弯矩图的绘制。为此先作适当的等效变换（注意两边各自等效关系）如图 5-4-2 中的 （b） 和 （c）：

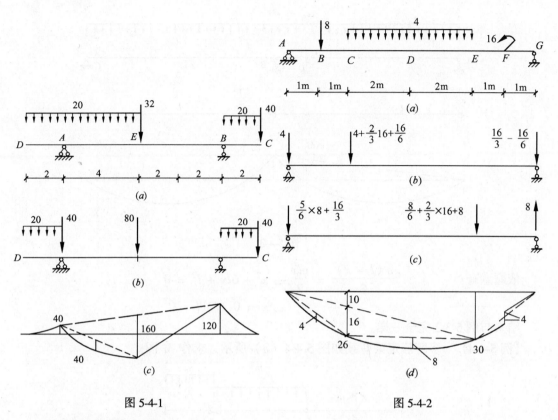

图 5-4-1　　　　　　　　　　　　图 5-4-2

现计算 E 截面的弯矩：

$$M_E = M_E^{AB} = \frac{6 \times 2}{8}\left(\frac{8}{6} + \frac{2}{3} \times 16 + 6\right) = 30$$

C 截面的弯矩可选如下两个方案计算：

直接计算：$\quad M_C = M_C^{AB} = \frac{2 \times 6}{8}\left(4 + \frac{2}{3}16 + \frac{16}{2}\right) = 26$

间接计算：$\quad M_C = M_C^{AE} + 10 = \frac{2 \times 4}{6}\left(4 + \frac{16}{2}\right) + 10 = 16 + 10 = 26$

利用叠加原理完成弯矩图如图 5-4-2（d）。

【注】

1) 从实用角度出发，等效变换时对两端的作用力〔见图 5-4-2 中的（b）、（c）两端外力〕可以不算（因其对控制截面的弯矩计算不起作用）。

2) 熟练后，荷载变换图可省去。

3) 由于等效变换的是外力，故与影响内力传递的刚度变化、铰节点、定向节点甚至构件的轴线走向的改变并无关系。

【例 5-4-3】　用落差法重做例 5-3-2。如图 5-4-3 为一两跨梁，全长承受均布荷载 q。试求铰 D 的位置，使负弯矩峰值与正弯矩峰值相等（文献〔5〕P49）。

【解】$\quad M_D^{AB} = \frac{ql}{2} \cdot \frac{(l-x)x}{l} = \frac{qx(l-x)}{2}$

由几何关系得：$\quad M_B = M_D^{AB} \frac{l}{l-x} = \frac{qx(l-x)}{2} \times \frac{l}{l-x} = \frac{qlx}{2}$

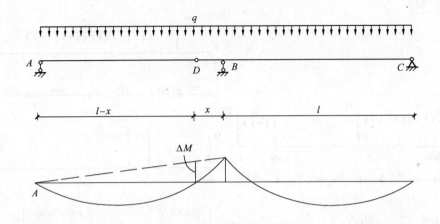

图 5-4-3

依题意有:
$$\frac{q(l-x)^2}{8} = \frac{qlx}{2} \Rightarrow x^2 - 6lx + l^2 = 0$$
$$\Rightarrow x = 0.1721l$$

结果与例 5-3-2 完全一样。

【例 5-4-4】 多跨静定梁荷载如图 5-4-4（a）所示，求作 $M$ 图。

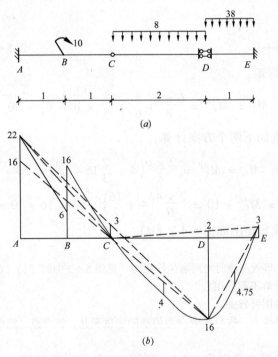

图 5-4-4

【解】 从附属部分开始，充分利用弯矩落差完成 $M$ 图，如图 5-4-4（b）所示：

1) $M_{DC} = \dfrac{8 \times 2^2}{2} = 16$

2) $M_D^{CE} = \dfrac{(8+19) \times 2 \times 1}{3} = 18$

3) $M_E = \dfrac{3}{2}(18-16) = 3$（上面受拉），则 $M_A = 16 + 2 \times 3 = 22$（上面受拉）

4) $M_C^{AD} = \dfrac{(8-5) \times 2 \times 2}{4} = 3$

其余数值的计算读者肯定很熟悉，从略。

【例 5-4-5】 求作图 5-4-5（a）所示多跨静定梁的内力图。（文献［34］P22）。

1. 原著的解法

【解】 AB 及 CDEF 为基本部分，BC 及 FG 为附属部分。力的传递关系如图 5-4-5（b）所示。铰 C 处的集中荷载置于铰 C 左侧或右侧均可。

逐杆作出 M 图、V 图如图 5-4-5（c）、（d）所示。其中杆端剪力 $V_{DE}$、$V_{BD}$ 既可利用支座 D、E 的反力求得，也可取杆件 DE 为隔离体，利用杆端弯矩，由力矩平衡方程求得。

2. 落差法计算（见图 5-4-6）：

1)（从附属部分开始）作 BC 段弯矩图：$M_{BC} = 5 \times 2 = 10$

2) 计算 C 在 BD 段的落差：$M_{BD}^C = \dfrac{10 \times 2 \times 1}{3} = \dfrac{20}{3}$

3) 利用几何关系计算 D 处弯矩：$M_D = \dfrac{3}{2} \times \dfrac{20}{3} + \dfrac{1}{2} \times 10 = 15$

4) 作 FG 段的弯矩图，中间落差（常数 $2 = \dfrac{ql^2}{8}$）$\dfrac{8 \times 2^2}{8} = 4$

5) 计算 F 在 EG 段的落差（常数 $3 = \dfrac{Pab}{L}$）：$M_{EG}^F = \dfrac{12 \times 1 \times 2}{3} = 8$

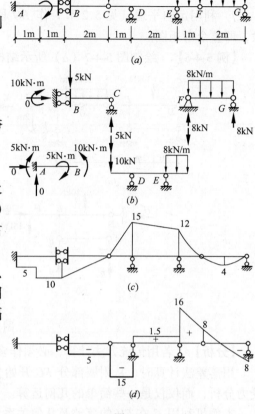

图 5-4-5
(a) 受力图；(b) 力的传递关系图；
(c) M 图（单位：kN·m）；
(d) V 图（单位：kN）

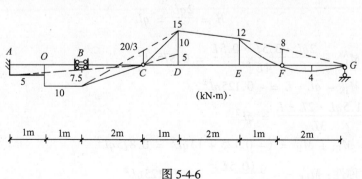

图 5-4-6

6）利用几何关系计算 $E$ 处的弯矩：$M_E = \dfrac{3}{2} \times 8 = 12$

7）利用定向平通（见5.2节）作 $BO$ 段弯矩图，再叠加一个集中力偶即可完成 $AO$ 段，即整个弯矩图。

【例 5-4-6】 绘制图 5-4-7（a）所示结构的弯矩图（选自文献［18］P31）

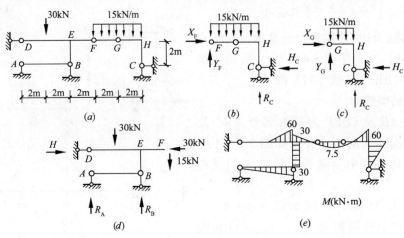

图 5-4-7

【分析】 若用传统方法计算，必须作多次的受力分析（见原文献）。

用落差法计算时，从附属部分 $FG$ 开始分析的原则不变，但以后的计算几乎不需再作受力分析，而仅仅是一些简单的几何运算。

本例可利用 $G$ 在 $FH$ 的落差及几何关系计算 $M_{HG}$：

$$M_{HG} = 2M_G^{FH} = 2 \times \dfrac{15 \times 2 \times 2 \times 2}{4} = 60 \text{（上部受拉）}$$

再利用 $F$ 在 $EG$ 的落差及几何关系计算 $M_{EF}$：

$$M_{EF} = 2M_G^{FH} = 2 \dfrac{15 \times 1 \times 2 \times 2}{4} = 30 \text{（上部受拉）}$$

余下的计算中，要注意 $D$ 支座无竖向反力以及 $EB$ 段无剪力，很容易完成。读者可作一尝试。

【例 5-4-7】 静定刚架的荷载如图 5-4-8（a），求作 $M$ 图。

【解】 先求水平支反力（利用等效变换）：

$$H = \dfrac{2qL}{2} = qL$$

1）$M_{JK} = M_J^{AK} = \dfrac{2qL \cdot 3.5L \cdot 0.5L}{4L} = 0.875qL^2$

2）$M_{IH} = M_{JK} - qL \cdot L = -0.125qL^2$

3）$M_H^{CI} = \dfrac{1.5qL \cdot 2L \cdot L}{3L} = qL^2$

得：$M_{HI} = M_{IH} + M_H^{CI} = (-0.125 + 1)qL^2 = 0.875qL^2$

4）利用对称性：$M_{GF} = -\dfrac{q(0.5L)^2}{2} = -0.125qL^2$

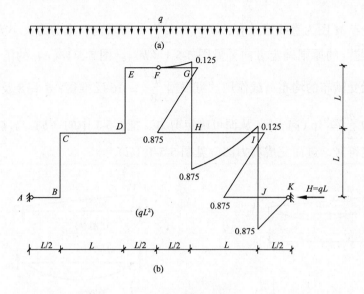

图 5-4-8

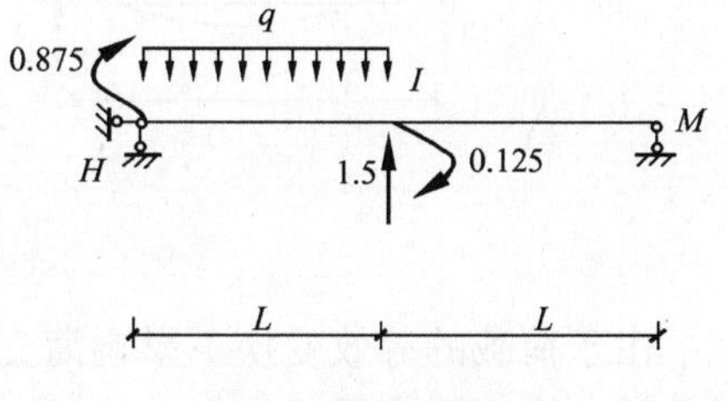

或利用 $M_{GF} = -M_F^{EG} = -\dfrac{(0.5qL)(0.5L)^2}{L} = -0.125qL^2$

再利用节点平衡条件完成 M 图如 5-4-8（b）（M 图左、右对称）。

校核：利用 HI 梁向右延长一无荷载段到 M 点，如图 5-4-9。可利用该模型作 $M_{IH}$，$M_{IH} = 0.5M_{HI} + M_I^{HM} = 0.5 \times 0.875 + \dfrac{0.5 - 1.5 - 0.125}{2} = -0.125$（上部受拉，$qL^2$ 为单位）当然，内力校核有多种方法，希望本办法能为您提供多一种选择。

图 5-4-9

【小结】采用落差法可避免很多受力分析，常可简化计算。

## §5.5 弯矩-剪力-反力（轴力）

由于弯矩往往是构件设计的控制因素，故弯矩在结构设计中通常最先求出。然而，不能否认在某些情况下，剪力、轴力及反力因素对构件设计的影响亦不能忽视，因而根据弯矩求剪力进而求反力、轴力就成了土木工程师的基本技能之一。

（1）由弯矩图求剪力、剪力图

由弯矩图求剪力的基本依据是微分关系，即：$\dfrac{dM}{dx} = V$，当弯矩为直线时，根据以上关系很容易确定剪力的大小。其方向可这样确定：剪力把弯矩图推向前，即截面弯矩图由远到近的发展趋势与剪力的指向相同。

当弯矩图为抛物线时，只要把截面的弯矩的发展趋势由其切线确定即可应用以上结论，具体见如下各例。

【例 5-5-1】 根据图 5-5-1 中的 M 图求作剪力图。

【解】 把图 5-5-1（a）作如图 5-5-1（b）与图 5-5-1（c）的分解，由图 5-5-1（b）根据微分关系：

$V(x) = \dfrac{dM}{dx}$ [若 $M$ 图为直线形,有:$V(x) = \dfrac{\Delta M}{\Delta x}$] 可求出两端剪力大小为2,再根据"剪力把弯矩推向前"的原则确定方向[见图5-5-1(b)]。图5-5-1(c)的情况很容易判断:相当于简支梁受满布的均布荷载作用。可根据 $\dfrac{ql^2}{8} = 16$ 反推得:$q = 8$ 及简支状态下的左、右支反力为 $\dfrac{ql}{2} = 16$(向上),从而可确定剪力。把5-5-1中的(b)与(c)叠加后,根据方向就可确定符号,进而完成剪力图,见图5-5-1(d)。

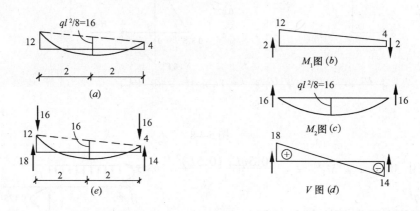

图 5-5-1

由于荷载的等效变换不影响简支梁的支反力计算以及静定对象的反力定理得知,把荷载等效变换到简支梁的2支座处时,作用于支座的外力与反力大小相等,方向相反。故图5-5-1(c)中的反力可用等效变换(至2支座)的荷载代替。若把简支梁端的剪力分解为由两端弯矩作用及跨中荷载作用的叠加,计算可这样进行:

$$\begin{matrix} V_{AB} \\ V_{BA} \end{matrix} = V_M \pm V_P = -\dfrac{M_{AB} - M_{BA}}{l} \pm \begin{matrix} P_A^e \\ P_B^e \end{matrix}$$

式中弯矩以下部受拉为正,$P^e$ 为段内全部荷载等效变换到两端的结果,向下为正。上式还可用于任何直线杆的任何一段两端的剪力计算。

上例的剪力计算可用图5-5-1(e)进行:$\begin{matrix} V_l \\ V_r \end{matrix} = -\dfrac{-12+4}{4} \pm \dfrac{16}{16} = 2 \pm \dfrac{16}{16} = \begin{matrix} 18 \\ -14 \end{matrix}$

可免去图5-5-1(b)与5-5-1(c)。

有了截面的剪力,可根据0、平、斜、弯关系连成剪力图。

(2) 弯矩-剪力-反力(轴力)

由弯矩图或杆端弯矩(连续梁与框架的力矩分配法、框架的迭代法与侧移分配法最初确定的是杆端弯矩)可直接计算杆端剪力、支反力(对于多跨梁)或上、下轴力差(对于框架)。

由图5-5-1(c)可见,此时的杆端剪力大小与简支梁在给定荷载作用下的支反力相等,而简支梁的支反力与荷载的等效变换到支座的结果等值反向(见第2章),故可利用这一关系计算杆端剪力与反力(轴力)。若跨数较多,可考虑如表5-5-1格式:

表 5-5-1

| $R_A$ | $P_{AR}$ $V_{AR}$ | $V_{M1}$ | $P_{BL}$ $V_{BL}$ | $R_B$ | $P_{BR}$ $V_{BL}$ | $V_{M2}$ | $P_{CL}$ $V_{CL}$ | $R_C$ | $P_{CR}$ $V_{CR}$ | $V_{M3}$ | $P_{DL}$ $V_{DL}$ | $R_D$ |
|---|---|---|---|---|---|---|---|---|---|---|---|---|

注：表中计算从 $V_{M1}$ 算起，可用口诀剪力计算减右（等于 $V_R$）加左（等于 $V_L$）；反力计算以右减左帮助记忆。

【例 5-5-2】 根据例 5-4-5 的荷载和 $M$ 图计算杆端剪力与支反力。

【解】 套用表 5-5-1 计算，结果见表 5-5-2：

表 5-5-2

| $R_A$ | $P_{AR}$ $V_{AR}$ | $V_{M1}$ | $P_{DL}$ $V_{DL}$ | $R_D$ | $P_{DR}$ $V_{DR}$ | $V_{M2}$ | $P_{EL}$ $V_{EL}$ | $R_E$ | $P_{ER}$ $V_{ER}$ | $V_{M3}$ | $P_{GL}$ $V_{GL}$ | $R_G$ |
|---|---|---|---|---|---|---|---|---|---|---|---|---|
|  | 4 | −4 | 11 |  | 0 | 1.5 | 0 |  | 12 | 4 | 12 |  |
| 0 | 0 |  | −15 | 16.5 | 1.5 |  | 1.5 | 14.5 | 16 |  | −8 | 8 |

连续梁、框架由弯矩图与荷载亦可利用上表计算剪力与支反力（轴力），由于理论上完全一样，举例从略。

## §5.6 内力校核

结构的内力校核可分平衡校核与协调校核，方法也多种多样。传统的平衡校核是用截面法校核某一截面的内力。这里要介绍的是利用落差法一次可校核框架结构相邻两跨的梁的弯矩、荷载与柱轴力的平衡关系。

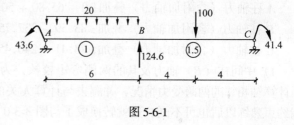

图 5-6-1

【例 5-6-1】 用落差法校核例 5-5-3 中 $B$ 支座的反力，见图 5-6-1。

【解】 取 $AB$、$BC$ 两跨作分析对象：

有：$M_B = M_B^{AC} - \dfrac{8 \times 43.6 + 6 \times 41.4}{14} = \dfrac{6 \times 8}{14}(60 - 124.6 + 50) - 42.66 = 92.9$

【分析】 不到 1% 的相对误差是由多次四舍五入积累所至。

【例 5-6-2】 利用落差法，对例 15-2 的竖向荷载作用下，第 1 层的内力图作校核。

【解】 首先由图 15-2（a）、（b）及电算结果（轴力）画出该层的受力图。此时各节点的柱子可从根部截断，暴露出的内力。其中，水平剪力因对梁的弯矩无影响，所以不画，但轴力（可上、下合成后标于下面）、弯矩（上、下合成后标于侧面）则不可省去。附加轴力可移至柱的轴线上，这样产生的附加轴力与附加力矩最好与上、下柱端轴力与弯矩合成后标一个轴力和一个集中力偶以使图面更清晰，见图 5-6-2。

从第 15 章例 15-2 的屏幕显示结果摘录如下：
查得：

| 第 1 层 1 节点的弯矩 | .00 | − .77 | 8.25 | −10.48 | 3.00 |
| 第 1 层 2 节点的弯矩 | 10.98 | 10.49 | 47.68 | −78.15 | 9.00 |
| 第 1 层 3 节点的弯矩 | −12.25 | −12.10 | 30.36 | .00 | −6.00 |
| 第 1 层 1 点 $Y$ 向 | .00 | −65.80 | 7.00 | 8.80 | 50.00 |
| 第 1 层 2 点 $Y$ 向 | 83.59 | −337.75 | 21.20 | 82.97 | 150.00 |

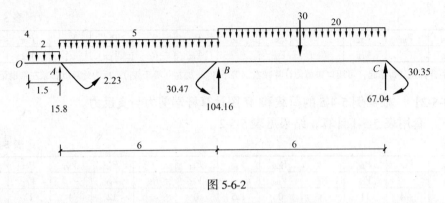

图 5-6-2

第 1 层 3 点 Y 向　　　　　　73.41　-240.45　67.03　　　　.00　　100.00

一层一梁左、右端弯矩：$M_{AB} = -10.48$　$M_{BA} = 47.68$

一层二梁左、右端弯矩：$M_{BC} = -78.15$　$M_{CB} = 30.36$

A 柱端弯矩（含附加弯矩）叠加：$0 - 0.77 + 3 = 2.23$

B 柱端弯矩（含附加弯矩）叠加：$10.98 + 10.49 + 9.00 = 30.47$

C 柱端弯矩（含附加弯矩）叠加：$-12.25 - 12.10 - 6.00 = 30.35$

A 柱轴力（含附加轴力）叠加：$0 - 65.80 + 50.00 = -15.80$

B 柱轴力（含附加轴力）叠加：$83.59 - 337.75 + 150.00 = 104.16$

C 柱轴力（含附加轴力）叠加：$73.41 - 240.45 + 100.00 = 67.04$

1) 中间柱（B）轴力及其的两侧弯矩校核，为此先仿图 3-3-0（c）确定力学模型（只画计算轴相邻的两跨受力情况，并删去与计算无关的两端集中力与集中力偶），两端的简支端约束熟练以后也可不画，这就转换成了与图 3-3-0（c）相类似的力学模型了，见图5-6-3。

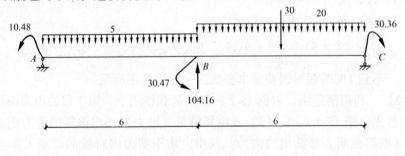

图 5-6-3

由电算结果查得：$M_{BA} = M_B^l = -47.68$（上部受拉）

为此先算 B 左截面的等效荷载

$$P_B^l = (5 + 20)3 + 150 + 15 + \frac{30.47}{6} - 254.16 = 75 + 165 + 5.08 - 254.16 = -9.08$$

（上部受拉）

$$M_B^l = M_{Bl}^{AC} + \frac{M_{AB} + M_{CB}}{2} = \frac{-9.08 \times 6 \times 6}{12} - \frac{10.48 + 30.36}{2} = -47.66 \text{（上部受拉）}$$

再由电算结果查得：$M_{BC} = M_B^r = -78.15$（上部受拉）

$$P_B^r = 240 - \frac{30.47}{6} - 254.16 = 240 - 5.08 - 254.16 = -19.24 \text{（上部受拉）}$$

$$M_{\text{B}}^r = M_{\text{Br}}^{AC} + \frac{M_{AB}+M_{CB}}{2} = \frac{-19.24\times 6\times 6}{12} - \frac{10.48+30.36}{2} = -78.14\,(上部受拉)$$

由以上两个弯矩数值的校核情况看来，电算结果精度很高。

2) 边柱（A）轴力及其的两侧弯矩校核，为此先仿图 3-3-0（c）确定力学模型：
以悬臂端 D 及 B 为简支梁的两端，见图 5-6-4（a）。

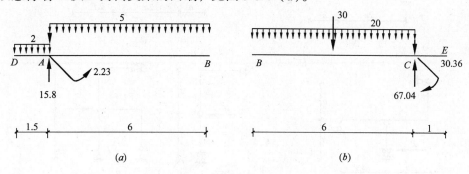

图 5-6-4

由弯矩图或结果打印显示查得：$M_{AB} = M_A^l = -10.48$（上部受拉）

计算等效集中力 $P_A^r = 50 - \frac{2.23}{1.5} + 1.5 + 15 - 65.8 = -0.79\,(\uparrow)$

$M_{AB} = \frac{1.5}{7.5}M_{BA} + M_A^{DB} = 0.2(-47.68) + \frac{-0.79\times 1.5\times 6}{7.5} = -10.48$（上部受拉）

3) 边柱（C）轴力及其的两侧弯矩校核，为此先仿图 3-3-0（c）确定力学模型：
假定把梁向右延长 1m 至 E 且不受荷载，见图 5-6-4（b）。

由弯矩图或结果打印显示：$M_{CB} = -30.36$（上部受拉）

计算等效集中力 $P_C^l = 100 + 60 + 15 - \frac{30.36}{1} - 167.04 = -22.4\,(\uparrow)$

$M_{CB} = \frac{1}{7}M_{BC} + M_C^{BE} = \frac{1}{7}(-78.15) + \frac{-22.4\times 1\times 6}{7} = -30.36$（上部受拉）

结论：电算结果正确。

内力的校核与计算就像一对孪生姐妹，反其道而行之则可计算轴力。理论与算式完全一样，此处从略。

# 习　题　5

5-1　铰点直通与定向平通指的是弯矩图两侧数值分别是_____和_____；两侧的切线倾角：_____和_____。（用"0"和"相等"填空）

5-2　快速作下图所示结构的弯矩图。

5-3　在 5.1 节有关铰点直通的论述中并未提到当铰的两侧有集中力偶的情况，您能分析此时两侧的弯矩图的关系吗？

5-4　用截面法计算某截面内力时，截面两侧的外力可各自作等效变换，对该截面内力的结果是否有影响？

5-5　在图 5-2-2（b）中，水平荷载的大小对梁的弯矩图有影响吗？

5-6　在图 5-4-2 中，集中力偶 m 的作用点并未标明，何故？若把其作用点移至 C 截

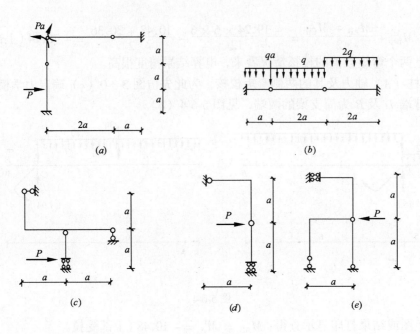

题 5-2 图

面的右边，对 $M_C$ 有影响吗？

5-7 用落差法计算梁的某截面弯矩时，为何要改变弯矩的符号规定，是如何更改的？

5-8 用落差法计算梁的某截面弯矩时，为何要仿图 3-3-0（c）确定力学模型？为何计算时并未考虑两端的集中力偶？

5-9 快速作下图所示结构的内力图。

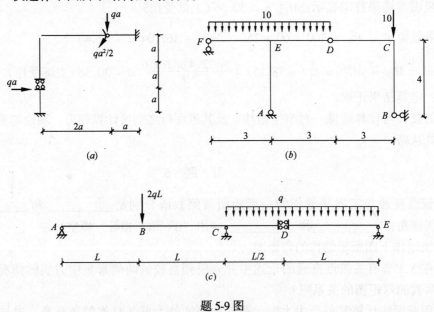

题 5-9 图

5-10 自做或寻找一框架弯矩图用表格法作轴力计算。

5-11 自做或寻找一框架弯矩图用落差法校核某柱的轴力与柱顶及其相邻两跨荷载及弯矩的关系。

# 第 6 章* 静定结构影响线的理论与方法补充

**预备知识**

(1) 机动法作水平静定梁的影响线

欲作某一量值（反力或内力）$X$ 的影响线，只需将与 $X$ 相应的联系去掉，并使所得体系沿 $X$ 的正方向发生单位位移，则由此得到的荷载作用点的竖向位移图即代表 $X$ 的影响线。（文献 [3] P75）

(2) 利用零点绘制三铰拱的影响线（文献 [5] P150~155）

(3) 用机动法作桁架的影响线（文献 [5] P159~162）

(4) 三瞬心定理：任何 3 个刚片间产生相对运动时，其 3 个瞬心必在同一直线上（文献 [10] P48）

如图 6-0-1 中，用机动法求作三铰拱 $D$ 截面的内力影响线时，须把 $D$ 截面改造成铰（求弯矩影响线）、剪切定向 [求剪力影响线，见图 6-0-1（$b$）] 和轴力定向 [求轴力影响线，见图 6-0-1（$c$）]。依次把大地、$AD$、$DC$ 和 $CB$ 称作第 1、2、3 和 4 刚片，则有 3 个瞬心非常明确：$A$ 为 1、2 刚片的瞬心；$B$ 为 1、4 刚片的瞬心；$C$ 为 3、4 刚片的瞬心。1、3 刚片的瞬心则随 $D$ 截面的不同改造而不同，但由三瞬心定理得知，该点一定在 $CB$ 上，所以关键在于由 $D$ 点的不同改造，在 $CB$ 上确定 1、3 刚片的瞬心的位置：如 $D$ 截面为铰接时，该点在 $AD$ 与 $CB$ 的交点（图中未画出）；$D$ 截面为剪向定向时，该点为 $AE'$（$AE'$ 平行于拱轴在 $D$ 点的切线）与 $CB$ 的交点；$D$ 截面为轴向定向时，该点在 $AF'$（$AF'$ 垂直于拱轴在 $D$ 点的切线）与 $CB$ 的交点上。

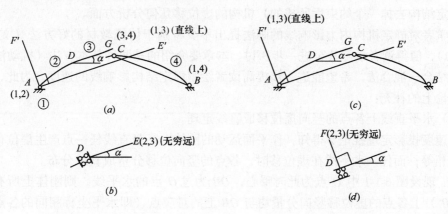

图 6-0-1

(5) 速度投影定理

图形（这里指刚体——笔者注）上任意两点的速度在两点的连线上的投影必相等。

(文献 [5] P 287)

如图 6-0-2（a）中，刚体上任意两点 $A$ 与 $B$，若其瞬时速度分别为 $V_A$ 与 $V_B$，则它们在 $AB$ 连线上的投影 $AC$ 与 $BD$ 必相等。

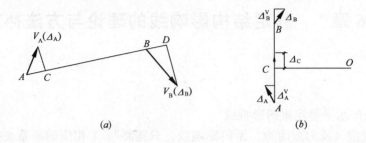

图 6-0-2

(6) 速度投影定理推论 1

作平面运动的刚体上某点沿某方向的虚位移在两点的连线上的投影必相等。

在图 6-0-2（a）中把速度 $V$ 乘以时间增量 $\delta t$ 则可换成虚位移微量 $\Delta$。

(7) 速度投影定理推论 2

作平面运动的刚体上任一竖直线上各点的虚位移在该（竖）直线上的投影均等于过此时瞬心的水平线与该竖直线的交点的虚位移。

在图 6-0-2（b）中，若 $A$、$B$ 为同一竖直线上的两点，$O$ 为此刻刚体的瞬心，$CO$ 为过瞬心 $O$ 的水平线，与直线 $AB$ 的交点为 $C$，则应用速度投影定理推论 1 可得推论 2。

(8) 利用零点绘制三铰拱的内力影响线（文献 [5] P151~152）

## §6.1 静定结构影响线的理论补充

静定结构的影响线的作图法可分静力法与机动法，静力法应用广泛，可应用于所有的结构形式，但计算量一般较大；机动法应用于水平梁，几乎不用计算就能画出影响线，是一种十分快捷的方法，但在水平梁以外的结构中，机动法的优势则不够明显，困难主要在作（静定结构去掉一个约束后所成的）机构的虚位移几何分析方面。

有学者对静定机构内力影响线的画法提出不少有别于传统教材的好方法（文献 [10] P44~51），值得读者学习甚至进一步探讨。本章要介绍的是两种基本方法（机动法与静力法）的结合—混合法，希望能进一步提高读者绘制静定结构影响线的速度。为此，需要作一些理论上的补充：

(1) 水平直线上各点的竖向虚位移成直线定理

由速度投影定理推论 2 得知，作平面运动的刚体上某竖直线任一点产生虚位移时，竖向分量相等；而任一水平线在虚位移时，各点的竖向位移分量成直线分布。

证：现设图 6-1-1 中 $O$ 点为此时瞬心，$OB$ 为过 $O$ 点的水平线，则刚体上所有水平线（如 $O'B'$）上各点的虚位移竖向分量均与 $OB$ 上的对应点（即水平坐标相同的各点）的虚位移竖向分量相等。再根据刚体的定义，$OB$ 产生虚位移后仍为直线可断定，水平线 $OB$ 上各点的竖向位移就构成一直线（图 6-1-1 中 $OC$）。既然所有水平线上对应点的竖向位移分量均相等，定理成立，证毕。

(2) 影响线的直线段组成定理（或称影响线形状与构件形状无关定理）

证：根据速度投影定理推论 2，无论构件形状如何，行进荷载的路径上各点的位移竖向分量均与过瞬心的水平直线上对应点的位移相等，呈直线分布；由虚位移原理得知，此时行进荷载的路径上各点位移的竖向分量即构成相关量值的影响线的竖标，可见影响线必由直线段构成，证毕。

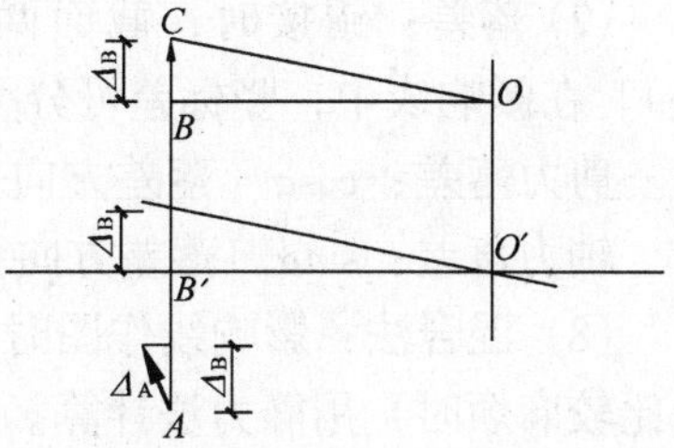

图 6-1-1

(3) 影响线的段数定理

由上定理得知，静定结构的影响线定由直线段组成。由于单位荷载所经过的每一刚体其虚位移竖向分量情况决定着影响线的某一直线段的走向，故组成影响线的直线段数目实为单位荷载经过（已去掉一个联系的机构中的）构件（刚体）个数。

(4) 竖标零点：影响线与基线的交点称竖标零点，简称零点。

(5) 竖标零点的两个确定位置：

1) 竖向约束支座无竖向位移，其横坐标对应于竖标零点。

2) 作平面运动的刚体，其转动中心或瞬心（含无穷远的情况）此刻无位移，亦对应于影响线的竖标零点。

(6) (影响线的各线段间的) 连接方式

1) 搭接：体系构件间的铰接（含某截面去掉与弯矩相对应的联系后形成的铰接）点限定了两侧虚位移量值相等，见图 6-1-2 (a)，在影响线中体现为竖标相同，这种连接方式称搭接。

2) 错接：体系构件间的定向 [含某截面去掉与剪力或轴力相对应的联系后形成剪力或轴力方向的定向约束—见图 6-1-2 (b)，(c)] 联系限定了两侧的转角相同，即跨越截面两侧的任何直线（包括曲杆过该截面轴线的切线）虚位移后，切线的倾角虽可能有微小改变，但互相平行保持不变；影响线的这种连接方式称错接。又因影响线与组成机构的刚体形状无关，可知该切线的影响线即原结构的影响线—错接时为平行线。

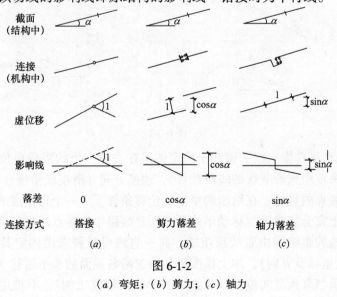

图 6-1-2
(a) 弯矩；(b) 剪力；(c) 轴力

(7) 落差：错接时，截面两侧虚位移竖向分量的差别的绝对值［见图6-1-2（b），(c)］在影响线中，竖标差可分为：

剪力落差：$\cos\alpha$ 　落差方向：左降右升
轴力落差：$\sin\alpha$ 　落差方向：上降下升。

(8) 混合法：影响线作图时，用机动法确定段数与形状，对控制点的量值（当几何分析比较麻烦时）用静力法计算。

### §6.2 斜梁与曲梁的影响线

斜梁与曲梁的影响线作法可利用上一节的结论，下面结合例子介绍。

**【例 6-2-1】** 一斜梁如图6-2-1（a）所示，求作 $ILR_A$，$ILR_B$，$ILM_C$、$ILV_C$，$ILN_C$。（$IL$ 为影响线的英文 INFLUENCE LINES 缩写）

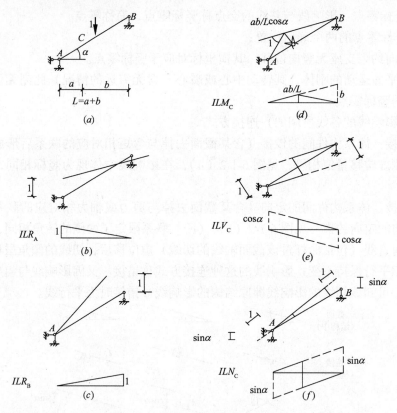

图 6-2-1

**【分析】** 机动法作影响线关键在于确定体系在去掉一个约束后单位移动荷载所经过的刚体个数（以决定组成影响线的线段数目），连接方式（搭接或错接）、落差、竖标零点的位置及其他控制点的竖标。在给出的单位虚位移条件下（一个自由度的机构只有了一个位移参数）理论上完全能确定（移动单位荷载所经线路中）各点的虚位移及其竖向分量量值。由于静定结构的影响线由直线段组成，每一直线段只要求出确定其位置的必要条件（两点坐标或一点坐标及方向），加上作图时注意忽略各截面的水平位移（相对于构件的尺寸是微量）以及适当夸大竖向位移（与给定的单位位移成比例），不难用上述理论证明图

6-1-1中的结论，即：

求$ILR_A$时，单位荷载经过一刚体，故知影响线为一线段，$A$处竖标为1，$B$为零点，求得$ILR_A$，两点确定一直线，见图6-2-1（$b$）；

求$ILR_B$时，一线段，$B$处竖标为1，$A$为零点，求得$ILR_B$，见图6-2-1（$c$）；

求$ILM_C$时，二线段搭接，竖标零点分别在$A$、$B$，根据单位位移可求得$C$处的竖标为$ab/L$，见图6-2-1（$d$）；

求$ILV_C$时，二线段错接，由给定的虚位移为1，落差（左降右升）为$\cos\alpha$，见图6-2-1（$e$），竖标零点分别在$A$、$B$，见图6-2-1（$e$）；

求$ILN_C$时，二线段错接，竖标零点分别在$A$、$B$，落差（上降下升）为$\sin\alpha$，见图6-2-1（$f$）。

【**例6-2-2**】 在上例中把$B$支座的方向改为与杆轴垂直，如图6-2-2（$a$），求作$ILR_A$，$ILR_B$，$ILM_C$，$ILV_C$，$ILN_C$。

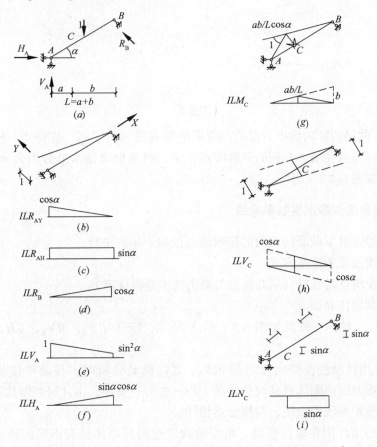

图6-2-2

【**分析**】 $B$点的支承方向改变后，反力影响线有所不同；此外固定铰支座$A$亦有不同的支承方式，图6-2-2（$b$）～（$f$）给出了不同支承方式的反力影响线。

弯矩影响线由于三个搭接点不变而没改变；剪力影响线则由于零点及落差均没改变而不变（也可从弯矩影响线没变推导）；轴力影响线则因右侧位移处处相等而变成平行线，

57

见图 6-2-2（$g$）～（$i$）。

为节省篇幅，图中未给出全部虚位移状态。

**【例 6-2-3】** 一曲梁如图 6-2-3（$a$），求作：$ILR_A$，$ILR_B$，$ILM_C$，$ILV_C$，$ILN_C$。

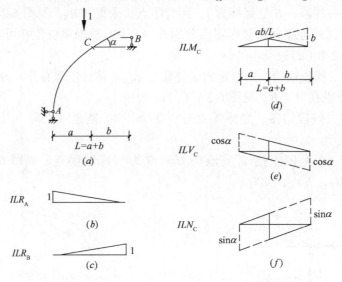

图 6-2-3

**【分析】** 曲梁的影响线中，反力与弯矩的影响线与斜梁同，作剪力与轴力的影响线时，左侧的竖标零点在 $A$，右侧的竖标零点在 $B$。再根据错接落差分别为 $\cos\alpha$ 与 $\sin\alpha$ 即可完成影响线如图 6-2-3（$b$）～（$f$）。

### §6.3 混合法作静定拱的影响线

混合法作静定拱某截面的内力的影响线可依如下步骤进行：
(1) 确定线段数和连接方式
(2) 计算控制点的竖标（从几何法与静力法中选择优者）。

下面结合例题作介绍。

**【例 6-3-1】** 对称三铰拱如图 6-3-1（$a$）所示，求作 $ILV_A$，$ILV_B$，$ILH$，$ILM_D$，$ILV_D$ 及 $ILN_D$。

**【分析】** 用机动法作竖向反力的 $ILV_A$、$ILV_B$ 机动分析时，移动单位荷载经过两刚体。此时，不难判断两刚体有共同的转动中心——在另一支座，由此可判断此瞬时两刚体没有相对位移，故影响线为直线，与简支梁相同。

水平推力的 $ILH$ 则在虚位移时，单位荷载经过的两刚体虽有不同的转动中心，但支座处为零点，而顶铰处竖向位移相同，可见影响线由对称的两线段组成。此时无论用几何法或静力法都不难求得 $C$ 截面的竖标，见图 6-3-1（$d$）。

作截面 $D$ 的内力影响线分析时，单位荷载经过三刚体：$AD$、$DC$ 和 $CB$，其中 $A$、$C$ 和 $B$ 全是搭接且 $A$ 和 $B$ 还是零点；而 $D$ 处，在弯矩分析时为搭接，在剪力与轴力分析时为错接，因此分析的关键在于 $DC$ 段。只要该段的图形能确定，根据连接方式和落差，再加上 $A$、$B$ 为零点，即可完成影响线。

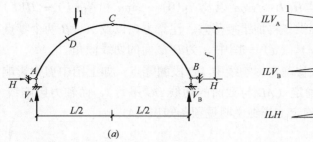
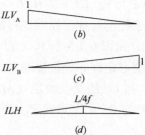

图 6-3-1

因为 CD 段的分析是关键，下面介绍一种辅助伸臂的模型。所谓辅助伸臂就是假想从某几何分析较难的一段，如本例的 CD 段，延伸出的刚臂，且令移动荷载在其上移动；根据影响线与构件的形状无关定理，该伸臂的影响线即为 CD 段的影响线，只是其定义域可以根据需要改变而已。由于静定体系的影响线由直线段组成，因此我们可以利用这种可改变的定义域的模型来寻求静力分析最方便的移动荷载位置，以便通过静力法确定内力竖标。

下面以抛物拱为例，介绍 $ILM_D$ 的作图全过程。

首先利用辅助伸臂先后置移动荷载于 $A$、$B$ 的上方位置。此时用静力法可求得 $A$ 支座（在 $x = 0$ 和 $x = L$ 两种情况下）均只有一个方向的反力（见图 6-3-2）。因此，$D$ 截面的弯矩不难由截面法计算如下（注意图中已标明 $L$ 与 $f$ 的关系）：

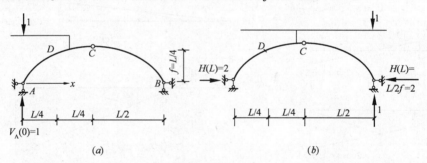

图 6-3-2

$$M_D(0) = V_A(0) \cdot x_D = 1 \cdot \frac{L}{4} = x_D \text{ 和 } M_D(L) = -H(L) \cdot y_D = -2 \cdot \frac{3f}{4} = -\frac{6f}{4} = -\frac{3L}{8}$$

（请注意上式中，$M_D(0) = x_D$ 与 $M_D(L) = -H(L) \cdot y_D$，适用于任何对称三铰拱，而这一方法可推广到其他内力计算及不对称的三铰拱。）

CD 段有了两点即可确定直线的走向，再根据定义域便可确定范围；根据两端（$D$、$C$）连接均为搭接（无落差）及竖标零点（$A$、$B$）即可完成 $ILM_D$，见图 6-3-3（b）。

对于弯矩影响线，文献 [10] 提出了根据三瞬心定理可以很快确定 CD 段的零点（在图 6-3-3 中作 AD 与 BC 的交点即可确定），不过此时尚无法确定其余竖标；当然，在此基础上采用静力法辅助，亦可很快完成弯矩影响线。两种方法可以互补和校核。

作剪力与轴力影响线时同样可利用上述两种情况下 $A$、$B$ 的支反力作静力分析。求得

$V_D(0) = \cos\alpha$ 与 $V_D(L) = -H(L)\cdot\sin\alpha$ 以及 $N_D(0) = \sin\alpha$ 和 $N_D(L) = H(L)\cdot\cos\alpha$ ——该结论适用于任何对称三铰拱,再加错接落差、注意方向以及 A、B 两个零点,即可完成 $ILV_D$ 及 $ILN_D$,见图 6-3-3 (c)、(d) —图中 α 为 D 截面的切线倾角。

利用三瞬心定理亦能很快确定影响线中 DC 段的零点:如上图中剪力影响线的 DC 段零点可由 AE 与 BC 的交点确定(AE 与截面的切线 DG 平行),而轴力影响线(DC 段的)零点可由 AF 与 BC 的交点确定,详细说明见预备知识(4)。

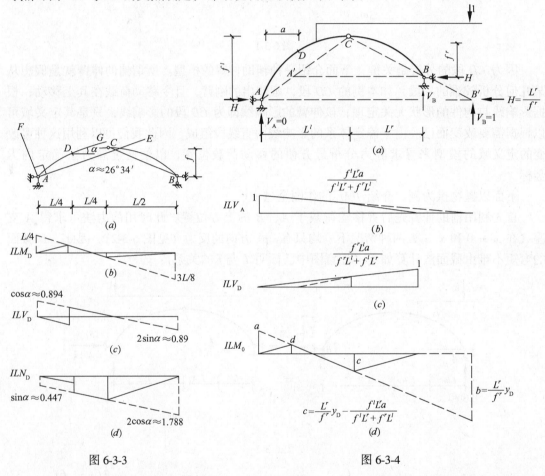

图 6-3-3

图 6-3-4

【例 6-3-2】 不对称三铰拱如图 6-3-4 (a) 所示,求作反力和 D 截面的内力影响线。

【分析】 用机动法作竖向反力的影响线 $ILV_A$、$ILV_B$ 分析时,移动单位荷载经过两刚体。在作机构的机动分析时,仍可通过三瞬心定理加上 A、B 零点以及 C 处为搭接而顺利画出 $ILV_A$ 和 $ILV_B$ 如图 6-3-4 (b)、(c)。而作内力影响线时仍然可利用辅助伸臂来确定两侧各自方便的控制点如图 6-3-4 (a) 中的 A' 和 B' 两点。通过相应的反力就可算出所需控制截面竖标如图 6-3-4 (d)。其余影响线留给读者自行完成。

图中 $b = \dfrac{L^r}{f^r} y_D$    $c = \dfrac{L^r}{f^r} y_D - \dfrac{f^l L^r a}{f^l L^r + f^r L^l} \dfrac{f^r L^l a}{f^l L^r + f^r L^l}$

## §6.4 静定桁架的影响线

有了前面各类静定体系影响线的实践,作桁架的影响线在理论上已不再困难,同样需要把握好段数、连接方式及控制点竖标则可；其中控制点的竖标计算，同样不必拘泥于几何分析，必要时可利用静力法，举例说明。

**【例 6-4】** 求图 6-4 中指定杆件的轴力在移动荷载上、下行进情况下的影响线：$ILN_1$、$ILN_2$ 和 $ILN_3$。

**【分析】** 机动法作 $ILN_1$ 时，去掉与之对应的约束后，$Cc$ 以右为一刚片，上行时移动荷载经过 $ab$、$bc$、$ci$ 三刚体，影响线由三线段搭接组成，两端为竖标零点；仍需计算 $b$、$c$ 两点的竖标才能完成整个影响线。

此时用静力法可算得：$y_b = \dfrac{\sqrt{2}}{2}$ 和 $y_c = 0$。从而完成 $ILN_1$ 的移动荷载上行影响线见图 6-4（a）之 $u$。下行影响线作法类似（利用节点 $B$，$b$，$J$ 可求得 $y_c = 0$），见图 6-4（a）之 $d$。

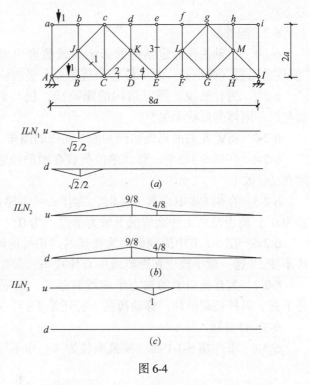

图 6-4

作 $ILN_2$ 时，去掉相应约束后，机构分析比较麻烦；但注意到 $N_2 = N_4$，可去掉与 $N_4$ 对应的约束，（上、下行）移动荷载均经过三刚体（上行无错接，下行虽理论上有错接，但由于 $\alpha = 0$，落差为 0，故只需计算两点——$d(D)$、$e(E)$ 的竖标即可作图，见图 6-4（b）。

作 $ILN_3$ 时，注意到去掉相应约束后，上行移动荷载经四刚体（搭接），而下行时只经过两刚体（搭接）的区别，完成影响线再无困难。

## §6.5 本章小结

静定结构影响线作图步骤：
(1) 去掉相应约束，分析移动荷载经过的刚体数即影响线的直线段数。
(2) 分析各段间的连接方式：搭接或错接，以确定是否有落差及落差大小和方向。
(3) 选择几何分析或静力分析计算某些控制点的竖标（含竖标零点）。
(4) 必要时用三瞬心定理校核零点位置。

**【注】** 作图时要略去（微小的）水平位移和适当夸大竖向位移，但要与虚位移 1 成比例。

## 习 题 6

6-1 填空

6-1-1 静定结构的影响线由_____线段组成。

6-1-2 去掉相应约束后的机构中，行进荷载所经过的刚体个数决定着影响线中_____数。

6-1-3 虚位移过程中_____和_____肯定为影响线的竖标零点。

6-1-4 剪力落差为_____，落差方向_____；轴力落差为_____，落差方向_____。

6-2 问答题

6-2-1 机动法作静定结构的影响线既然可用虚功原理证明，为什么作图时还要强调"要注意略去（微小的）水平位移和适当夸大竖向位移"？

6-2-2 为什么说，静定结构的影响线，仅与去掉一约束后的各刚体约束情况有关，而与每一刚体的形状无关？

6-2-3 落差左右的高低如何判断？轴线的倾角 $\alpha$ 对落差方向的叙述有无影响？

6-2-4 在图 6-3-2 中，移动单位荷载在辅助伸臂左、右无穷远时，为何要认为仍然作用在 DC 段上？

6-2-5 在例 6-4 中，求 $ILN_2$ 时，为什么可去掉 4 杆的轴力约束，且认为虚位移时"落差为 0"？能否总结出什么情况下轴力落差不为 0？

6-2-6 在 6-1 节中提到截面为错接时"切线的倾角虽可能有微小改变，但互相平行保持不变。"这一微小改变在影响线中有体现吗？是如何体现的？

6-2-7 为什么斜梁的轴力影响线有落差，而平行弦桁架的轴力影响线（无论上弦还是下弦，斜杆还是吊杆，移动荷载上行还是下行）从未出现落差？

6-3 计算题

6-3-1 求作题 6-3-1 图（圆弧半径为 R）中不等高三铰拱的 $ILM_D$、$ILV_D$ 和 $ILN_D$。

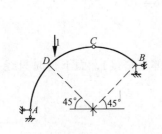

题 6-3-1 图

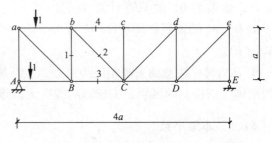

题 6-3-3 图

6-3-2 用三瞬心定理验证例 6-3-2 的结果。（提示：从确定 DC 段的瞬心入手）

6-3-3 作题 6-3-3 图所示桁架中指定杆件的内力影响线。

部分参考答案：

6-3-1 在 $ILN_D$ 中 DC 段的竖标零点在 A 左 2.4142R 处。

6-3-2 在 $ILN_1$ 中，移动荷载上行与下行不同，在 $ILN_2$、$ILN_3$ 与 $ILN_4$ 中，上行与下行相同。

# 第 7 章* 三维应力应变分析

**预备知识**

(1) 应力圆(见各种版本的材料力学),见图 7-0。

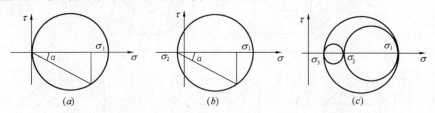

图 7-0

(a) 单向应力状态;(b) 二向应力状态;(c) 三向应力状态

(2) 三维张量的基本性质 $t'_{ij} = \alpha_{im}\alpha_{jn}t_{mn}$(式中 $t'$ 与 $t$ 分别代表新、旧系下的张量分量,见文献 [13] P96)

主应力可由其特征方程:$\begin{vmatrix} \sigma_{11}-\sigma & \sigma_{12} & \sigma_{13} \\ \sigma_{21} & \sigma_{22}-\sigma & \sigma_{23} \\ \sigma_{31} & \sigma_{32} & \sigma_{33}-\sigma \end{vmatrix} = 0$ 解得。

式中 $[\sigma_{ij}]$ 为已知的某点的应力张量 $\begin{bmatrix} \sigma_{11} & \sigma_{12} & \sigma_{13} \\ \sigma_{21} & \sigma_{22} & \sigma_{23} \\ \sigma_{31} & \sigma_{32} & \sigma_{33} \end{bmatrix}$($i \neq j$ 时,$\sigma_{ij}$ 代表 $\tau_{ij}$)(文献 [13] P21)

(3) 平面应力变换方程与平面应变变换方程之间的相似性(文献 [14] P88)

| 应力 | $\sigma_x$ | $\sigma_y$ | $\tau_{xy}$ | $\sigma_\theta$ | $\tau_\theta$ |
|---|---|---|---|---|---|
| 应变 | $\varepsilon_x$ | $\varepsilon_y$ | $\frac{1}{2}\gamma_{xy}$ | $\varepsilon_\theta$ | $\frac{1}{2}\gamma_\theta$ |

## §7.1 概述

众所周知,应力应变分析的计算公式比较复杂,而莫尔圆则为二维分析提供极大的方便。由于传统材料力学及弹性力学教材未曾为三维分析提供类似于二维莫尔圆的分析工具,本章将介绍一种类似莫尔圆的三维应力应变描述法——莫尔曲线与莫尔球。当然,该理论亦适用于其他笛卡尔张量分析。

## §7.2 莫尔曲线

单元体受力如图 7-2（a），先求与 y 面（指与 y 轴垂直的平面，其余类推）夹角为 α，与 x 轴平行的某面上的应力 $\tau_{\text{I}\alpha}$（平行于 x 轴）及 $\tau_{\text{II}\alpha}$（垂直于 x 轴）与 $\sigma_\alpha$。为此将单元受力情况进行分解，见图 7-2 中的（c）、（d）、（e）。

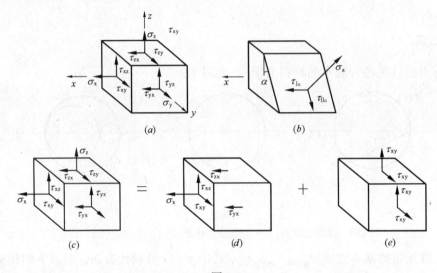

图 7-2

对于图 7-2 中的（d）和（e），可由平衡条件或莫尔圆理论求得：

$$\tau_{\text{I}\alpha} = \tau_{xy}\cos\alpha + \tau_{xz}\sin\alpha \tag{7-2-1a}$$

$$\sigma_\alpha = \frac{\sigma_y + \sigma_z}{2} + \frac{\sigma_y - \sigma_z}{2}\cos 2\alpha + \tau_{yz}\sin 2\alpha \tag{7-2-1b}$$

$$\tau_{\text{II}\alpha} = \frac{\sigma_y - \sigma_z}{2}\sin 2\alpha - \tau_{xz}\cos 2\alpha \tag{7-2-1c}$$

定义：参数方程（7-2-1）在三维正交系 $\sigma$、$\tau_\text{I}$、$\tau_\text{II}$ 中确定的曲线称莫尔曲线。

*上式亦可用三维张量的基本性质 $t'_{ij} = \alpha_{im}\alpha_{jn}t_{mn}$（下标 $i$，$j$，$m$，$n$ 等 = 1，2，3 下同）导出：

若限定 $\alpha_{33} = \cos\theta = 1$（α 的第一、二下标分别对应与新系、旧系轴，下同）。则有：

$$t'_{11} = 0.5(t_{11} + t_{22}) + 0.5(t_{11} - t_{22})\cos 2\theta + t_{12}\sin 2\theta \tag{7-2-2a}$$

$$t'_{22} = 0.5(t_{11} + t_{22}) - 0.5(t_{11} - t_{22})\cos 2\theta - t_{12}\sin 2\theta \tag{7-2-2b}$$

$$t'_{33} = t_{33} \tag{7-2-2c}$$

$$t'_{12} = t'_{21} = -0.5(t_{11} - t_{22})\sin 2\theta + t_{12}\cos 2\theta \tag{7-2-2d}$$

$$t'_{13} = t'_{31} = t_{13}\cos\theta + t_{23}\sin\theta \tag{7-2-2e}$$

$$t'_{32} = t'_{23} = t_{32}\cos\theta - t_{31}\sin\theta \tag{7-2-2f}$$

把式 7-2-2a、7-2-2b、7-2-2e 改写成：

$$t'_{12} = \sqrt{t_{31}^2 + t_{32}^2}\cos(\theta - \beta) \tag{7-2-3a}$$

$$t'_{12} = -0.5(t_0 - t'_0)\sin(\theta - \gamma) \tag{7-2-3b}$$

$$t'_{11} = t'_0 + (t_0 - t'_0)\cos(\theta - \gamma) \tag{7-2-3c}$$

式中

$$\begin{matrix} t_0 \\ t'_0 \end{matrix} = 0.5(t_{11} + t_{22}) \pm \sqrt{0.25(t_{11} - t_{22})^2 + t_{12}^2} \tag{7-2-4}$$

$$t_0 = 0.5(t_{11} + t_{22}) + \sqrt{0.25(t_{11} - t_{22})^2 + t_{12}^2} \tag{7-2-4a}$$

$$t'_0 = 0.5(t_{11} + t_{22}) - \sqrt{0.25(t_{11} - t_{22})^2 + t_{12}^2} \tag{7-2-4b}$$

$$\gamma = 0.5\mathrm{tg}^{-1} \frac{2t_{12}}{t_{11} - t_{22}} \tag{7-2-4c}$$

$$\beta = \cos^{-1} \frac{t_{31}}{\sqrt{t_{31}^2 + t_{32}^2}} \tag{7-2-4d}$$

式 (7-2-3) 加式 (7-2-4) 与式 (7-2-1) 完全相当。

### §7.3 任意面上的应力

若以研究点的三个主应力为 $\sigma_1$、$\sigma_2$ 和 $\sigma_3$ 建立三维正交系 $\sigma_1$、$\sigma_2$、$\sigma_3$，(右手法则)，则任意面可由其外法线 $N_{\varphi,\theta}$ 的球面坐标 $\varphi$、$\theta$ 表示，其中 $\varphi$ 为外法线 $N_{\varphi,\theta}$ 与 $\sigma_1 O \sigma_2$ 面的夹角（$N_{\varphi,0}$ 为 $N_{\varphi,\theta}$ 在 $\sigma_1 O \sigma_2$ 面上的投影）；$\theta$ 为 $N_{\varphi,0}$ 与 $\sigma_1$ 的夹角（见图 7-3）

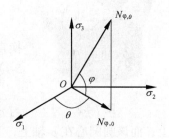

图 7-3

对应于 $N_{\varphi,0}$ 面上的应力可由莫尔圆理论求得：

$$\sigma_{\varphi,0} = \sigma_2 + (\sigma_1 - \sigma_2)\cos^2\varphi \tag{7-3-1}$$

$$\tau_{\varphi,0} = (\sigma_1 - \sigma_2)\sin\varphi\cos\varphi \tag{7-3-2}$$

下面导出与外法线 $N_{\varphi,\theta}$ 相对应的面上的应力表达式。在式 (7-2-1) 中令

$$\alpha = \theta; \tau_{xy} = \tau_{\varphi,0}; \tau_{xz} = 0; \sigma_y = \sigma_{\varphi,0}; \sigma_z = \sigma_3 \text{ 及 } \tau_{yz} = 0,$$

得

$$\tau_{\mathrm{I}\varphi,0} = \tau_{\varphi,0}\cos\theta \tag{7-3-3a}$$

$$\sigma_{\varphi,\theta} = \sigma_3 + (\sigma_{\varphi,0} - \sigma_3)\cos^2\theta \tag{7-3-3b}$$

$$\tau_{\mathrm{II}\varphi,0} = (\sigma_{\varphi,0} - \sigma_3)\sin\theta\cos\theta \tag{7-3-3c}$$

式 (7-3-3a) 即为任意面（对应的外法线为 $N_{\varphi,\theta}$）上的应力表达式。

### §7.4 辅柱与辅球

在正交系 $\sigma, \tau_{\mathrm{I}}, \tau_{\mathrm{II}}$ 中，不难看出，式 (7-3-3a, b, c) 组成的参数方程实为一圆柱（下称辅柱）与球（下称辅球）的相贯线。

辅柱的轴线平行于 $\tau_{\mathrm{I}}$，过点 $\left(\dfrac{\sigma_{\varphi,0} + \sigma_3}{2}, 0, 0\right)$。

半径 $r = \dfrac{1}{2}(\sigma_{\varphi,0} - \sigma_3)$。

辅球的球心坐标为：$(\sigma_3 + R, 0, 0)$；

辅球半径：

$$R = \frac{\sigma_{\varphi,0}^2 + \tau_{\varphi,0}^2 - 2\sigma_3\sigma_{\varphi,0} + \sigma_3^2}{2(\sigma_{\varphi,0} - \sigma_3)} \text{(证明略)} \tag{7-4-1}$$

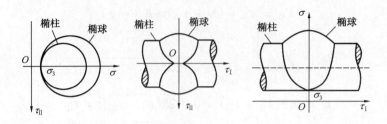

图 7-4-1

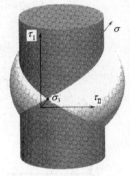

图 7-4-2

球与柱共有两个对称面：$\sigma O \tau_{\mathrm{I}}$ 与 $\sigma O \tau_{\mathrm{II}}$ 及一公切点（$\sigma_3$，0，0）。可见，此时的莫尔曲线为一球面上的"8"字形曲线，见图 7-4-1 和图 7-4-2。

### §7.5  图解、莫尔球（应力球与应变球）

式（7-3-3$b$），式（7-3-3$c$）二式可直接由莫尔圆理论导出。换言之，对应于法线 $N_{\varphi,\theta}$ 的各应力分量可用几何法求解（见图 7-5-1），下面导出求解 $\tau$（$=\tau_1+\tau_2$）的几何法。

由于辅球的球心在 $\sigma$ 轴上，当令其绕 $\sigma$ 轴旋转时，莫尔曲线与 $\sigma O \tau_{\mathrm{II}}$ 面的交线为一圆弧曲线。重合在辅球与 $\sigma O \tau_{\mathrm{II}}$ 面的交线上；而该圆圆心在 $\sigma$ 轴上，又有两个已知点 $A$ 和 $D$，故极易画出。过 $E$ 点作 $\sigma$ 轴的垂线与所作圆弧相交于 $F$，即可求得 $\tau_{\varphi,\theta}$（$\tau^2=\tau_{\mathrm{I}}^2+\tau_{\mathrm{II}}^2$），进而可求得 $\tau_{\mathrm{I}}$，见图 7-5-2（$a$）。

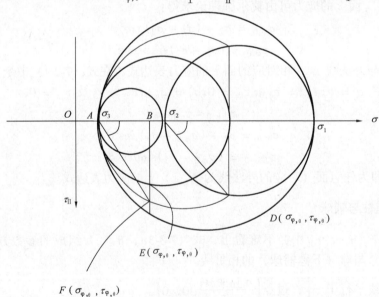

图 7-5-1

在 $\sigma \tau_{\mathrm{I}} \tau_{\mathrm{II}}$ 正交系中，分别以 $\sigma_1-\sigma_3$，$\sigma_1-\sigma_2$ 和 $\sigma_2-\sigma_3$ 为直径作球，称第一、二、三应力主球，见图 7-5-2（$b$）。由图 7-5-2（$b$）可知，莫尔曲线完全被三个主应力球所围成的空间包围。它与三个应力主球均只有一个公切点。莫尔曲线无法进入或突破三个应力主

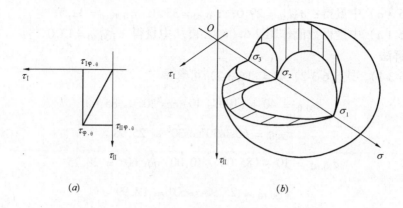

图 7-5-2

球。不过，辅柱与辅球的半径 $r$ 与 $R$ 可由 $\varphi$ 及转动秩序发生很大变化（$0 \leqslant r \leqslant \dfrac{\sigma_1 - \sigma_3}{2}$，$0 \leqslant R \leqslant \infty$）。

当采用不同的旋转秩序时，同样方法可求得类似的莫尔曲线在 $\sigma O \tau$ 面上的轨迹，如图 7-5-3。

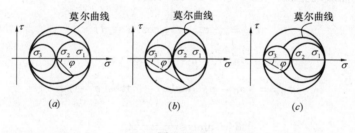

图 7-5-3

## §7.6  示例

设 $\sigma_1 = 100$，$\sigma_2 = 40$，$\sigma_3 = 10$，$\varphi = 30°$，$\theta = 60°$。（应力单位从略）

求 $\sigma_{30,60}$，$\tau_{30,60}$，$\tau_{\mathrm{II}\,30,60}$ 和 $\tau_{\mathrm{I}\,30,60}$。

(1) 图解法

由已知条件作图 7-6（$a$），（$b$）（过程从略）。

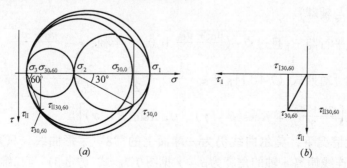

图 7-6

由图 7-6（a）中量得：$\sigma_{30,60} = 29.0$；$\tau_{30,60} = 35.0$；$\tau_{\mathrm{II}30,60} = 32.5$；
由图 7-6（a）中量得数值作图 7-6（b），再从中量得 $\tau_{\mathrm{I}30,60} = 13.0$
(2) 数解法
由式（6-3-1）、式（6-3-2）和式（6-3-3）可算得

$$\sigma_{30,0} = 40 + (100 - 40)\cos^2 30° \approx 85.00$$

$$\tau_{30,0} = 60\sin 30°\cos 30° \approx 25.98$$

$$\sigma_{30,60} = 10 + (85.00 - 10.00)\cos^2 60° = 28.75$$

$$\tau_{\mathrm{I}30,60} \approx 25.98\cos 60° \approx 12.99$$

$$\tau_{\mathrm{II}30,60} = 75\sin 60°\cos 60° \approx 32.47$$

$$\tau_{30,60} \approx \sqrt{12.99^2 + 32.47^2} \approx 34.97$$

## §7.7 莫尔曲线的全貌

为了求莫尔曲线的全貌，把式（7-2-1）改写成：

$$\tau_{\mathrm{I}\alpha} = \sqrt{\tau_{xy}^2 + \tau_{xy}^2}\cos(\alpha - \beta) \qquad (7\text{-}7\text{-}1a)$$

$$\sigma_\alpha = \sigma_0' + (\sigma_0 - \sigma_0')\cos^2(\alpha - \gamma) \qquad (7\text{-}7\text{-}1b)$$

$$\tau_{\mathrm{II}\alpha} = (\sigma_0 - \sigma_0')\sin(\alpha - \gamma)\cos(\alpha - \gamma) \qquad (7\text{-}7\text{-}1c)$$

式中：

$$\beta = \arccos\frac{\tau_{xy}}{\sqrt{\tau_{xy} + \tau_{xz}}} \qquad (7\text{-}7\text{-}2a)$$

$$\left\{\begin{matrix}\sigma_0\\ \sigma_0'\end{matrix}\right\} = \frac{\sigma_y + \sigma_z}{2} \pm \sqrt{\left(\frac{\sigma_y - \sigma_z}{2}\right)^2 + \tau_{yz}^2} \qquad (7\text{-}7\text{-}2b)$$

$$\gamma = \frac{1}{2}\mathrm{arctg}\frac{2\tau_{yz}}{\sigma_y - \sigma_z} \qquad (7\text{-}7\text{-}2c)$$

比较式（7-3-3）与式（7-7-1）可知式（7-2-1）所确定的曲线仍为一圆柱与球的相贯线（分别称辅柱与辅球）。

辅柱的轴线平行与 $\tau_{\mathrm{I}}$ 且过点：$(\frac{\sigma_0 + \sigma_0'}{2}, 0, 0)$，半径：$r = \frac{\sigma_0 - \sigma_0'}{2}$。

辅球的半径 [对照式（7-4-1）]：$R = \frac{\sigma_0^2 + \tau_{xy}^2 + \tau_{xz}^2 - 2\sigma_0\sigma_0' + \sigma_0'^2}{2(\sigma_0 - \sigma_0')}$；

球心坐标：$\left[\frac{\sigma_0 + \sigma_0'}{2} + R\cos(\beta - \gamma), 0, R\sin(\beta - \gamma)\right]$。

可见，一般情况下，莫尔曲线仍为一球面上的"8"字形曲线，只是球心与柱轴在 $\sigma o \tau_{\mathrm{I}}$ 面上交点的连线偏离 $\sigma$ 轴的角度为 $\beta - \gamma$ 见图 7-7。式（7-3-3）与二维莫尔圆为这种最一般莫尔曲线的特殊形式。图 7-7 为三种情况下莫尔曲线的视图及其绕 $\sigma$ 轴旋转动时与 $\sigma o \tau$ 面交线的示意图。

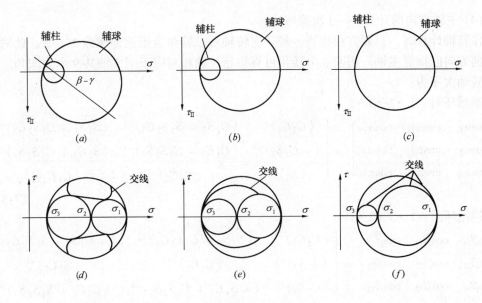

图 7-7

（a）普通莫尔曲线；（b）$\tau_{xz}=0$ 时的莫尔曲线；（c）$\tau_{xz}=0$，$\tau_{xy}=0$ 时的莫尔曲线

## §7.8 主值与主向的确定——转轴法

求主应力的传统方法为解如下特征方程：

$$\begin{vmatrix} \sigma_{11}-\sigma & \sigma_{12} & \sigma_{13} \\ \sigma_{21} & \sigma_{22}-\sigma & \sigma_{23} \\ \sigma_{31} & \sigma_{32} & \sigma_{33}-\sigma \end{vmatrix} = 0$$

该式展开后为一个三次方程，计算工作量很大。下面提供另一种选择——转轴法：

(1) 为了便于表达，把应力张量改写成：$\begin{vmatrix} \sigma_x & & 对 \\ \tau_z & \sigma_y & 称 \\ \tau_y & \tau_x & \sigma_z \end{vmatrix}$ (7-8-1)

(2) 选择转轴与转角：

从收敛的结果分析，转轴的先后秩序无关要紧，但从逼近的速度出发（手算时就应该讲究了），宜选择式（7-8-1）中 $\tau_i$ 的绝对值最大者对应的坐标轴开始转动。此时转角 $\alpha$ 可利用 $\tau_i' = 0$ 来确定：

$$\alpha = \frac{1}{2}\text{tg}^{-1}\frac{2\tau_i}{\sigma_j - \sigma_k} \quad 循环系统：\ i,j,k \Leftrightarrow x,y,z \tag{7-8-2}$$

(3) 确定新旧坐标的对应关系

$$\tau_j' = \tau_i\cos\alpha - \tau_k\sin\alpha$$
$$\tau_k' = \tau_j\cos\alpha + \tau_i\sin\alpha$$

当 $\sigma_j \geqslant \sigma_k$ 时，$\begin{Bmatrix} \sigma_j \\ \sigma_k \end{Bmatrix} = \frac{\sigma_j+\sigma_k}{2} \pm \sqrt{\left(\frac{\sigma_j-\sigma_k}{2}\right)^2 + \tau_i}$ (7-8-3)

当 $\sigma_j \leqslant \sigma_k$ 时，$\begin{Bmatrix} \sigma_k \\ \sigma_j \end{Bmatrix} = \frac{\sigma_j+\sigma_k}{2} \pm \sqrt{\left(\frac{\sigma_j-\sigma_k}{2}\right)^2 + \tau_i}$ (7-8-4)

(4) 主轴方向的计算——3次旋转法

作转轴计算时,只要方法得当,经3次转轴后,转角会迅速递减致 $1°\sim 2°$,此时说明新轴的方向已接近主轴。用前3个转角可算得新3轴相对应于旧3轴共9个方向角。当选择的转轴次序为:

顺循环时:$1\to 2\to 3\to 1$

$$\begin{bmatrix} \cos\alpha_{11} & \cos\alpha_{12} & \cos\alpha_{13} \\ \cos\alpha_{21} & \cos\alpha_{22} & \cos\alpha_{23} \\ \cos\alpha_{31} & \cos\alpha_{32} & \cos\alpha_{33} \end{bmatrix} = \begin{bmatrix} (C_2C_3)^{-1} & (C_1S_3+S_1S_2C_3)^{-1} & (S_1S_3-C_1S_2C_3)^{-1} \\ (-C_2S_3)^{-1} & (C_1C_3-S_1S_2S_3)^{-1} & (S_1C_3+C_1S_2S_3)^{-1} \\ (S_2)^{-1} & (-S_1C_2)^{-1} & (C_1C_2)^{-1} \end{bmatrix}$$

$$(7\text{-}8\text{-}5a)$$

逆循环时:$1\to 3\to 2\to 1$

$$\begin{bmatrix} \cos\beta_{11} & \cos\beta_{12} & \cos\beta_{13} \\ \cos\beta_{21} & \cos\beta_{22} & \cos\beta_{23} \\ \cos\beta_{31} & \cos\beta_{32} & \cos\beta_{33} \end{bmatrix} = \begin{bmatrix} (C_2C_3)^{-1} & (S_1S_3+C_1S_2C_3)^{-1} & (-C_1S_3+S_1S_2C_3)^{-1} \\ (-S_2)^{-1} & (C_1C_2)^{-1} & (S_1C_2)^{-1} \\ (C_2S_3)^{-1} & (-S_1C_3+C_1S_2S_3)^{-1} & (C_1C_3+S_1S_2S_3)^{-1} \end{bmatrix}$$

$$(7\text{-}8\text{-}5b)$$

式中,$\alpha_{ij}$、$\beta_{ij}$ 分别表示顺、逆循环时,新 $i$ 轴与旧 $j$ 轴的夹角;而 $C_n=\cos\theta_n$,$S_n=\sin\theta_n$;$\theta_n$ 则代表第 $n$ 次转角;$(\ )^{-1}$ 则表示 $\cos^{-1}(\ )$。

下面举例说明其应用

**【例7-8】** 已知应力张量 $\begin{bmatrix} 50 & 对 & \\ -20 & 80 & 称 \\ 0 & 60 & -70 \end{bmatrix}$,求主应力。

**【解】** [原应力张量]

(选择)转 $x$ 轴 $\Rightarrow \begin{bmatrix} 50 & & \\ -18.87 & 101.047 & \\ 6.62 & 0 & -91.047 \end{bmatrix}$

$$\alpha = \frac{1}{2}\text{tg}^{-1}\frac{2\times 60}{80+70} = 19.33°$$

$$\tau_y' = \tau_y\cos\alpha - \tau_z\sin\alpha = 6.62$$

$$\tau_z' = \tau_z\cos\alpha + \tau_y\sin\alpha = -18.87$$

$$\sigma_y > \sigma_z, \begin{Bmatrix}\sigma_y'\\ \sigma_z\end{Bmatrix} = 5\pm\sqrt{\left(\frac{80+70}{2}\right)^2+60^2} = \begin{Bmatrix}101.047\\ -91.047\end{Bmatrix}$$

转 $z$ 轴 $\Rightarrow \begin{bmatrix} 43.78 & & \\ 0 & 107.26 & \\ 6.287 & -2.072 & -91.047 \end{bmatrix}$ 转 $y$ 轴 $\Rightarrow \begin{bmatrix} 44.07 & & \\ 0.096 & 107.26 & \\ 0 & -2.07 & -91.34 \end{bmatrix}$

$$\alpha = \frac{1}{2}\text{tg}^{-1}\frac{2\times(-18.87)}{50-101.047} = 18.24° \qquad \alpha = \frac{1}{2}\text{tg}^{-1}\frac{2\times 6.287}{-91.047-43.78}$$

$$\tau_x' = \tau_x\cos\alpha - \tau_y\sin\alpha = -2.072 \qquad \tau_z' = \tau_z\cos\alpha - \tau_x\sin\alpha = 0.096$$

$$\tau_y' = \tau_y\cos\alpha + \tau_x\sin\alpha = 6.287 \qquad \tau_x' = \tau_x\cos\alpha + \tau_z\sin\alpha = -2.07$$

$$\begin{Bmatrix}\sigma_y'\\ \sigma_z'\end{Bmatrix} = 75.52\pm 31.74 = \begin{Bmatrix}107.265\\ 43.78\end{Bmatrix} \qquad \begin{Bmatrix}\sigma_z'\\ \sigma_x\end{Bmatrix} = -23.634\pm 67.71 = \begin{Bmatrix}44.07\\ -91.34\end{Bmatrix}$$

$$\text{转} x \text{轴} \Rightarrow \begin{bmatrix} 44.07 & & \\ 0 & 107.29 & \\ 0 & 0 & -91.36 \end{bmatrix}$$

$$\alpha = \frac{1}{2} \text{tg}^{-1} \frac{2 \cdot (-2.07)}{107.265 + 91.34} = -0.597°$$

$$\tau_y' = \tau_y \cos\alpha - \tau_z \sin\alpha \approx 0$$

$$\tau_z = \tau_z \cos\alpha - \tau_z \sin\alpha \approx 0$$

$$\begin{Bmatrix} \sigma_y' \\ \sigma_x \end{Bmatrix} = 7.955 \pm 99.32 = \begin{Bmatrix} 107.28 \\ -91.31 \end{Bmatrix}$$

计算表明，转轴法公式简单易记，逼近速度较快（上例中经4轮计算，结果精度已超过参考文献［14］中用特征方程求解的答案）。

下面把两种循环计算的方向角进行比较（式中 $\alpha_{ij}$ 表示顺循环，$\beta_{ij}$ 表示逆循环，第一下标表示新轴，第二下标表示旧轴）：

$$\begin{bmatrix} \alpha_{11} & \alpha_{12} & \alpha_{13} \\ \alpha_{21} & \alpha_{22} & \alpha_{23} \\ \alpha_{31} & \alpha_{32} & \alpha_{33} \end{bmatrix} = \begin{bmatrix} 18.49 & 73.64 & 81.61 \\ 108.29 & 25.75 & 72.52 \\ 92.68 & 109.31 & 19.51 \end{bmatrix}$$

$$\begin{bmatrix} \beta_{11} & \beta_{12} & \beta_{13} \\ \beta_{21} & \beta_{22} & \beta_{23} \\ \beta_{31} & \beta_{32} & \beta_{33} \end{bmatrix} = \begin{bmatrix} 18.43 & 73.76 & 81.53 \\ 108.24 & 26.34 & 71.68 \\ 92.53 & 110.14 & 20.32 \end{bmatrix}$$

以上结果表明，除了三个主应力精度非常高外，两种循环的方向角相差也很小。但该情况并非普遍，因为张量初值中已有一个副元素为0，并非最一般状态下的张量。

普通张量的计算见第13章。

### §7.9 由应变花求应变张量

#### §7.9.1 二维应变花

若测得二维（45°布置）应变花为 $[\varepsilon^1, \varepsilon^2, \varepsilon^{12}]$，见图7-9（$a$），（$b$），则不难由莫尔圆理论求得应变张量为 $\varepsilon = \begin{bmatrix} \varepsilon^1 & \text{对称} \\ \varepsilon^{12} - \frac{1}{2}(\varepsilon^1 + \varepsilon^2) & \varepsilon^2 \end{bmatrix}$ (7-9-1)

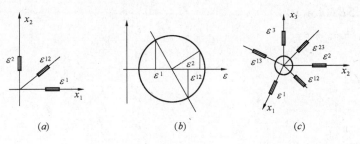

图 7-9

## §7.9.2 三维应变花

由二维类推得三维应变张量为

$$\varepsilon = \begin{bmatrix} \varepsilon^1 & & \text{对} \\ \varepsilon^{12} - \dfrac{1}{2}(\varepsilon^1 + \varepsilon^2) & \varepsilon^2 & \text{称} \\ \varepsilon^{13} - \dfrac{1}{2}(\varepsilon^1 + \varepsilon^3) & \varepsilon^{23} - \dfrac{1}{2}(\varepsilon^2 + \varepsilon^3) & \varepsilon^3 \end{bmatrix} \quad (7\text{-}9\text{-}2)$$

见图 7-9（c）。

三维张量主值与方向角计算（转轴法）的 FORTRAN 程序及举例见第 13 章 13 节。

## §7.10 本章小结

（1）用莫尔圆理论为三维应力状态提供了新的描述法，使得各应力分量的极值一目了然。

（2）转轴法逼近数度快，公式除便于手算外，对电算编程亦十分方便（见 13 章）。

（3）应变与应力一样，满足笛卡尔张量关系，只需把预备知识中的相关量作变换就可套用应力张量计算的所有公式，这里不再重复。

## 习 题 7

7-1 设已测得三维应变花 [45° 布置，见图 7-9-1（c）] 中的 6 个线应变：

$$[\varepsilon^1 \varepsilon^2 \varepsilon^3 \varepsilon^{12} \varepsilon^{23} \varepsilon^{31}] = [123456] \times 10^{-4}$$

已知材料的弹性模量 $E = 29.5\text{GPa}$

泊松比 $\nu = 0.167$

求主应力与主方向。

【提示】 先利用莫尔圆理论求得应变张量：$[\varepsilon] = \begin{bmatrix} 1 & & \text{对} \\ 2.5 & 2 & \text{称} \\ 4 & 2.5 & 3 \end{bmatrix}$，继而利用转轴法求主应变大小及方向，再利用广义胡克定律由主应变，求主应力公式为（文献 [15] P22~25）：

$$\sigma_i = \lambda\theta + \mu\varepsilon_i$$

式中 $\lambda = 0.5E\nu/(1+\nu)(1-2\nu)$

$\mu = 0.5E/(1+\nu)$

$\theta = \varepsilon_1 + \varepsilon_2 + \varepsilon_3$

# 第8章 杆系虎克定律、虚功原理与位移计算技巧

**预备知识**

(1) 虎克定律：方程 $\sigma = E\varepsilon$ 通常称为虎克定律。(文献 [19] P8~9)。

(2) 虚功原理：

变形体的虚功原理可表述如下：当给平衡的变形体（状态1）以任意的虚位移（状态2）时，变形体上外力虚功等于各微段上外力在变形上的虚功（变形虚功）之和。(文献 [9] P103)

(3) 虚功原理：外力虚功 = 内力虚功（这里把杆件的变形虚功称之为内力虚功，对记忆有帮助——笔者）

(4) 图乘法：

(图乘法就是) 将积分运算简化为图形的面积、形心和纵坐标的计算。即：

$$\Delta_{iP} = \Sigma \frac{1}{EI} \int \overline{M_i} M_P \mathrm{d}x = \Sigma \frac{1}{EI} \omega y_0$$

应用图乘法时应注意以下几点：

(1) 图乘法的应用条件是：积分段内为同材料等截面（即 $EI$ = 常量）的直杆，且 $M_i$ 与 $M_P$ 中至少有一个是直线图形。

(2) 取纵标的图形必须是直线图形（$\alpha$ = 常数），而不是折线或曲线。

(3) 若 $\omega$ 与 $y_0$ 在杆轴同一侧时，其乘积取正号，反之取负号。

(4) 若两个图形（$M_i$ 与 $M_P$）都是直线图形，则纵坐标取自哪个图形都可以。

(5) 若 $M_P$ 图是曲线图形，$M_i$ 图是折线的，则当分段图乘。

(6) 若为阶梯形杆（各段截面不同，而在每段范围内截面不变），则当分段图乘。

(7) 若 $EI$ 沿杆长连续变化，或是曲杆，则必须积分计算。

(文献 [9] P110~113)

## §8.1 杆系虎克定律与虚功原理

弹性杆件的位移计算（在小变形与线弹性的情况下）可用几何法（又称积分法，一般在材料力学中介绍）与虚功法（一般在结构力学中介绍）。由于虚功法更为简单快捷，故备受工程界的欢迎。由于虚功原理与虎克定律关系密切，下面从虎克定律谈起。

虎克定律通常可用方程表达：$\sigma = E\varepsilon$。

把上述方程可改写为：$\varepsilon = \dfrac{\sigma}{E}$

再针对轴向拉伸情况可进一步写作：$\varepsilon = \dfrac{N}{EA}$

上式表明，对于轴向拉伸问题，虎克定律可描述为：

$$轴向应变 = 内力/刚度 \quad (a)$$

照此办理，若定义 $\dfrac{1}{\rho}$ 为弯曲应变，则对于弯曲问题，虎克定律描述为：

$$\frac{1}{\rho} = \frac{M}{EI}$$

以及剪切问题，定义 $\gamma_0$ 为剪切应变，则剪切虎克定律可描述为：

$$\gamma_0 = \mu \frac{Q}{GA}$$

式中　$\mu$——剪应力不均匀系数。

可见，杆（件体）系虎克定律可这样描述：

$$应变 = 内力/刚度 \quad (b)$$

有了式（$b$），内力虚功中的微段变形可表为：

$$d\varphi_2 = \frac{M_2}{EI}ds, d\Delta_2 = \frac{N_2}{EA}ds \text{ 和 } d\eta_2 = \gamma_2 ds = \mu \frac{Q_2}{GA}ds$$

（上式中下标 2 表示第二状态，即位移状态）

微段上的虚功可表为：

$$dV_{12} = M_1 \cdot d\varphi_2 + N_1 \cdot d\Delta_2 + Q_1 \cdot d\eta_2$$

$$= \frac{M_1 M_2}{EI}ds + \frac{N_1 N_2}{EA}ds + \mu \frac{Q_1 Q_2}{GA}ds$$

积分后：$V_{12} = \int \dfrac{M_1 M_2}{EI}ds + \int \dfrac{N_1 N_2}{EA}ds + \int \dfrac{\mu Q_1 Q_2}{GA}ds$

因而有（变形体的虚功方程的展开式）：

$$T_{12} = \int \frac{M_1 M_2}{EI}ds + \int \frac{N_1 N_2}{EA}ds + \int \frac{\mu Q_1 Q_2}{GA}ds$$

由此便可导得单位荷载法与图乘法。

## §8.2　叠加原理与图形的微分观

在单位荷载法中，常有 $M$ 图未能满足图乘法条件或因图形的面积大小、形心位置不易确定等原因而需要作分解的情况。应用叠加原理有：

若

$$M_i = \sum_j M_{ij} \text{ 及 } M_k = \sum_l M_{kl}$$

则

$$\int M_i M_k dx = \sum_j \sum_l \int M_{ij} M_{kl} dx = \sum_j \sum_l (\omega_j y_l) = \sum_j \sum_l (\omega_l y_j)$$

这一手段令图乘法得以广泛应用。由于分解有不同的选择，使得计算变得多样。多样的途径就有多样的过程，其中不少技巧问题值得探讨。

图形的分解与叠加，对于初学者往往存在一定困难，但若能用微分的观点看待图形，相信对此有所帮助。

所谓微分的观点就是把图形分解成微小的细长柱面积之和，如图 8-2-1 所示。若每一小柱的大小形状不改变，则任凭其在竖直方向（垂直杆轴方向）上作任何移动，图形有两个因素不会改变：这就是图形的面积（因每一小柱的形状和大小并未改变）和形心的水平坐标（因所有小柱在杆轴方向无移动）。可见图 8-2-1（$a$）、（$b$）、（$c$）由上下实线围成的面积大小与形心的水平坐标相同（图中所有曲线均为抛物线）。

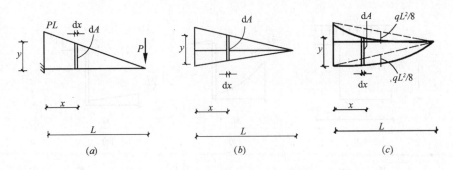

图 8-2-1

又如在图 8-2-2 中，图 8-2-2（a）中的 2 个面积 $S_1$ 和 $S_2$ 的与图 8-2-2（d）中的 $A_1$ 与 $A_2$ 叠加后结果完全相同，但图乘的计算过程却有相当差异。其中 $A_1$ 可用图 8-2-2（b）或图 8-2-2（e）表示，而 $A_2$ 可用图 8-2-2（c）或图 8-2-2（f）表示（图中小圆为形心，两头突出者为基线）。原因是图 8-2-2（a）中的 $S_1$、$S_2$ 的面积与形心位置确定以及 $y_0$ 的计算都远比图 8-2-2（d）中的计算麻烦。

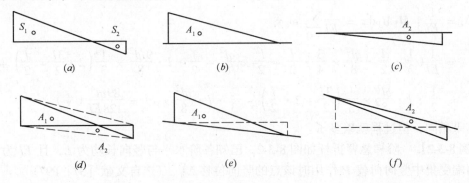

图 8-2-2

下面把图乘法的分析技巧分为几个方面介绍。

### §8.3  纵向拼接

图乘法由积分导出，积分实际上就是无数微量的叠加。由于加法具有交换率，这就给这种叠加提供了很多不同的计算方法。我们的任务就是寻找能简化计算过程的方式方法，纵向拼接就是其中之一。举例说明：

【例 8-3-1】 求图 8-3-1（a）所示的悬臂折杆自由端的竖向位移 $\Delta_D^V$。

【解】 作 $M_P$ 图与 $M_1$ 图 [见图 8-3-1（b）与（c）]并将两图在横梁部分的 $M$ 图作拼接得 $M_{P2}$ 和 $M_{12}$ 如图 8-3-1（f）与 8-3-1（g），把两图柱子部分的弯矩图分别称 $M_{P1}$ 和 $M_{11}$ 如图 8-3-1（d）与（e），这样就有：

$$M_1 = M_{11} + M_{12};\quad M_P = M_{P1} + M_{P2}$$

故：
$$\Delta_D^V = \frac{1}{EI}\int M_1 M_P dx = \frac{1}{EI}\int (M_{11}M_{P1} + M_{12}M_{P2})dx$$

$$= \frac{1}{EI}\left(\frac{l^2}{2}\times\frac{ql^2}{8} + \frac{1}{3}\cdot\frac{9ql^2}{8}\cdot\frac{3l}{2}\times\frac{3}{4}\cdot\frac{3l}{2}\right) = \frac{89ql^4}{128EI}(\downarrow)$$

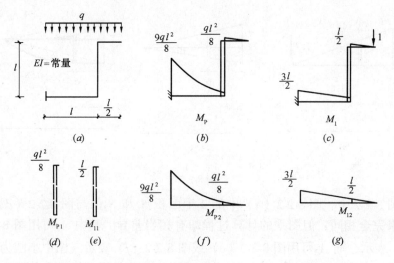

图 8-3-1

若不采用纵向拼接，要作 5 次图乘，即：

$$\Delta_D^V = \frac{1}{EI}\int M_1 M_P dx = \frac{1}{EI}\sum_{i=1}^{5}\omega_i y_i$$

$$= \frac{1}{EI}\left(\frac{1}{3}\cdot\frac{l}{2}\cdot\frac{ql^2}{8}\times\frac{3}{4}\cdot\frac{l}{2}+\frac{l^2}{2}\times\frac{ql^2}{8}+\frac{1}{2}\cdot l\cdot\frac{9ql^2}{8}\times\frac{1}{3}\left(2\cdot\frac{3l}{2}+\frac{l}{2}\right)+\right.$$

$$\left.\frac{1}{2}\cdot l\cdot\frac{ql^2}{8}\times\frac{1}{3}\left(\frac{3l}{2}+2\cdot\frac{l}{2}\right)-\frac{2}{3}\cdot l\cdot\frac{ql^2}{8}\times l\right)=\frac{89ql^4}{128EI}(\downarrow)$$

结果相同，但过程就繁多了。

【例 8-3-2】　阶梯悬臂折杆如图 8-3-2，已知各阶水平与竖向长均为 $L$，且 $EI$ 为常量，求自由端受集中竖向荷载 $P$ 作用时该点的竖向位移 $\Delta_D^V$。（选自文献［37］P97）

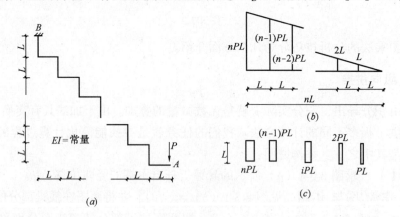

图 8-3-2

【解】　$M_1$ 图与 $M_P$ 图仅差一个 $P$ 倍，可合二而一，但计算时许将其作纵向拼接，见图 8-3-1（b）与（c），故有：

梁的图乘：$\dfrac{1}{EI}\omega\times y_c = \dfrac{1}{2EI}(nL)^2\times\dfrac{2}{3}\cdot nPL = \dfrac{1}{3EI}n^3PL^3$

第 $i$ 柱的图乘 $\frac{1}{EI}\omega_i y_i = \frac{1}{EI}iPL \cdot L \times iL = \frac{PL^3}{EI}i^2$ 叠加得：$\frac{PL^3}{EI}\sum_{i=1}^{n} i^2$

最终结果：$\Delta_A^V = \frac{PL^3}{EI}\left(\frac{n^3}{3} + \sum_{i=1}^{n} i^2\right)$ （↓）

### §8.4 纵向拼装

所谓纵向拼装可理解成与分解的相反的行为，或称反分解。于是其符号的取舍亦与之相反或理解成将基线位置作适当移动。由于有时采用纵向拼装可使图形完整（直线、标准抛物线等），应用前提是拼装时产生的影响因图形简单而容易消除。下面结合例题作介绍。

**【例8-4】** 求图8-4所示悬臂梁中点 $B$ 的竖向位移 $\Delta_B^V$。

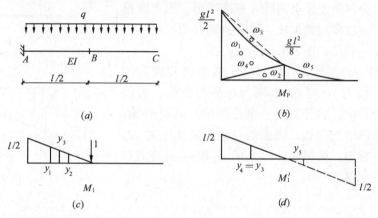

图 8-4

**【解法一】** （选自文献 [9] P116）：

$M_P$ 图和 $M_i$ 图如图8-4的（b）、（c）所示。$M_i$ 图是折线图形，需要分两段图乘。$BC$ 段因 $M_i$ 图为零，故图乘得零。$AB$ 段的分解的方式有两种。

(1) 通过简支梁分解

$AB$ 段上的 $M_P$ 图可看作是（杆端弯矩 $M_A$ 和 $M_B$ 以及均布荷载 $q$ 作用下的）简支梁的弯矩图。以此三个弯矩图分别与 $M_i$ 图相乘再叠加即得所求位移，即：

$$\Delta_B^V = (\omega_1 y_1 + \omega_2 y_2 - \omega_3 y_3)/EI$$

其中：

$$\omega_1 = \frac{1}{2} \cdot \frac{l}{2} \times \frac{ql^2}{2} = \frac{ql^3}{8}, \qquad y_1 = \frac{2}{3} \cdot \frac{l}{2} = \frac{l}{3}$$

$$\omega_2 = \frac{1}{2} \cdot \frac{l}{2} \times \frac{ql^2}{8} = \frac{ql^3}{32}, \qquad y_2 = \frac{1}{3} \cdot \frac{l}{2} = \frac{l}{6}$$

$$\omega_3 = \frac{2}{3} \cdot \frac{l}{2} \times \frac{ql^2}{32} = \frac{ql^3}{96}, \qquad y_3 = \frac{1}{2} \cdot \frac{l}{2} = \frac{l}{4}$$

于是得：

$$\Delta_B^V = \frac{1}{EI}\left(\frac{ql^2}{8} \times \frac{l}{3} + \frac{ql^2}{32} \times \frac{l}{6} - \frac{ql^2}{96} \times \frac{l}{4}\right) = \frac{17ql^4}{384EI} \;(\downarrow)$$

(2) 利用纵向拼装技巧

把 $M_i$ 图进行纵向拼装,见图 8-4(d),有:

$$\Delta_B^V = \frac{1}{EI}(\omega_4 y_4 + \omega_5 y_5)$$

$$= \frac{1}{EI}\left(\frac{1}{3} \cdot \frac{ql^2}{2} \cdot l \times \frac{l}{4} + \frac{1}{3} \cdot \frac{ql^2}{8} \cdot \frac{l}{2} \times \frac{l}{8}\right) = \frac{17ql^4}{384EI}(\downarrow)$$

【注】 图 8-4(d) 中右段可把虚线看成基线,这样 $y_5$ 便在上侧与 $\omega_5$ 同侧,故上式括号中的第二项乘积取正。

## §8.5 多层叠加法

有时一次分解未能完全消除非标准线形,因而需再次进行分解,故称多层叠加法,结合例题介绍。

【例 8-5】 结构如图 8-5(a),求 $\Delta_D^V$。

【解】 作 $M_P$ 图与 $M_1$ 图,并把 $M_1$ 图拼装成直线形,见图 8-5(c),对应的 $M_P$ 图为标准抛物线。为消除拼装带来的影响,须分割出一个三角形,对应的 $M_P$ 图该部分为非标准抛物线,因而需在这一层次上对 $M_P$ 图进行分解、叠加,见图 8-5(b) 的 $\omega_2$ 和 $\omega_3$,与之对应的 $y_2$、$y_3$ 见图 8-5(c)。

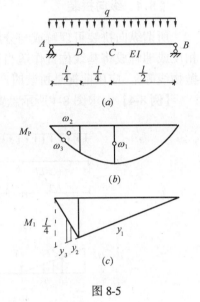

图 8-5

有:

$$\Delta_D^V = \frac{1}{EI}(\omega_1 y_1 + \omega_2 y_2 + \omega_3 y_3)$$

$$= \frac{1}{EI}\left(\frac{2}{3} \times \frac{ql^2}{8} l \times \frac{1}{2} \times \frac{l}{4} - \frac{1}{2} \times \frac{3ql^2}{32} \times \frac{l}{4} \times \frac{1}{3} \times \frac{l}{4} - \frac{2}{3} \times \frac{ql^2}{8 \cdot 16} \times \frac{1}{2} \frac{l}{4}\right) = \frac{17ql^4}{384}(\downarrow)$$

## §8.6 带 $EI$ 的图乘法

图乘法的数学实质属积分运算的一种简化计算手段,对于分段均匀的直杆,若把 $\frac{M}{EI}$ 看作积分运算中的因子,而此时两个因子又满足图乘法的条件,仍然可利用图乘法简化计算。如:

设:$\dfrac{M_1}{EI} = \sum_i \dfrac{M_{1i}}{(EI)_i}$ 及 $M_P = \sum_j M_{Pj}$

或:$M_1 = \sum_i M_{1i}$ 及 $\dfrac{M_P}{EI} = \sum_j \dfrac{M_{Pj}}{(EI)_j}$

则:$\displaystyle\int \frac{M_1 M_P}{EI} dx = \sum_i \sum_j \int \frac{M_{1i} M_{Pj} dx}{(EI)_j} \left(= \sum_i \sum_j \frac{M_{1i} M_{Pj} dx}{(EI)_j}\right)$

$$= \sum_i \sum_j \frac{\omega_i \cdot y_j}{(EI)_i} \left(= \sum_i \sum_j \frac{\omega_i \cdot y_j}{(EI)_j}\right)$$

上式中,分母中的 $EI$ 可理解为附着于分子中任何一个,故称带 $EI$ 的图乘法。

【例 8-6-1】 阶梯柱受荷如图 8-6-1(a),求柱顶水平位移 $\Delta_A^H$。

【解】 作 $M_P$ 图和 $M_1$ 图如图 8-6-1(b) 和 (c) 所示,把图 (c) 改为图 (d),再把

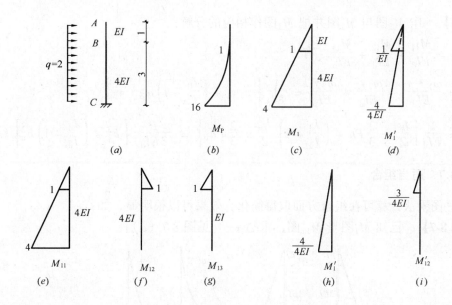

图 8-6-1

图（d）分解为图（h）和图（i），从而使得图（b）和图（d）的图乘等价于图（b）和图（h）、图（i）的图乘。

有：$\Delta_A^H = \frac{16 \cdot 4}{3} \times \frac{3}{4} \cdot \frac{4}{4EI} + \frac{1 \cdot 1}{3} \times \frac{3}{4} \cdot \frac{3}{4EI} = \frac{259}{16EI}(\rightarrow)$

若把图 8-6-1 分解为（e）、（f）和（g），则可用（b）和（e）、（f）、（g）的图乘代替以上计算，

得：$\Delta_A^H = \frac{1}{4EI}\frac{16 \cdot 4}{3} \times 3 + \left(\frac{1}{EI} - \frac{1}{4EI}\right)\frac{1 \cdot 1}{3} \times \frac{3 \cdot 1}{4} = \frac{259}{16EI}(\rightarrow)$

【例 8-6-2】 阶梯柱受荷如图 8-6-2（a），求柱顶水平位移 $\Delta_A^H$。

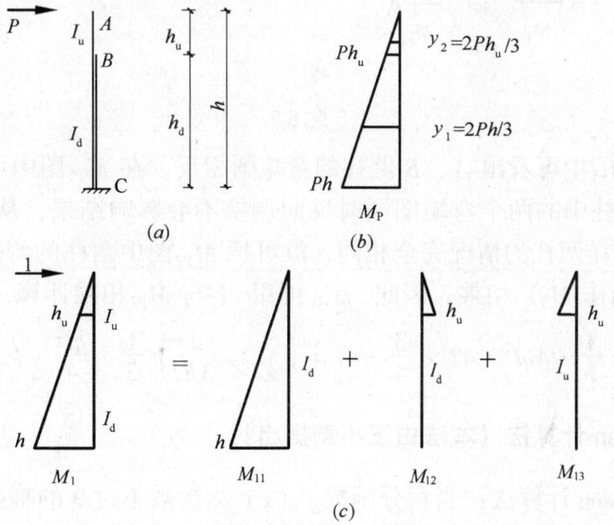

图 8-6-2

**【解】** 作 $M_P$ 图与 $M_1$ 图并把 $M_1$ 图作相应的分解：

$$\frac{M_1}{EI} = \frac{M_{11}}{EI_d} + \frac{M_{12}}{EI_d} + \frac{M_{13}}{EI_u}, \text{ 有：}$$

$$\Delta_A^H = \frac{\omega_1 \cdot y_1}{EI_d} + \frac{\omega_2 y_2}{EI_d} + \frac{\omega_3 y_3}{EI_u} = \frac{1}{EI_d}\left[\omega_1 y_1 + \left(\frac{I_d}{I_u} - 1\right)\omega_3 \cdot y_3\right]$$

$$= \frac{1}{EI_d}\left[\frac{h^2}{2} \times \frac{2}{3}Ph + \left(\frac{I_d}{I_u} - 1\right)\frac{h_u^2}{2} \times \frac{2}{3}Ph_u\right] = \frac{P}{(3EI_d)}\left[h^3 + \left(\frac{I_d}{I_u} - 1\right)h_u^3\right] (\rightarrow)$$

### §8.7 适当组合

有些图乘法计算可在组合方面取得简化，效果可以很明显，如：

**【例 8-7】** 已知 $M_1$ 图与 $M_{P1}$ 图，求 $\Delta_{1P}$。[见图 8-7（a）]

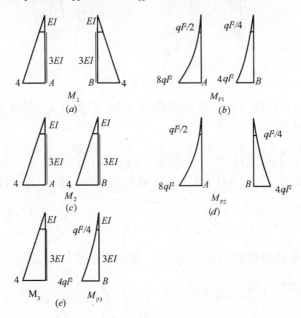

图 8-7

**【解】** 在图 $M_1$ 中可看出 $A$、$B$ 两柱的弯矩图相反，在 $M_{P1}$ 图中可见两柱的弯矩图成倍数关系。而同一柱中的两个弯矩图同时反向调换不会影响结果，从而得 $M_2$ 和 $M_{P2}$（见图 8-7b）。此时 $M_2$ 在两柱的情况完全相同，故可把 $M_{P2}$ 图中两柱的弯矩图合成 $M_{P3}$，再与 $M_2$ 中任何一柱（画作 $M_3$）相乘；因此，$\Delta_{1P}$ 可用 $M_3$ 与 $M_{P3}$ 相乘计算，计算如下：

$$\Delta_{1P} = \frac{1}{3EI} \cdot \frac{1}{3} \cdot 4ql^2 \cdot 4l \times \frac{3}{4} \cdot 4l + \left(\frac{1}{EI} - \frac{1}{3EI}\right)\frac{1}{3} \cdot \frac{ql^2}{4} \cdot l \times \frac{3l}{4} = \frac{129ql^4}{24EI}$$

### §8.8 Simpson 计算法（本法由王小蔚提出）

定积分的 Simpson 计算法：当积分函数 $f(x)$ 为次数不过 3 的幂函数时，定积分可用抛物线计算（见各类《数学分析》教材或《数学手册》）：

$$\int_a^b f(x)dx = \frac{b-a}{6}\left[f(a) + 4f\left(\frac{a+b}{2}\right) + f(b)\right]$$

在单位荷载法中，只要被积函数 $M_1 M_P$ 为满足次数不过 3 的条件就可用本法。

【**例 8-8-1**】 在例 8-4 中（见图 8-4），弯矩图分别是直线（1 次）与抛物线（2 次），它们的乘积没超过 3 次，可采用 Simpson 法：

$$\Delta_B^V = \frac{1}{EI} \cdot \frac{1}{6} \cdot \frac{l}{2} \left\{ \frac{ql^2}{2} \cdot \frac{l}{2} + 4 \cdot \frac{l}{4} \cdot \frac{q}{2} \cdot \left(\frac{3l}{4}\right)^2 \right\} = \frac{17ql^4}{384EI} (\downarrow)$$

【**例 8-8-2**】 用 Simpson 计算法重算例 8-7。

【**分析**】 上柱用图乘法，下柱的积分函数也未超过 3 次，可用 Simpson 法计算

$$\Delta_{1P} = \frac{1}{EI} \cdot \frac{1}{3} \cdot \frac{ql^2}{4} \cdot l \times \frac{3l}{4} + \frac{1}{3EI} \cdot \frac{3l}{6} \left\{ \frac{ql^2}{4} \times l + 4 \left[ \frac{1}{2} \left(4 + \frac{1}{4}\right) - \frac{9}{16} \right] ql^2 \times \frac{5l}{2} + 4ql^2 \times 4l \right\}$$

$$= \frac{129 ql^4}{24EI} (\downarrow)$$

【**小结**】 Simpson 法不用记忆图形的面积公式及形心位置，这对于手算的优势并不十分明显，但在编制程序时则凸显明显优势（见 14.1 节）。

### §8.9 位移计算综合例题

【**例 8-9-1**】 简支梁受集中荷载 $P$ 的作用，见图 8-9-1（$a$），求跨中截面的竖向位移 $\Delta$。

【**分析**】 先作 $M_P$ 图与 $M_1$ 图，见图 8-9-1（$b$）、（$c$）。

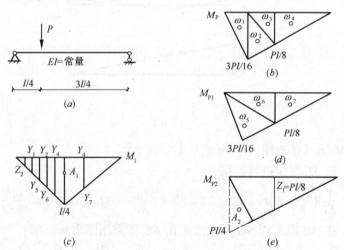

图 8-9-1

【**解法一**】 把 $M_P$ 图作分解，见图 8-9-1（$b$）则有：

$$\Delta = \frac{1}{EI} (\omega_1 \cdot y_1 + \omega_2 \cdot y_2 + \omega_3 \cdot y_3 + \omega_4 \cdot y_4)$$

$$= \frac{1}{EI} \left( \frac{1}{2} \cdot \frac{3Pl}{16} \cdot \frac{l}{4} \times \frac{l}{12} + \frac{1}{2} \cdot \frac{3Pl}{16} \cdot \frac{l}{4} \times \frac{l}{6} + \frac{1}{2} \cdot \frac{Pl}{8} \cdot \frac{l}{4} \times \frac{5l}{24} + \frac{1}{2} \cdot \frac{Pl}{8} \cdot \frac{l}{2} \times \frac{l}{6} \right)$$

$$= \frac{11Pl^3}{768EI} (\downarrow)$$

【**解法二**】 把 $M_P$ 图作分解，见图 8-9-1（$d$），并注意到：

$$\omega_5 = \omega_6 = \omega_7 = \omega \text{ 且 } y_6 = y_7 \text{ 则有：}$$

$$\Delta = \frac{1}{EI}(\omega_5 \cdot y_5 + \omega_6 \cdot y_6 + \omega_7 \cdot y_7) = \frac{\omega}{EI}(y_5 + 2y_6)$$

$$= \frac{1}{EI}\left[\frac{1}{2} \cdot \frac{Pl}{8} \cdot \frac{l}{2} \times \left(\frac{l}{8} + 2 \cdot \frac{l}{6}\right)\right]$$

$$= \frac{11Pl^3}{768EI}(\downarrow)$$

【解法三】 把 $M_P$ 图作分解，见图 8-9-1（e），则：

$$\Delta = \frac{1}{EI}(A_1 \cdot z_1 + A_2 \cdot z_2) = \frac{1}{EI}\left(\frac{1}{2} \cdot \frac{l}{4} \cdot l \times \frac{Pl}{8} - \frac{1}{2} \cdot \frac{Pl}{4} \cdot \frac{l}{4} \times \frac{l}{24}\right) = \frac{11Pl^3}{768EI}(\downarrow)$$

【例 8-9-2】 结构受荷如图 8-9-2，求 $\Delta_C^V$。

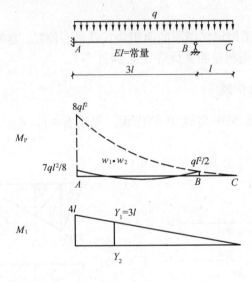

图 8-9-2

作 $M_P$ 图和 $M_1$ 图（在去掉 $B$ 支座的基本结构上作）。

【解法一】 把 $M_P$ 图作拼装，则：

$$\Delta_C^V = \frac{1}{EI}\left(\frac{1}{3} \cdot 8ql^2 \cdot 4l \times 3l - \frac{1}{2} \cdot \frac{57ql^2}{8} \cdot 3l \times 3l\right) = -\frac{ql^3}{16EI}(\uparrow)$$

【解法二】 在 $AB$ 段采用 Simpson 法而在 $BC$ 段采用图乘法，则：

$$\Delta_C^V = \frac{1}{EI}\left\{\frac{ql^3}{6} \times \frac{3l}{4} + \frac{3l}{6}\left[\frac{ql^2}{2} \cdot l + 4\left[\frac{1}{2}\left(\frac{7ql^2}{8} + \frac{ql^2}{2}\right) - \frac{9ql^2}{8}\right] \cdot \frac{5l}{2} + \frac{7ql^2}{8} \cdot 4l\right]\right\}$$

$$= -\frac{ql^3}{16EI}(\uparrow)$$

【例 8-9-3】 计算等截面简支梁上两质点体系圆频率时常遇根据 $M_1$ 和 $M_2$ 图计算 $\delta_{12}$ 和 $\delta_{21}$ 的问题，见图 8-9-3。

【解】 把弯矩图拼装一下能简化计算。

$$\delta_{12} = \delta_{21} = \frac{1}{EI}\left(\frac{1}{2} \cdot l \cdot \frac{l}{3} \times \frac{l}{9} - \frac{1}{2} \cdot \frac{l}{3} \cdot \frac{l}{3} \times \frac{l}{27} \times 2\right) = \frac{7l^3}{486EI}$$

【例 8-9-4】 排架的分析常遇到如下计算：根据 $M_1$ 图与 $M_P$ 图求 $\delta_{11}$ 和 $\Delta_{1P}$，见图 8-9-4。

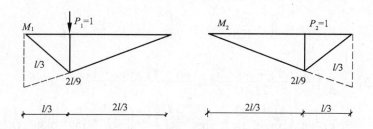

图 8-9-3

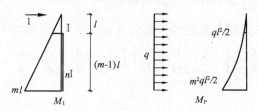

图 8-9-4

【解】 $\delta_{11} = \int \frac{M_1^2}{EI} dx = \frac{1}{nEI} \left[ \frac{m^2 l^2}{2} \times \frac{2}{3} ml + (n-1) \frac{l^2}{2} \times \frac{2}{3} l \right] = \frac{m^3 + n - 1}{3nEI} ql^3$

$\Delta_{1P} = \int \frac{M_1 M_P dx}{EI} = \frac{1}{nEI} \left[ \frac{1}{3} \cdot \frac{m^2 ql^2}{2} \cdot ml \times \frac{3}{4} ml + (n-1) \frac{1}{3} \cdot \frac{ql^2}{2} \cdot l \times \frac{3}{4} l \right]$

$= \frac{m^4 + n - 1}{8nEI} ql^4$

【例 8-9-5】 计算阶梯梁中点的挠度，受力如图 8-9-5（a）所示。

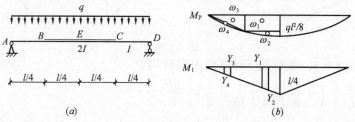

图 8-9-5

作 $M_P$ 图与 $M_1$ 图

【解法一】 （选自文献 [17] P140）：

把 $M_P$ 图分解成 $\omega_1$、$\omega_2$、$\omega_3$ 和 $\omega_4$，并
在 $M_1$ 图求出相应的 $Y_1$、$Y_2$、$Y_3$ 和 $Y_4$：

$\omega_1 = \frac{3ql^2}{32} \cdot \frac{l}{4} = \frac{3ql^3}{128}$   $Y_1 = \frac{3l}{16}$

$\omega_2 = \frac{2}{3} \left( \frac{ql^2}{8} - \frac{3ql^2}{32} \right) \frac{l}{4} = \frac{ql^3}{192}$   $Y_2 = \frac{13l}{64}$

$\omega_3 = \frac{1}{2} \cdot \frac{3ql^2}{32} \cdot \frac{l}{4} = \frac{3ql^3}{256}$   $Y_3 = \frac{l}{12}$

$$\omega_4 = \frac{2}{3} \cdot \frac{ql^2}{128} \cdot \frac{l}{4} = \frac{ql^3}{768} \qquad Y_4 = \frac{l}{16}$$

所以

$$\Delta_E^V = \frac{2}{E}\left(\frac{\omega_1 \cdot Y_1 + \omega_2 \cdot Y_2}{2I} + \frac{\omega_3 \cdot Y_3 + \omega_4 \cdot Y_4}{I}\right)$$

$$= \frac{2}{EI}\left[\frac{1}{2}\left(\frac{3ql^3}{128} \cdot \frac{3l}{16} + \frac{ql^3}{192} \cdot \frac{13l}{64}\right) + \left(\frac{3ql^3}{256} \cdot \frac{l}{12} + \frac{ql^3}{768} \cdot \frac{l}{16}\right)\right]$$

$$= \frac{31ql^4}{4096EI}\ (\downarrow)\ (书中计算有错)$$

【解法二】 把 $EI$ 作为积分函数的一部分（$M_P/EI$），可得如下计算：

$$\Delta_E^V = \frac{2}{EI} \cdot \frac{2}{3} \cdot \frac{l}{2} \cdot \frac{ql^2}{8} \times \frac{5}{8} \cdot \frac{l}{4} + 2\left(\frac{1}{2EI} - \frac{1}{EI}\right)\left(\frac{l}{4} \cdot \frac{3ql^2}{32} \times \frac{3}{4} \cdot \frac{l}{4} + \frac{2}{3} \cdot \frac{l}{4} \cdot \frac{ql^2}{32} \times \frac{13}{16} \cdot \frac{l}{4}\right)$$

$$= \frac{31ql^4}{4096EI}\ (\downarrow)$$

【解法三】 采用 Simpson 法：

$$\Delta_E^V = \frac{2}{6}\left\{\frac{1}{EI}\left[\frac{l}{4}\left(4\frac{l}{16}\frac{7ql^2}{128} + \frac{l}{8}\frac{3ql^2}{32}\right) + \frac{1}{2EI}\left[\frac{l}{4}\left(\frac{l}{8}\frac{3ql^2}{32} + 4\frac{3l}{16}\frac{15ql^2}{128} + \frac{l}{4}\frac{ql^2}{8}\right)\right]\right]\right\}$$

$$= \frac{31ql^4}{4096EI}\ (\downarrow)$$

# 习 题 8

8-1 对于题 8-1 图中的两弯矩图，分别为抛物线和折线，能用 3 次图乘完成吗？

 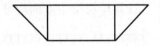

题 8-1 图

8-2 对于例 8-9-5，能对如下计算做出解释吗？

$$\Delta_E^V = \frac{1}{EI}\left[\frac{l}{4} \cdot \frac{l}{8} + \frac{l}{4}\left(\frac{l}{16} + \frac{l}{8}\right)\right]\frac{ql^2}{8} -$$

$$2\left[\frac{1}{EI}\frac{1}{3} \cdot \frac{l}{2} \cdot \frac{ql^2}{8} \times \frac{1}{4} \cdot \frac{l}{4} - \left(\frac{1}{EI} - \frac{1}{2EI}\right)\frac{1}{3} \cdot \frac{l}{4} \cdot \frac{ql^2}{32} \times \frac{5}{8} \cdot \frac{l}{4}\right]$$

$$= \frac{ql^4}{EI} \cdot \frac{1}{2^{12}}\left[16 + 24 - \frac{1}{3}(32 - 5)\right] = \frac{31ql^4}{4096EI}\ (\downarrow)$$

8-3 分别用图乘法与 Simpson 法计算题 8-3 图中的柱顶的水平位移。

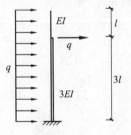

题 8-3 图

# 第9章 力法与位移法的对照

**预备知识**

力法，位移法（参看各类《结构力学》教材）
矩阵乘法与求逆（参看各类《线性代数》教材）

## §9.1 力法与位移法的基本思路、联系与区别

基本思路：与其他学科的发展一样，力法（在静定结构基础上）与位移法（在力法基础上）的理论发展也遵循了这样的一个规律——把不甚了解的新问题（原结构）化解为比较熟悉的旧问题（基本结构—对于力法为静定结构，对于位移法为由三种典型单跨超静定梁组成的结构）来处理；即通过会算的基本结构来计算暂时有困难的原结构。它们的分析方法可概括为如下共同的基本步骤：

(1) 选取基本结构。
(2) 利用基本结构与原结构之间的相当关系建立方程。

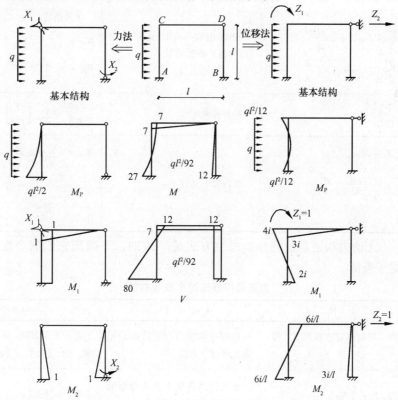

图 9-1

以上精神，几乎在所有结构力学教材中都能找到，笔者仅把它概括、总结而已。

联系与区别：力法与位移法是同一问题（超静定体系）的不同计算法，下面将从它们的共性与个性出发说明它们的联系与区别。这对加深理解、巩固记忆不无好处。现结合一例，说明如下：

**【例 9-1】** 结构如图 9-1 所示，分别用力法与位移法求解并作 $M$ 图。

**【解】** 用表 9-1 介绍计算过程

【例 9-1】计算说明　　　　　　　　　　　　　　　　　　　　　　表 9-1

| 力　　法 | 说　　明 | 位　移　法 |
|---|---|---|
| 从多种静定体系选一，未知量为赘余力，个数为 2 | 确定基本结构和未知量性质和个数 | 惟一超静定体系，未知量为节点位移，个数为 2 |
| 切口两侧位移协调 | 方程性质 | 附加约束力为零 |
| 荷载作用于基本体系得 $M_P$ 图，各赘余力为 1 时，得 $M_i$ 图。 | 为列方程作准备：作 $M_P$ 图和 $M_i$ 图 | 荷载作用于基本体系得 $M_P$ 图，各节点位移为 1 时，得 $M_i$ 图 |
| 用图乘法求位移系数（可设 $EI=1$）<br>$\delta_{11} = \frac{1}{2} \cdot l \cdot 1 \times \frac{2}{3} + l \cdot 1 \times 1 = \frac{4}{3}l$<br>$\delta_{12} = \delta_{21} = \frac{l}{2} \cdot 1 = \frac{l}{2}$<br>$\delta_{22} = 2 \cdot \frac{l}{2} \cdot \frac{2}{3} = \frac{2l}{3}$ | 求未知量的影响系数 | 用平衡条件求反力系数（可设 $i=1$）<br>$r_{11} = 7$<br>$r_{12} = r_{21} = -\frac{6}{l}$<br>$r_{22} = \frac{15}{l^2}$ |
| 图乘法<br>$\Delta_{1P} = -\frac{1}{3} \cdot \frac{ql^2}{2} \cdot l \times 1 = -\frac{ql^3}{6}$<br>$\Delta_{2P} = -\frac{1}{3} \cdot \frac{ql^2}{2} \cdot l \times \frac{3}{4} = -\frac{ql^3}{8}$ | 求自由项—（广义）荷载（已知量）的影响量 | 平衡条件<br>$R_{1P} = \frac{ql^2}{12}$<br>$R_{2P} = -\frac{ql}{2}$ |
| $\begin{Bmatrix} X_1 \\ X_2 \end{Bmatrix} = \frac{ql^2}{92} \begin{Bmatrix} 7 \\ 12 \end{Bmatrix}$ | 解方程求得 | $\begin{Bmatrix} Z_1 \\ Z_2 \end{Bmatrix} = \frac{ql^2}{276} \begin{Bmatrix} 7 \\ 12l \end{Bmatrix}$ |
| $M_{AC} = \sum_i M_{ACi} X_i + M_{ACPct}$<br>$= 1 \cdot \frac{7ql^2}{92} + 1 \cdot \frac{12ql^2}{92} - \frac{ql^2}{2}$<br>$= -\frac{27ql^2}{92}$ | 求内力，如：$M_{AC}$ | $M_{AC} = \sum_i M_{ACi} Z_i + M_{ACPct}$<br>$= 2 \cdot \frac{7ql^2}{276} - \frac{6}{l} \cdot \frac{12ql^3}{276} - \frac{ql^2}{12}$<br>$= -\frac{27ql^2}{92}$ |

**【小结】** 无论力法还是位移法，思维方式是一致的，下面把它们的个性与共性汇于表 9-2 中，便于查阅。

力法与位移法的个性与共性　　　　　　　　　　　　　　　　　　表 9-2

| 力　法　个　性 | 共　　性 | 位　移　法　个　性 |
|---|---|---|
| 位移协调方程：切口相对位移为零，即：$\{\Delta_i\} = \{0\}$ | 利用基本结构与原结构的相当关系建立方程 | 静力平衡方程：附加约束反力为零，即：$\{R_i\} = \{0\}$ |
| $\{\Delta_i\} = \{\Delta_i(X)\} + \{\Delta_{iP}\}$ | 把该物理量化为未知量影响与已知量影响的叠加 | $\{R_i\} = \{R_i(Z)\} + \{R_{iP}\}$ |

续表

| 力 法 个 性 | 共 性 | 位移法个性 |
|---|---|---|
| $\sum_j \delta_{ij} X_j + \{\Delta_{iP}\} = \{0\}$ | 第 $i$ 个方程可表为 | $\sum_j r_{ij} Z_j + \{R_{iP}\} = \{0\}$ |
| $\{\Delta_i(X)\} = [f]\{X_i\}$ | （多个）未知量影响写成矩阵式（常系数矩阵与未知量列阵） | $\{R_i(Z)\} = [k]\{Z_i\}$ |
| $\delta_{ij} = \sum \frac{1}{EI} \int_l M_i M_j \mathrm{d}s$ | 系数矩阵中的元数 | $r_{ij}$ 由平衡条件求得 |
| $\{\Delta_{iP}\}$ | 已知量影响写成列阵式（常量，自由项） | $\{R_{iP}\}$ |
| $\Delta_{iP}$ 静定结构的位移计算 | 列阵中的第 $i$ 项 | $R_{iP}$ 由平衡方程求得 |
| $[f]\{X_i\} + \{\Delta_{iP}\} = \{0\}$ | 线性方程组的形式 | $[k]\{Z_i\} + \{R_{iP}\} = \{0\}$ |
| 解方程求得：$\{X_i\}$ | 求解基本未知量 | 解方程求得：$\{Z_i\}$ |
| $S_{AB} = \sum_i S_{ABi} X_i + S_{ABP}$ 等 | 叠加法求内力（$S$ 泛指截面的各种内力） | $S_{AB} = \sum_i S_{ABi} Z_i + S_{ABP}$ 等 |

## §9.2 广义荷载作用下的超静定方程的不变式

有了力法与位移法在外力荷载作用下的计算基本知识后，有必要进一步了解各种因素（包括外力荷载与非外力荷载，本书统称之为广义荷载）对超静定方程的影响。注意到表 9-1 中提到的未知量影响（以下称矩阵部分）与外因（已知量）无关，可见同一结构对不同的外因影响不会引起矩阵部分的变化（即该部分是体系固有的特性），受到影响的只能是自由项（以下称列阵部分）—外因的影响。从而可把超静定方程的形式（包括力法与位移法以及二者结合的混合法）看成在各种（广义）荷载作用下都具有的相同形式—典型方程（等号右边永远为零）或称之为超静定方程的不变式，以便记忆。

记作：$[c]\{y_i\} + \{I_{iP,c,t,e}\} = \{0\}$（式中 $y$ 泛指两种未知量）

对于力法为：$[f]\{x_i\} + \{\Delta_{iP,c,t,e}\} = \{0\}$ 且 $\delta_{ij} = \delta_{ji}$

对于位移法为：$[k]\{z_i\} + \{R_{iP,c,t,e}\} = \{0\}$ 且 $k_{ij} = k_{ji}$

对于混合法为：$[c]\{y_i\} + \{l_{iP,c,t,e}\} = \{0\}$

且 $c_{ij} = c_{ji}$（当与两个下标对应的未知量量纲相同时）

或 $c_{ij} = -c_{ji}$（当与两个下标对应的未知量量纲不同时）。

内力叠加亦可表示为：$S = S_{P,c,t,e\Delta} + \sum_i S_i y_i$（式中 $S$ 泛指各种内力）

**【例 9-2-1】** 结构发生支座移动如图 9-2-1（a）的 $\alpha$ 与 $\theta$，已知 $EI$ 与 $l$，求作内力图。

**【解法一】**（文献[5] P 364）：

取悬臂梁为基本体系[见图 9-2-1（b）]，变形条件为基本体系在 $B$ 点的竖向位移 $\Delta_1$ 应与原结构相同。由于原结构在 $B$ 点的竖向位移为 $\alpha$，方向与 $X_1$ 相反，故变形条件可写出如下：

$$\Delta_1 = -\alpha$$

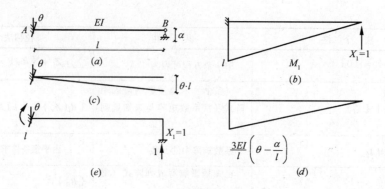

图 9-2-1

力法方程可写成：$\delta_{11}X_1 + \Delta_{1c} = -\alpha$

上式左边的自由项 $\Delta_{1c}$ 是当支座 $A$ 产生转角 $\theta$ 时在 $X_1$ 方向的位移。由图 9-2-1 可见：

$$\Delta_{1c} = -\theta \cdot l$$

系数 $\delta_{11}$ 则可由 $M_1$ 图求得：

$$\delta_{11} = \frac{1}{EI}\int M_1^2 dx = \frac{l^3}{3EI}$$

代入力法方程得：$\frac{l^3}{3EI}X_1 - \theta \cdot l = -\alpha$

由此解得：$X_1 = \frac{3EI}{l^2}\left(\theta - \frac{\alpha}{l}\right)$

因为基本结构是静定结构，支座移动时在基本体系中不引起内力，因此内力全由多余未知力引起的。弯矩叠加公式为：

$$M = M_1 X_1$$

从而可求得 $M$ 图见图 9-2-1（$d$）。

【解法二】 采用悬臂梁为基本结构时采用相对位移对应的广义力为未知量，则力法方程为 $\delta_{11}X_1 + \Delta_{1c} = 0$

其中系数 $\delta_{11}$ 与解法一相同，自由项的计算如下，见图 9-2-1（$e$）。

$$\Delta_{1c} = -\sum \overline{R} \cdot c = -(l \cdot \theta - \alpha)$$

求得力法方程与解法一完全一样。

【解法三】 （文献［5］P365）

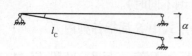 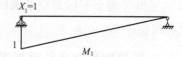

图 9-2-2

取简支梁作基本体系（见图 9-2-2），支座 $A$ 的反力偶矩作为多余未知力 $X_1$，则变形条件为简支梁在 $A$ 点的转角应等于给定值 $\theta$。因此力法方程为：

$$\delta_{11}X_1 + \Delta_{1c} = \theta$$

自由项 $\Delta_{1c}$ 是简支梁由于支座 $B$ 下沉位移 $\alpha$ 而在 $A$ 点产生的转角。由图 9-2-2 得知：

$$\Delta_{1c} = \frac{\alpha}{l}$$

系数 $\delta_{11}$ 则可由 $M_1$ 图求得：

$$\delta_{11} = \frac{1}{EI} \frac{l}{2} \times \frac{2}{3} = \frac{l}{3EI}$$

因此力法方程为：
$$\frac{l}{3EI}X_1 + \frac{\alpha}{l} = \theta$$

由此求得：
$$X_1 = \frac{3EI}{l}\left(\theta - \frac{\alpha}{l}\right)$$

可得到同样的 $M$ 图。

**【解法四】** 采用简支梁为基本结构时相对位移对应的广义力为未知量，则力法方程为：$\delta_{11}X_1 + \Delta_{1c} = 0$

其中：系数 $\delta_{11}$ 与方法一相同，自由项的计算如下：[见图 9-2-1 (e)]

$$\Delta_{1c} = -\sum \overline{R} \cdot c = -\left(1 \cdot \theta - \frac{\alpha}{l}\right) = \frac{\alpha}{l} - \theta$$

求得力法方程与解法三完全一样，结果自然也一样。

**【例 9-2-2】** 已知装配式排架如图，梁 $CD$ 的制造误差伸长 $3\Delta$（$\Delta = a/1000$），求作 $M$ 图（不计梁的轴向变形）。

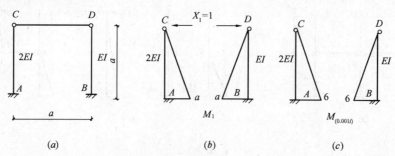

图 9-2-3

**【解】** 用力法求解，作 $M_1$ 图求系数：

$$\delta_{11} = \left(\frac{1}{2EI} + \frac{1}{EI}\right) \cdot \frac{1}{2} \cdot a^2 \times \frac{2a}{3} = \frac{a^3}{2EI}$$

$$\Delta_{1c} = 3\Delta = 0.003a$$

解得：
$$X_1 = -\frac{\Delta_{1c}}{\delta_{11}} = 0.006\frac{i}{a}$$

利用 $M = M_c + \sum M_i X_i$ 可得弯矩图 [此时 $M_c = 0$]，见图 9-2-3 (c)]，(括号内为图中数字的单位)。

### §9.3 广义荷载作用下的超静定位移计算

广义荷载作用下，超静定结构的位移计算与选取的基本结构相对应，其原理为各种因素在基本结构上的影响量的叠加。

即：
$$\Delta = \Delta_{M,N,Q} + \Delta_{c,t,e} \tag{9-1}$$

等号右边第一项为内力影响，第二项为支座位移、温度改变及制造误差等广义荷载的影响，其大小完全由基本结构在广义荷载的作用下决定，用下例说明。

【例 9-3-1】 求图 9-3-1（a）中 C 点由 B 支座沉降 $\Delta$ 引起的竖向位移

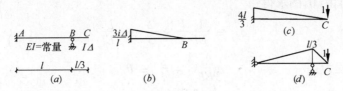

图 9-3-1

首先求作内力图如图 9-3-1（b）。位移计算可用不同的基本结构进行：

【解法一】 利用图 9-3-1（c）为基本结构，有（支座位移无影响）：

$$\Delta_C^V = \Delta_M + \Delta_c = \frac{1}{EI} \cdot \frac{l}{2} \cdot \frac{3i\Delta}{l} \times \frac{3}{4} \cdot \frac{4l}{3} = \frac{3\Delta}{2} (\downarrow)$$

【解法二】 利用图 9-3-1（d）为基本结构，有（支座位移有影响）：

$$\Delta_C^V = \frac{1}{EI} \cdot \frac{l}{2} \cdot \frac{3i\Delta}{l} \times \frac{1}{3} \cdot \frac{l}{3} + \frac{4\Delta}{3} = \frac{3\Delta}{2} (\downarrow)$$

【例 9-3-2】 求图 9-3-2（a）所示结构由于横梁制造误差引起 D 点的水平位移。

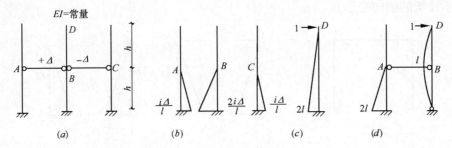

图 9-3-2

首先求作内力图如图 9-3-2（b）。位移计算可用不同的基本结构进行：

【解法一】 利用图 9-3-2（c）作基本结构，则

$$\Delta_D^H = \Delta_M + \Delta_c = \frac{1}{EI} \cdot \frac{l}{2} \cdot \frac{2i\Delta}{l} \times \frac{5}{6} \cdot 2l + 0 = \frac{5\Delta}{3} (\rightarrow)$$

【解法二】 利用图 9-3-2（d）作基本结构，则

$$\Delta_D^H = \Delta_M + \Delta_c = \frac{-1}{EI} \cdot \frac{l}{2} \cdot 2l \times \frac{2}{3} \cdot \frac{i\Delta}{l} + \frac{l^2}{2} \times \frac{1}{3} \cdot \frac{2i\Delta}{l} + 2\Delta = \frac{5\Delta}{3} (\rightarrow)$$

【例 9-3-3】 图 9-3-3（a）所示为单跨梁，左端发生转角位移 $\varphi$，由此引起梁中点竖向位移为：_____。（大连理工 1998 考研题）

(A) $\varphi L/2$；(B) $-3\varphi L/8$；(C) $7\varphi L/8$；(D) $\varphi L/8$

【解法一】 （文献 [21] P204）：答案是（B）。

此题是求超静定结构的位移，先直接画出 $M_P$ 图，求 C 点的竖向位移时只需要在对应的静定结构中添加单位力 [图 9-3-3（c）]，用图乘法可得：$\Delta = \int \frac{M_P \overline{M} ds}{EI} = -\frac{3\varphi L}{8}$。

【解法二】 与解法一相同利用图 9-3-3（c）为基本结构，但计算时不能忽视该基本

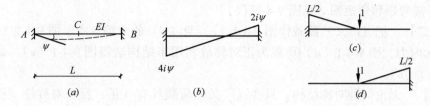

图 9-3-3

结构中有支座位移，故根据式（9-1）：$\Delta = \Delta_{M,N,V} + \Delta_{c,t,e}$

有：$\Delta = \int \dfrac{M_P \overline{M} ds}{EI} + \Delta_c = -\dfrac{3\psi L}{8} + \psi \cdot \dfrac{L}{2} = \dfrac{\psi L}{8}$

【解法三】 利用图 9-3-3（d）为基本结构得：

$$\Delta = \int \dfrac{M_P \overline{M} ds}{EI} + \Delta_C = \dfrac{1}{EI} \cdot \dfrac{1}{2} \cdot \dfrac{L}{2} \cdot \dfrac{l}{2} \times \dfrac{1}{6}(2 \cdot 5 - 4) i\psi + 0 = \dfrac{\psi L}{8}$$

【分析】 解法一由于忽视了基本结构中存在的非外力因素导致错误结论。

§ 9.4　广义荷载作用下的对称性利用

对于任何广义荷载，只要结构对称（含静定与超静定结构），都可利用对称性简化计算；下面结合实例介绍。

【例 9-4】 求图示连续梁支座 $C$ 下沉 $\Delta_c$ 时的弯矩图，设两杆的 $i$ 相等。

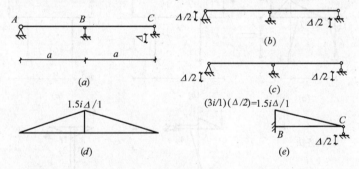

图 9-4

【解法一】 （文献 [5] P384）：

(1) 基本未知量为 $\theta_B$

(2) 求杆端弯矩

$$M_{BA} = 3i\theta_B$$
$$M_{BC} = 3i\theta_B - 3i\dfrac{\Delta_C}{l}$$

(3) 列位移法方程

$$M_{BA} + M_{BC} = 0$$
$$3i\theta_B + 3i\theta_B - 3i\dfrac{\Delta_C}{l} = 0$$
$$\theta_B = \dfrac{1}{2} \cdot \dfrac{\Delta_C}{l}$$

(4) 杆端弯矩和弯矩图 [见图 9-4-1 (b)]

【解法二】 把（广义）荷载作图 9-4-1 (c) 与 (d) 的分解，由于图 9-4-1 (c) 为刚体旋转，无内力，图 9-4-1 (d) 荷载为正对称故利用半结构法得图 9-4-1 (e)。最后弯矩图如图 9-4-1 (b)。

【小结】 无论何种对称结构，只要（广义）荷载具有（正、反）对称性（任何不对称荷载都可化为正对称与反对称荷载的叠加）都可考虑利用对称性以简化计算。

### §9.5 对称核的利用

为了便于说明，下面把带有静定部分的超静定结构的超静定部分称为核，其静定部分为缘。在核是对称的前提下，只要对其缘进行补齐或修整，就能得到一个完全对称的结构，从而可以利用对称性简化计算，举例说明：

【例 9-5】 图 9-5 (a) 所示结构各杆 $EI$ 相同，求作弯矩图。

【解】 采用补齐法如图 9-5 (b) + (c)：

正对称 [见图 9-5 (d)]：$M_{AO} = -\dfrac{2}{2+4} \times 21 = -7$；反对称 [见图 9-5 (e)]：$M_{AO} = \dfrac{3 \times 2}{6+1} \times 21 = 18$；

叠加得弯矩图如 9-5 (a)。修整法如图 (d) + (e)，相关计算请读者自行完成。

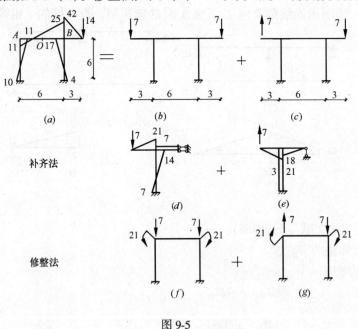

图 9-5

### §9.6 力法与位移法基本结构的选取

力法基本结构选取对计算的繁简的影响不能忽视；力法中的 $M_i$ 图一般不会太复杂，故基本结构的选取关键是是令 $M_P$ 图尽可能地简单；位移法的基本结构一般比较单一，但采用复杂单元会减少未知量个数，同样受到简化计算的效果，举例说明。

【例 9-6-1】 结构如图 9-6-1 (a) 所示，用力法求作 $M$ 图。

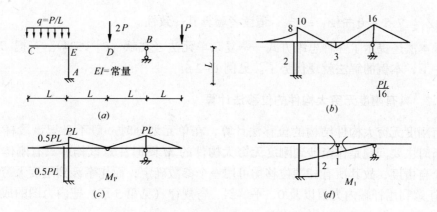

图 9-6-1

【解】 在 $D$ 截面增加一铰作为基本结构，作 $M_P$ 图和 $M_1$ 图，令 $EI=1$，有：

$$\delta_{11}=\left(\frac{1}{2}\times 2\times 2\times 2+2\times 1\times 2\right)L=8L\,;\,\Delta_{1P}=-\left[\frac{1}{2}\times 1\times 1\times\left(\frac{5}{6}+\frac{1}{6}\right)+2\times 1\times 0.5\right]PL^2$$

$$=-1.5PL^2$$

$$x_1=-\frac{\Delta_{1P}}{\delta_{11}}=\frac{3}{16}PL \text{ 得弯矩图如图 9-6-1（b）所示。}$$

讨论：若采用去掉 $B$ 支座的基本结构，$M_P$ 图显然复杂得多。

【例 9-6-2】 图 9-6-2（a）所示结构在节点位移未知量处已添加了相应的约束（括号中的数字表示相对刚度），试写出位移法典型方程并求各系数和自由项。（浙江大学，见文献 [23] P352）

【解】 作 $M_P$、$M_1$ 图和 $M_2$ 图分别如图 9-6-2 中的 (a)、(c) 和 (d)，由图可求得位移法典型方程（设 $i=1$）如下：$\begin{bmatrix}13.5 & -2\\ -2 & \frac{8}{3}\end{bmatrix}\begin{Bmatrix}Z_1\\ Z_2\end{Bmatrix}=\begin{Bmatrix}0\\ 10\end{Bmatrix}$

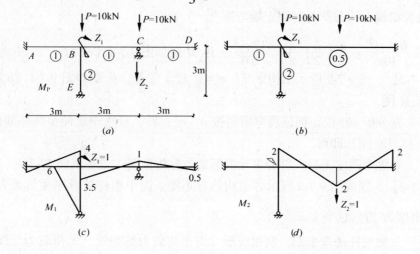

图 9-6-2

讨论：本解法并非位移法基本做法，计算也不简单。但能考查学生对位移法的理解程度。若按基本做法只有 1 个独立结点位移如图 9-6-2（b），此时位移法典型方程（设 $i=1$）

如下：$12Z_1 - 7.5 = 0 \Rightarrow Z_1 = \frac{5}{8}$，请读者验算其一致性。

此外本法还提示了一种思维方式——复杂单元法（文献 [8] P524）。若把 BC 段的线刚度改一下，本例的解法就现优势了。见例 13-2-6。

### §9.7 具有刚度无穷大构件的位移法计算

具有刚度无穷大构件结构的位移法计算，在单元划分时一般不必把该段杆另划一单元；分析时主要问题是作牵涉到刚度无穷大构件的 $M_i$ 图时注意该构件只有刚体位移，即只有一个自由度，故其所有杆端位移均可用一个参数确定；而作牵涉到刚度无穷大构件的 $M_P$ 图时注意利用杆端内力值以及 0、平、斜、弯规律（见第 5 章）把内力图的成果扩大到全单元，现从一研究生入学试题说起。

【例 9-7-1】 （选自文献 [18] P177，大连理工，2000）图 9-7-1 所示结构中 $EI_1 = \infty$，$EI = $ 常量，全长受均布荷载 $q$，则：

（A）$M_{AB} = \mu_{CB} \frac{ql^2}{12}$；（B）$M_{AB} = 0$；（C）$M_{AB} = -\frac{ql^2}{8}$；（D）$M_{AB} = -\frac{13ql^2}{103}$

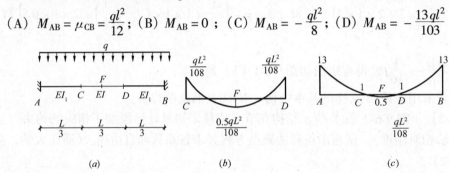

图 9-7-1

【解】 先分析 CD 段得该段弯矩图如图 9-7-1（b），按抛物线规律延伸至两端，利用常数 1（悬臂梁满布均布荷载时固定端弯矩 $\frac{qL^2}{2}$）得：

$M_{AB} = \frac{0.5qL^2}{108} - \frac{q}{2}\left(\frac{L}{2}\right)^2 = -\frac{13qL^2}{108}$；作 $M$ 图如图 9-7-1（c）。

【例 9-7-2】 图 9-7-2 所示结构中 $EI_1 = \infty$，$EI = $ 常量，荷载如图 9-7-1（a）、（c）和（d），求作 $M$ 图。

【解】 先分析 CD 段，把该段弯矩图按 0、平、斜、弯规律延伸至两端如图 9-7-2 中的（b）、（c）和（d）即可。

【注】 有关带刚度无穷大部分单元的形常数分析见例 13-2-8 及例 13-2-9。

【例 9-7-3】 完成图 9-7-3 所示各结构的弯矩图。图中粗杆抗弯刚度为无穷大，其余杆件抗弯刚度为 $EI$，且令 $i = \frac{EI}{a}$。

【解】 先做细杆的弯矩图，利用线形（均布荷载为抛物线，无荷载为直线）完成全梁弯矩图。

【分析】 问题的关键在于对图 9-7-3（d）中 $E$ 截面位移——单位转角位移加 1m 向下的线位移以及单位顺时针转角。其余计算可套用位移法的经典格式：

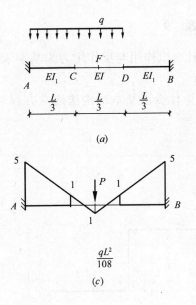
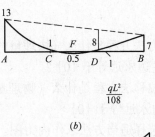
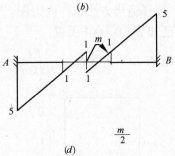

图 9-7-2

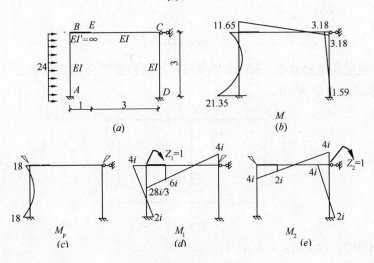

图 9-7-3

由图 9-7-3（c）得：$R_1 = 18$，$R_2 = 0$

由图 9-7-3（d）得：$r_{11} = 40i/3$，$r_{21} = 4i$

由图 9-7-3（e）得：$r_{22} = 8i$，$r_{12} = 2i$

令 $i = 1$ 得位移法典型方程：$\begin{bmatrix} 40/3 & 4 \\ 4 & 8 \end{bmatrix} \begin{Bmatrix} Z_1 \\ Z_2 \end{Bmatrix} + \begin{Bmatrix} 18 \\ 0 \end{Bmatrix} = \dfrac{4}{3} \begin{bmatrix} 10 & 3 \\ 3 & 6 \end{bmatrix} \begin{Bmatrix} Z_1 \\ Z_2 \end{Bmatrix} + \begin{Bmatrix} 18 \\ 0 \end{Bmatrix} = \begin{Bmatrix} 0 \\ 0 \end{Bmatrix}$

解之得：$\begin{Bmatrix} Z_1 \\ Z_2 \end{Bmatrix} = -\dfrac{3}{4} \dfrac{18}{60-9} \begin{bmatrix} 6 & -3 \\ -3 & 10 \end{bmatrix} \begin{Bmatrix} 1 \\ 0 \end{Bmatrix} = -\dfrac{9}{34} \begin{Bmatrix} 6 \\ -3 \end{Bmatrix} = \dfrac{1}{34} \begin{Bmatrix} -54 \\ 27 \end{Bmatrix}$

用 $M_{ij} = M_{Pij} + M_1 Z_1 + M_2 Z_2$ 计算各截面弯矩，绘制弯矩图如 9-7-3（b）。

# 习 题 9

9-1 力法方程是什么（物理量的）方程？为什么以作用与反作用力为基本未知量时，力法方程左边永远等于$\{0\}$？

9-2 位移法方程是什么（物理量的）方程？为什么以基本结构法建立方程时，位移法方程左边永远等于$\{0\}$？

9-3 选择适当方法求作内力图。

(a) 已知 $\alpha = 0.0001$ 弧度

(b) 已知 $EI$、$a$ 及 $P = \dfrac{EI}{1000 a^2}$、$\Delta = a/1000$

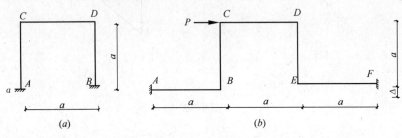

题 9-3 图

9-4 已知装配式排架如图，梁 $DE$ 与梁 $EF$ 的制造误差分别为伸长 $\Delta$（$a/1000$）与缩短 $3\Delta$，$EI$ = 常量，求作 $M$ 图。

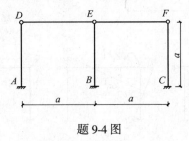

题 9-4 图

参考答案：9-3，(b) $V_{CD} = -P/11$

9-4，$M_{AD} = 0.0006 EI/a$

# 第 10 章 渐 近 法

**预备知识**

本章的预备知识均为多层多跨框架的计算法，而关于各种方法的介绍，笔者无法在经典教材中找到简要说明。为节省篇幅，除连续侧移修正法因国内教材未见引进而作了较为详细的介绍外，其余各种方法仅作极为简单的介绍，必要时读者可参考相关教材。

(1) 精确法

1) 力法

以多余力为基本未知量的一种方程法

2) 位移法

以节点位移为基本未知量的一种方程法

3) 剪力分配法

在各柱上下两端角位移均对应相等（含等于 0）的情况下，柱顶剪力可按侧移刚度的比例分配给各柱，再按此时反弯点居中的原理计算各柱上、下端修正弯矩的办法。

4) 子结构法

无论力法还是位移法，采用复杂单元法（文献 [8] P524）以减少未知量个数的方法。

(2) 渐近法：

1) 力矩分配法

在没有节点线位移的结构中利用先后放松（国外教材亦有一起转动的做法—见文献 [21] P201~202）控制节点转角的小刚臂的办法逐步消除小刚臂上的不平衡弯矩从而使结构各杆的弯矩逐步逼近真值的一种渐近计算法。

2) 无剪力分配法

对于除两端无相对线位移的杆件外，其余各杆均为剪力静定的结构，可借助滑动（定向）约束于剪力静定杆而获得类似弯矩分配法的计算法。

3) 迭代法

结构分析的迭代法计算引自线性方程渐进求解法中的赛德尔迭代法。其方程为位移法方程，即以节点位移为未知量。又分为无线位移迭代与有线位移迭代两套方法。

4) 连续侧移分配法（文献 [19] P 200~202）

是一种交替使用力矩分配法与剪力分配法的渐近计算法。

(3) 近似法

1) 反弯点法  在不考虑节点转角的情况下，框架每一层用剪力分配法计算各柱弯矩的近似计算法。

2) 分层法  是一种忽略侧移影响以及某层竖向荷载对它层梁、柱的影响的一种力矩分配计算法。

3) $D$ 值法（修正反弯点法）

在反弯点法的基础上，结合框架的具体情况对反弯点做出进一步的修正的较为精确的近似计算法。

### §10.1* 力矩分配法补充——一分多传法

在没有线位移的结构分析中，力矩分配法由于力学模型清晰，计算手法单一而备受欢迎。我国教材一般采用分批轮换放松的做法实现向真值的逼近（英文教材中有所有节点一起转动的做法[21]）。如果采用逐步放松某（些）节点而不再锁紧的方法，使得不平衡力矩仅存在于单一节点的力学模型（此时要注意与放松节点相连构件远端的约束情况而确定放松后的分配与传递），最后放松这一节点时，只要分配传递符合力学模型的变形规律，不但向真值逼近的目的同样可达到，且结果回归解释解的范畴（与多节点的力矩分配法最后一般要停止在可以接受的不平衡弯矩的情况不同）。这就是所谓的一分多传法，即一次分配，多向多跨传递之意，其力学模型、原理与位移法分析的子结构法（见文献[8] P324）类似，结合例子说明原理。

**【例 10-1-1】** 荷载如图 10-1-1，求作 $M$、$V$ 图（文献[5] P442）。

计算说明：

(1) 选择分配点 $C$ 并锁住所有节点；假定施荷前，令 $C$ 截面产生正向单位转角，此时右边的弯矩清晰：3-0 见图 10-1-1（b），但左边的弯矩因存在一个 $B$ 节点而难于确定。为此可假定 $C$ 产生转角前，先锁住 $B$，此时有：$M_{CB}=6$，$M_{BC}=3$，$M_{BA}=0$，$M_{AB}=0$，显然 $B$ 处有节点不平衡，见图 10-1-1（b）的第 2 行。

(2) 放松 $B$ 点，令不平衡端弯矩 3 分配并传递，见图 10-1-1（b）的第 3 行，而此时的分配系数见第 1 行，叠加后结果见第 4 行，对应弯矩图如图 10-1-1（c）。该图说明当 $C$ 节点产生单位转角时（其余节点无约束）整个结构的受力状态，故可利用作分配与传递（即所谓的一分多传），向左传递 2 跨，向右仅 1 跨而已。为此，先计算 $B$ 节点的分配系数：

$$\mu_{CB} = 5.1/(5.1+3) = \frac{17}{27} \approx 0.63 \text{ 和 } \mu_{CD} = 3/(5.1+3) = \frac{10}{27} \approx 0.37$$

以及传递系数：

向左：$C_{CB} = 1.2/5.1$ 和 $C_{BA} = 0.6/1.2$

向右：$C_{CD} = 0/3 = 0$

(3) 重锁所有节点，施予荷载；记录此刻的固端弯矩见图 10-1-1（d）的第 2 行；放松 $B$ 点实现固端弯矩（60，-100）的分配[分配系数见图 10-1-1（d）的第 1 行]与传递，见图 10-1-1（d）中的 3 行，并累加各截面的所有应得弯矩值结果如图 10-1-1（d）的第 4 行，此时体系只有 $B$ 点存在不平衡弯矩。具备了一分多传的条件。

(4) 把 $B$ 点的分配系数 $\frac{17}{27}$ 和 $\frac{10}{27}$（0.63 和 0.37）记录在图 10-1-1（d）的第 5 行。

(5) 放松 $B$ 点（不平衡弯矩为 112），实现一次分配与逐级传递，见图 10-1-1（d）的第 6 行。

(6) 把这次分配、传递弯矩与 $B$ 点放松前的弯矩值（第 4 行）叠加得最终弯矩，见第 7 行。

(7) 根据杆端弯矩作弯矩图见图 10-1-1（e）。

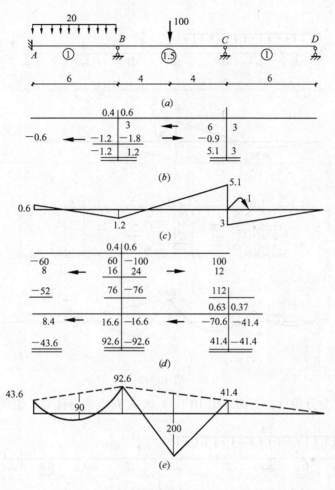

图 10-1-1

(8) 求剪力、反力（利用表格——见 5-5 节表 5-5）计算如下：

| $R_A$ | $P_{A1}$ $V_{A1}$ | $V_{M1}$ | $P_{B1}$ $V_{B1}$ | $R_B$ | $P_{B2}$ $V_{B2}$ | $V_{M2}$ | $P_{C2}$ $V_{C2}$ | $R_C$ | $P_{C3}$ $V_{C3}$ | $V_{M3}$ | $P_{D3}$ $V_{D3}$ | $R_D$ |
|---|---|---|---|---|---|---|---|---|---|---|---|---|
| | 60 | −8.17 | 60 | | 50 | 6.4 | 50 | | 0 | 6.9 | 0 | |
| 51.83 | 51.83 | | −68.17 | 124.57 | 56.4 | | −43.6 | 50.5 | 6.9 | | 6.9 | −6.9 |

**【例 10-1-2】** 连续梁受荷如图 10-1-2，求作 $M$ 图（选自文献 [3] P226——抗弯刚度已换算成线刚度）。

简要说明：

1) 选 $C$ 为分传节点，给 $C$ 一转角，放松 $B$ 与 $D$，$B$、$D$ 节点的分传系数图如 10-1-2 (b)。

2) 所有节点加锁，并由两端向中间逐级放松，把不平衡弯矩限制于 $C$，见图 10-1-2 (c) 的前 3 行。

3) 作 $C$ 节点的分传并叠加，见图 10-1-2 (c) 的第 4、5 行。

4) 作 $M$ 图，见图 10-1-2 (d)。

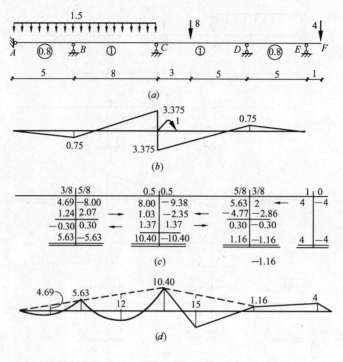

图 10-1-2

以上选择 C 为分传点，下面（图 10-1-3）改选 D 点为分传点，说明从略。

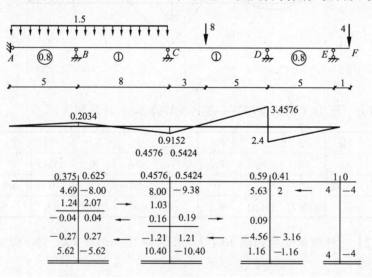

图 10-1-3

一分多传法对于传递跨数不超过 2 的情况，计算量也不比普通力矩分配法大（但传递跨数不均衡时，工作量会大些），尤其在荷载的形式为节点力偶的情况，优点更为突出。而在某些有线位移的情况下，只要能把不平衡力矩限制在单一节点的情况，一分多传法就可应用（当然，传递跨数超过 2 以后，工作量会过大，数值计算的误差积累亦随之加大，此时笔者不提倡仍然采用一分多传法）。

**【例 10-1-3】** 求图 10-1-4（a）所示体系的幅值 $M$ 图。

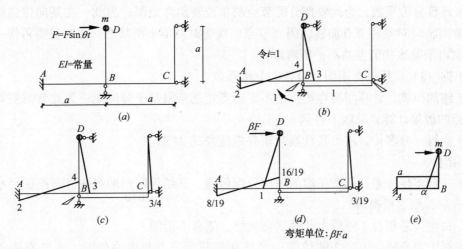

图 10-1-4

**【分析】** 体系为单自由度受迫振动问题，关键在于求自振频率；而自振频率可选用刚度法或柔度法求解。因柔度法牵涉到单位力引起的 $M$ 图（这已经是个超静定问题），接下来还要图乘求位移，过程肯定不简单；而刚度法须对质点处（在振动方向）给予单位位移并确定弯矩图；此时若采用一分多传法计算，只须求出 $B$ 处的分配系数则可，因而下面采用该法计算：

(1) 给质点一单位位移，因属超静定问题，不能立即给出答案，因此先求 $B$ 处的分配系数，为此：

(2) 在限定 $D$ 点位移的情况下，给 $B$ 点一单位转角；只要可能求出各杆端的转动刚度，分配系数就出来了。为此：

(3) 作 (2) 步的 $M$ 图，为了使右边的 $M$ 图有确定值，暂时锁住 $C$，此时 $C$ 处出现不平衡弯矩见图 10-1-4（b）。

(4) 放松 $C$ 以消除不平衡情况得图 10-1-4（c）。

(5) 计算 $BD$ 端的分配系数：$\mu_{BD} = 3 / \left(3 + 4 + \dfrac{3}{4}\right) = \dfrac{12}{31}$

(6) 计算刚度系数：$k = \left(1 - \dfrac{12}{31}\right) \cdot \dfrac{3i}{a} / a = \dfrac{57i}{31a^2} = \dfrac{57EI}{31a^3}$

(7) 计算自振频率：$\omega^2 = \dfrac{k}{m} = \dfrac{57EI}{31ma^3}$

(8) 计算动力系数：$\beta = \dfrac{1}{1 - \dfrac{\theta^2}{\omega^2}}$

(9) 作 $M$ 图如图 10-1-4（d）：此时把荷载的幅值 $F$ 乘于动力系数后作用于体系，再在 $B$ 处作力矩的一次分传（此时系数：$\mu_{BA} = \dfrac{4}{4 + 3/4} = \dfrac{16}{19}$，$\mu_{BC} = \dfrac{3}{19}$；向左一传，向右二传）。

一分多传法的计算步骤：

(1) 选定分配节点，各向传递跨数尽可能均匀且不超过2。

(2) 计算分传系数，为此要作分配节点的单位转角弯矩图；为此，在某向传递跨数多于1时常须临时对某些节点加锁，因而节点出现暂时的不平衡状态；此时只需再作一次放松分传就可消除这些节点的不平衡弯矩。

(3) 据（2）步所作弯矩图计算各向分传系数。

(4) 施加荷载，计算固端弯矩—把不平衡弯矩逐步限制于分配点；为此常需要作几次单个节点的放松计算，见以上各例。

(5) 实行一分多传，求得各杆端弯矩并依此完成 $M$ 图。

【小结】

(1) 一分多传法通过几个阶段的一次分配传递，其结果回归解释法（若把循环小数改用分数表示，则为精确解）。

(2) 每侧传递超过2跨后，计算量会大增，笔者不提倡。

(3) 对于每侧跨数不过2的情况，尤其在荷载为节点集中力偶时，本法有明显的优势，在某些有局部线位移的情况下，优越性仍然明显，见例10-1-3和例11-1-3。

### §10.2 多层多跨框架手算与电算概述

框架计算中的手算法包括近似法（如分层法、反弯点法与 $D$ 值法等）与渐近法（如力矩分配法、无剪力分配法、迭代法与连续侧移分配法等[19]）。在计算机尚未普及的年代曾经是结构分析和设计的主要手段。今天，不但计算机已普及到普通家庭，且其性能已跃升到一个崭新阶段，以致今天的结构分析软件开发受计算机技术制约程度越来越小，因此，框架分析的手算法的地位已今非昔比。然而，若据此认为手算法就可完全甩开，那就走到了另一极端了。因为电算的结果离不开手算的检验，我们有必要不断完善手算法，不一定要求完整（相对于局部），但却应十分注重准确与快捷。

### §10.3 反弯点的移动规律

$D$ 值法计算简洁，但理论推导复杂，因而出错（主要在反弯点修正时）也就不足为奇了，而这一错误不但存在于初学者的习作，更有正规出版物偶尔亦发现有类似的问题。反弯点的修正量由三因素确定：上下梁的刚度不等修正，上层柱与本层柱的柱高不等修正以及下层柱与本层柱的柱高不等修正；如果考虑三种情况对两端节点转动刚度的影响，三因素可归纳为一个共同因素—柱子两端节点转动刚度的变化。因此分析节点转动刚度的变化引起反弯点的移动规律将适用于上述各因素的影响。为此作者提出一个反弯点移动的规律—反弯点欺软怕硬—希望对初学者有所帮助。这一规律极易记忆：（转动）刚度大的一端弯矩亦大（由相似三角形关系得知反弯点亦离该端更远）。如在图10-3中的 $M$ 图，若 $K_d > K_u$，则 $M_d > M_u$，反弯点距下端远些，下面给出证明。

框架中的任意柱都可抽象成如图10-3所示的力学模型（$K_u$ 和 $K_d$ 分别为上、下两端弹性转动约束的刚度，$V$ 为对应的剪力）。

【分析】 在忽略轴向变形的条件下，体系为一次超静定问题，可采用力法求解。作 $M_1$ 图与 $M_P$ 图，求系数与自由项：

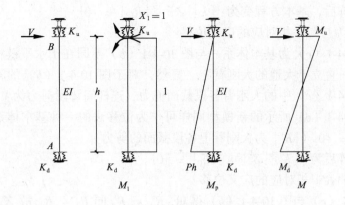

图 10-3

$$\delta_{11} = \frac{1}{EI} \cdot h \cdot 1 \times 1 + \frac{1}{K_d} + \frac{1}{K_u}$$

$$\Delta_{1P} = -\frac{1}{EI}\left(\frac{1}{2} \cdot h \cdot Ph \times 1 + \frac{Vh}{K_d}\right)$$

解得：$X_1 = \dfrac{K_d K_u h + 2EIK_u}{2[K_d K_u h + EI(K_d + K_u)]} Vh$

并求得 $M_u = X_1 = \dfrac{K_d K_u h + 2EIK_u}{2[K_d K_u h + EI(K_d + K_u)]} Vh$

及 $\quad M_d = Ph - M_u = \dfrac{K_d K_u h + 2EIK_d}{2[K_d K_u h + EI(K_d + K_u)]} Vh$

由以上二式可见：

若 $K_d > K_u$，则 $M_d > M_u$

反之，若 $K_d < K_u$，则 $M_d < M_u$

由以上二式可总结一规律：反弯点欺软怕硬（指转动刚度较大的一端）。

### §10.4 一种新的约束系统及其应用

(1) 新约束系统—等价的（位移法）力学模型。

若用位移法计算图 10-4-1（a）所示的框架，经典方法的基本体系如图 10-4-1（b），基本方程为附加约束的反力为零，即：$\{R\} = \{0\}$。

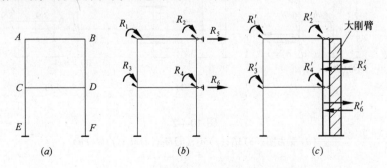

图 10-4-1

引进刚度矩阵后，基本方程变为：$[k]\{Z\} + \{R_{iP}\} = \{0\}$

式中 $\{Z\}$ 为与 $\{R\}$ 相对应的广义位移。

现改用图 10-4-1 (c) 为基本体系——与图 10-4-1 (b) 不同在于水平链杆并不直接连接大地而是连接于一直立于大地的大刚臂上。显然，对于图 10-4-1 (b) 的附加水平约束反力为零，与图 10-4-1 (c) 中的大刚臂各段截面剪力（连杆间每段剪力为常量）为零等价。由此可见，图 10-4-1 (c) 所示的新模型同样可作为位移法的一种基本体系，其基本方程亦可写成：$\{R'\} = \{0\}$（$\{R'\}$ 为大刚臂上各段截面的剪力）

引进刚度矩阵后为：$[K']\{Z'\} + \{R'_{iP}\} = \{0\}$，

式中 $\{Z'\}$ 为与 $\{R'\}$ 相对应的广义位移。

比较图 10-4-1 (c) 与图 10-4-1 (b) 得知，$R'_1 \sim R'_4$ 同 $R_1 \sim R_4$，故 $Z'_1 \sim Z'_4$ 同 $Z_1 \sim Z_4$，而 $R'_5$、$R'_6$ 则分别代表大刚臂上段与下段(任意截面)的剪力，$Z'_5$、$Z'_6$ 则与之对应，即对应楼层的相对水平位移($AB$ 相对于 $CD$ 及 $CD$ 相对于大地)。

(2) 符号约定，新型位移法

为了便于叙述，以下把这种采用新模型的位移法称为新型位移法，且约定 $\{R'\}$ 的"+"向如图 10-4-1 (c) 所示，$\{Z'\}$ 的方向与之对应。明确以上关系后，计算步骤完全可套用经典位移法。

(3) 简例

【例 10-4】 用新型位移法计算图 10-4-2 (a) 所示框架（各梁的线刚度无穷大）。

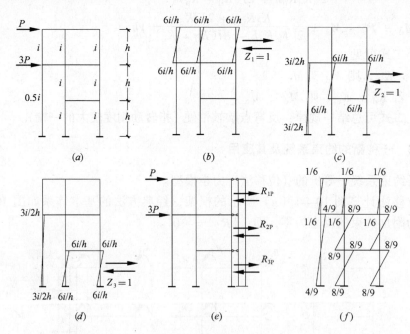

图 10-4-2
(a) 受力图；(b) $M_1$；(c) $M_2$；(d) $M_3$；(e) $M_p$；(f) $M(Ph)$

【解】 1) 作 $M_i$ 图与 $M_P$ 图（图中梁弯矩略去，下同）。

2) 计算刚度矩阵与自由项，建立位移法方程。

$$\frac{i}{2h^2}\begin{bmatrix} 72 & 0 & 0 \\ 0 & 51 & 3 \\ 0 & 3 & 51 \end{bmatrix}\begin{Bmatrix} Z'_1 \\ Z'_2 \\ Z'_3 \end{Bmatrix} + \begin{Bmatrix} -P \\ -4P \\ -4P \end{Bmatrix} = \begin{Bmatrix} 0 \\ 0 \\ 0 \end{Bmatrix}$$

解之得：$[Z'_1\ Z'_2\ Z'_3]^T = [3\ 16\ 16]Ph^2/108i$。

3) 计算内力：$M = M_P + \Sigma(M_i Z_i)$ 并作弯矩图如图 10-4-2 (f)。

4) 比较：若上例采用经典位移法，基本方程为：

$$\frac{i}{2h^2}\begin{bmatrix} 72 & -72 & 0 \\ -72 & 123 & 48 \\ 0 & 48 & 96 \end{bmatrix}\begin{Bmatrix} Z_1 \\ Z_2 \\ Z_3 \end{Bmatrix} + \begin{Bmatrix} -P \\ -3P \\ 0 \end{Bmatrix} = \begin{Bmatrix} 0 \\ 0 \\ 0 \end{Bmatrix}$$

解之得：$[Z_1\ Z_2\ Z_3]^T = [35\ 32\ 16]Ph^2/108i$

不难验证两组解满足如下几何关系：

$$[Z_1\ Z_2\ Z_3]^T = [Z'_1 + Z'_2 + Z'_3\ \ Z'_2 + Z'_3\ \ Z'_3]^T$$

从上例两种解法中不难看出新型位移法的刚度矩阵得到了简化，原因在于新模型有效地限制了 $M_i$ 图范围，从而减少了未知量的偶合性，进而使得刚度矩阵中的非零元素及半带宽大为减少。这一优越性对手算尤为有效。

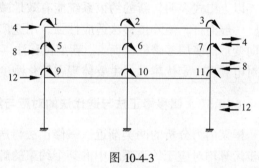

图 10-4-3

下面再给出如图 10-4-3 所示的框架的两种约束系统的示意性刚度矩阵（式中"*"号表示非零元素）。

$$[K'] = \begin{bmatrix} * & & & & & & & & & & & \\ * & * & & & & & & & & & & \\ & * & * & & & \text{对} & & & & & & \\ * & * & * & & & & & & & & & \\ * & & * & * & & \text{称} & & & & & & \\ & * & & * & * & * & & & & & & \\ & & * & & * & * & * & & & & & \\ & & & * & * & * & * & & & & & \\ & & & & * & & * & * & * & & & \\ & & & & & * & & * & * & * & & \\ & & & & & & * & & * & * & * & \\ & & & & & & & * & * & * & * & * \end{bmatrix}$$

（新型位移法刚度矩阵）半带宽：5，非零（副）元素：27

$$[K] = \begin{bmatrix} * & & & & & & & & & \\ * & * & & & & & & & & \\ & * & * & & & 对 & & & & \\ * & * & * & & & & & & & \\ * & & & * & * & 称 & & & & \\ & & & * & * & * & & & & \\ & & * & & * & * & * & & & \\ * & * & * & * & * & * & * & * & & \\ & & & & & & * & * & * & \\ & & & & & & & * & * & * & * \\ & & * & * & * & * & * & * & * & * & * \end{bmatrix}$$

（经典位移法刚度矩阵）半带宽：8，非零（副）元素：35

以上二式表明，新的约束系统能有效地减少非零元素以及限制了矩阵的半带宽。

一般而言，矩阵位移法适应性强、用途广泛，这是一相当突出的优点。但对于不考虑轴向变形的多层多跨框架而言，新型位移法（采用层间相对位移为基本未知量的做法）仍然对电算有一定优越性，主要体现在简化刚度矩阵方面。

### §10.5* 侧移修正法与迭代法的对应与统一

框架内力分析的两类渐近法——修正法与迭代法可在新的力学模型下取得统一，各自每一步运算均对应于约束系统中的某个约束的解除。下面给出两类渐近法在侧移计算时具有完全相同的模型变形过程的证明（假定两类计算从相同的基础开始，每一轮的约束放松过程同为：转动⇒侧移）。

在迭代法中，$jk$ 杆端的侧移弯矩为（见文献 [22]）

$$M''_{jk} = \nu_{jk}[M_r + \sum \alpha_{jk}(M'_{jk} + M'_{kj})]$$

现设 $M''_{ij,n}$ 与 $M'_{ij,n}$ 分别代表第 $n$ 轮侧移弯矩和转角弯矩（其余符号类推），利用上式可算得：

$$\Delta M''_{ij,n} = M''_{ij,n} - M''_{ij,n-1} = \nu_{ik}\sum[\alpha_{jk}(\Delta M'_{jk,n} + \Delta M'_{kj,n})]$$
$$= \nu_{jk}\sum[\alpha_{jk}6i_{jk}(\Delta\theta_{j,n} + \Delta\theta_{k,n})] \quad (A)$$

在修正法中，设 $M_{rj,n}$ 与 $M'_{rj,n}$ 分别代表第 $n$ 轮转角修正后，侧移修正前，$r$ 层 $j$ 柱的上下柱端弯矩（其余类推）。由结构力学基本知识得知：

$$M_{rj,n} + M'_{rj,n} = 6i_{rj}(\theta_{rj,n} + \theta'_{rj,n}) - (12i_{rj}/h_j)\Delta_{r,n-1}$$

代入侧移修正公式 $\Delta M_{rj} = \upsilon_{rj}[M_r + \sum\alpha_{rj}(M_{rj} + M'_{rj})]$（见文献 [20]）

得：$\Delta M_{rj,n} = \nu_{jk}[M_r + \sum\{\alpha_{rj}[6i_{rj}(\theta_{rj,n} + \theta'_{rj}) - (12i_{rj}/h_j)\Delta_{r,n-1}]\}] =$
$\nu_{rj}\{M_r + \sum\{\alpha_{rj}[6i_{rj}(\theta_{rj,n-1} + \theta'_{rj,n-1}) - (12i_{rj}/h_j)\Delta_{r,n-1} + 6i_{rj}(\Delta\theta_{rj,n} + \Delta\theta'_{rj,n})]\}\}$

注意到 $n-1$ 轮侧移修正后已实现的平衡：$V_{sr} - \sum V_{rj,n-1} = 0$

即：$M_r + \sum\{\alpha_{rj}[6i_{rj}(\theta_{rj,n-1} + \theta'_{rj,n-1}) - (12i_{rj}/h_j)\Delta_{r,n-1}]\} = 0$

得：$\Delta M_{rj,n} = \nu_{rj}\sum[\alpha_{rj}6i_{rj}(\Delta\theta_{rj,n-1} + \Delta\theta'_{rj,n-1})] = 0 \quad (B)$

式（A）与式（B）完全等价，证毕。

可见，两类渐进法可用同一力学模型描述，所不同的是，修正法用增量来对已求出来的弯矩初值进行逐步修正，而迭代法则采用把杆端弯矩分解为固端弯矩、（近端、远端）转角弯矩及侧移弯矩的叠加，进而利用平衡方程计算新值。

下面给出两类渐进法的对应关系：

修正法《=对应=》迭代法

力矩分配法《=对应=》无侧移迭代法

侧移修正法《=对应=》有侧移迭代法

### §10.6* 复式框架的侧移修正法

（1）利用上节提到的力学模型可十分方便推导复式框架的侧移修正法。由于力矩分配计算已为读者所熟悉，下面仅介绍侧移计算公式：

计算大钢臂的不平衡剪力 $Q_r$（符号仍以顺时针为正——如图10-6-1）

由 $r$ 层以上的（水平方向）平衡条件

得 $$Q_r = Q_{sr} - \Sigma Q_{rj} \quad (10\text{-}6\text{-}1)$$

式中，下标 $r$ 为层序号，$j$ 为柱序号。

由于 $$Q_{rj} = -(M_{rj} + M'_{rj})/h_{rj} \quad (10\text{-}6\text{-}2)$$

有 $Q_r = Q_{sr} + \Sigma[(M_{rj} + M'_{rj})/h_{rj}]$

引进柱比 $$\alpha_{rj} = h_{rs}/h_{rj} \quad (10\text{-}6\text{-}3)$$

楼层弯矩 $$M_r = h_{rs}Q_{sr} \quad (10\text{-}6\text{-}4)$$

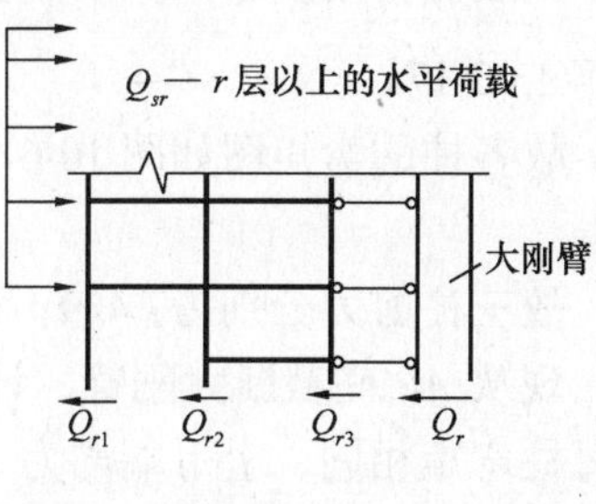

式中，$h_{rs}$ 为该层任意选定的层高代表值。

图10-6-1

有 $$Q_r = [M_r + \Sigma(M_{rj} + M'_{rj})]/h_{rj} \quad (10\text{-}6\text{-}5)$$

令楼层不平衡弯矩 $$\Delta M_r = M_r + \Sigma(M_{rj} + M'_{rj}) \quad (10\text{-}6\text{-}6)$$

由式（10-6-5）和式（10-6-6）得 $$Q_r = \Delta M_r/h_{rj} \quad (10\text{-}6\text{-}7)$$

（2）截断大刚臂（仅去掉与 $Q_r$ 相对应的约束），$Q_r$ 反号按比例分配给各柱（剪力分配法）

令 $r$ 层 $j$ 柱剪力分配系数 $$\mu_{rj} = \alpha_{rj}^2 i_{rj}/\Sigma(\alpha_{rk}^2 i_{rk}) \quad (10\text{-}6\text{-}8)$$

有 $$\Delta Q_{rj} = -\mu_{rj}Q_r \quad (10\text{-}6\text{-}9)$$

求柱端弯矩的侧移修正量 $\Delta M_{rj}$（上、下端相同）

$$\Delta M_{rj} = 0.5 h_{rj} \Delta Q_{rj} \quad (10\text{-}6\text{-}10)$$

令 $r$ 层 $j$ 侧移柱弯矩分配系数

$$\gamma_{rj} = 0.5\mu_{rj}/\alpha_{rj} = \alpha_{rj}i_{rj}/\Sigma(\alpha_{rk}^2 i_{rk}) \quad (10\text{-}6\text{-}11)$$

得：$$\Delta M_{rj} = -\gamma_{rj}\Delta M_r \quad (10\text{-}6\text{-}12)$$

即 $$\Delta M_{rj} = -\gamma_{rj}[M_r + \Sigma \alpha_{rj}(M_{rj} + M'_{rj})] \quad (10\text{-}6\text{-}13)$$

**【例10-6】** 框架各梁线刚度为无穷大，各柱线刚度如图10-6-2（a）所示，受水平荷载见图10-6-2（a），用侧移修正法计算各柱端弯矩。

**【分析】** 对于复式框架的修正法计算，可采用半修正法和完全修正法求解，先用半修正法计算

**【解法一** （半修正法），用大刚臂锁住 $A$、$B$ 的侧移，由于 $C$ 点侧移并无人为约

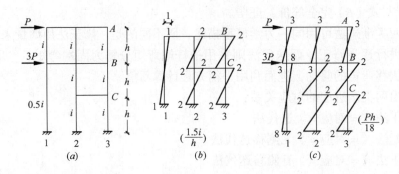

图 10-6-2

束，因此须首先确定 B 以下的剪力分配系数。现从框架中取出框架下部如图 10-6-2（b）；显然，由于横梁为无穷刚，小框架各柱的顶点侧移刚度分别为：$\frac{1.5i}{h^2}$、$\frac{6i}{h^2}$ 和 $\frac{6i}{h^2}$，2、3 柱由于两层侧移刚度相同，因而各为侧移刚度 $\frac{12i}{h^2}$ 的一半。对于两层侧移刚度不同的情况参看例 13-2-17。

故各柱的弯矩图如图 10-6-2（b）所示，从而可算得剪力分配系数为：

$$1.5 : 6 : 6 = 1/9 : 4/9 : 4/9$$

故三柱剪力分别为：4/9 : 16/9 : 16/9

现从 AB 间截断大刚臂，计算与普通规则框架无异（各柱剪力分配系数均为 1/3），因而每柱弯矩相同，上下端均为 $Ph/6$。

下面弯矩用分配系数乘总剪力 $4P$ 分别得各柱的剪力为：$4P/9$、$16P/9$ 和 $16P/9$，因而得弯矩图如图 10-6-2（c）。

【解法二】 （1）选择 $h_{rs}$ 并计算常用数据，结果见表 10-6：

用式（10-6-3）计算 $\alpha_{rj}$，用式（10-6-11）计算 $\gamma_{rj}$，用式（10-6-4）计算 $M_r$：

表 10-6

|  | $h_{rs}$ | $\alpha_{r_1}$ | $\alpha_{r_2}$ | $\alpha_{r_3}$ | $\gamma_{r_1}$ | $\gamma_{r_2}$ | $\gamma_{r_3}$ | $M_r$ |
| --- | --- | --- | --- | --- | --- | --- | --- | --- |
| $r=3$ | $h$ | 1 | 1 | 1 | 1/6 | 1/6 | 1/6 | $Ph$ |
| $r=2$ | $h$ | 0.5 | 1 | 1 | 1/17 | 4/17 | 4/17 | $4Ph$ |
| $r=1$ | $h$ | 0.5 | 1 | 1 | 1/17 | 4/17 | 4/17 | $4Ph$ |

修正内力（设初值为 0）

第一轮

三层：用式（10-6-6）计算不平衡弯矩（单位采用 $Ph$—下同）：

$$\Delta M_3 = 1 - 0 = 1$$

按式（10-6-12）分配到各柱端：

$$\Delta M_{31} = \Delta M_{32} = \Delta M_{33} = -(1/6) \times 1 = -0.1667$$

修正柱端弯矩（初值为 0）：

$$M_{31} = M_{32} = M_{33} = 0 - 0.1667 = -0.1667$$

二层：$\Delta M_3 = 4 - 0 = 4$

$$\Delta M_{21} = -(1/17) \times 4 = -0.2353$$
$$\Delta M_{22} = \Delta M_{33} = -(4/17) \times 4 = -0.9412$$

一层：$\Delta M_1 = 4 + 0.5 \times 2 \times (-0.2353) = 3.76474$

$\Delta M_{11}(1/17) \times (-3.7647) = -0.2215$

$M_{11} = -0.2353 - 0.2215 = -0.4568$（式中 $M_{11}$ 即 $M_{21}$，下同）

$\Delta M_{12} = \Delta M_{13} = (4/17) \times (-3.7647) = -0.8858$

$M_{12} = M_{13} = -0.8858$

第二轮

三层：$\Delta M_3 = 0$

二层：$\Delta M_2 = 4 + 2[0.5(-0.4568) + 2(-0.9412)] = -0.2216$

或已注意到上一轮平衡：$\Delta M_2 = 2 \times 0.5 \times (-0.2215) = -0.2215$

$\Delta M_{21} = (1/17) \times 0.2216 = 0.0130$

$M_{21} = -0.4568 + 0.0130 = -0.4438$

$\Delta M_{22} = \Delta M_{23} = (4/17) \times 0.2215 = 0.0521$

$M_{22} = M_{23} = -0.9412 + 0.0521 = -0.8891$

一层：$\Delta M_1 = 2 \times 0.5 \times 0.0130 = 0.0130$

$\Delta M_{11} = (1/17) \times (-0.0130) = -0.008$

$M_{11} = -0.4438 - 0.0008 = -0.4446$

$\Delta M_{12} = \Delta M_{31} = (4/17) \times (-0.0130) = -0.0031$

$M_{12} = M_{31} = -0.8858 - 0.0031 = -0.8889$

第三轮

三层：$\Delta M_3 = 0$

二层：$\Delta M_2 = -0.0008$

$\Delta M_{21} = (1/17) \times (-0.0008) = 0.0000$

$\Delta M_{22} = \Delta M_{23} = (4/17) \times 0.0008 = 0.0002$

$M_{22} = M_{23} = -0.889 + 0.002 = -0.886$

一层：$\Delta M_1 = 0.0002$

$\Delta M_{1i} = 0.0000$

计算结束，与精确解比可知精度已达小数点后第 4 位。

### §10.7 框架手算方法比较与选择及提高精度的措施

随着计算机的普及，大型技术计算无疑应首选机算法，但为了对机算的结果能准确把握，手算的训练必不可少。换言之，手算法已逐步蜕变成训练手段。从这一角度出发，手算法应尽量选择力学模型清晰、过程简单快捷的算法。表 10-7 介绍了各种手算法的特点。

框架手算法比较  表10-7

| 手算法 | | | 优点 | 缺点 | 适用范围 |
|---|---|---|---|---|---|
| 近似法 | 分层法 | | 快捷 | 精度欠佳 | 1. 方案设计<br>2. 快速查错 |
| | 反弯点法 | | 快捷 | 精度欠佳 | 1. 方案设计<br>2. 快速查错 |
| | D值法 | | 柱子的精度较好 | 1. 推导麻烦<br>2. 依赖表格<br>3. 不能计算竖向荷载 | 施工图设计 |
| 渐进法 | 修正法 | 无侧移修正法—力矩分配法 | 1. 逼近快<br>2. 模型清晰<br>3. 手法灵活 | 不能对付侧移 | 1. 无侧移框架<br>2. 用于施工图设计<br>3. 快速查错 |
| | | 有侧移修正法 | 1. 逼近快<br>2. 模型清晰<br>3. 手法灵活 | 计算较繁 | 1. 用于施工图设计<br>2. 快速查错<br>3. 可与其他方法结合 |
| | 迭代法 | 无侧移 | 1. 逼近块<br>2. 手法灵活<br>3. 能自动纠错 | 1. 模型欠清晰<br>2. 不能对付侧移 | 1. 无侧移框架<br>2. 用于施工图设计 |
| | | 有侧移 | 1. 逼近快<br>2. 手法灵活<br>3. 能自动纠错 | 1. 模型不清晰<br>2. 计算麻烦 | 用于施工图设计 |

从表10-7可见，分层法，力矩分配法，反弯点法—剪力分配法，及侧移修正法等力学模型清晰，计算程序简单快捷。其中侧移修正法尤其值得提倡，因该法配以本章第2节提到的力学模型后，除了令其力学模型更为清晰外，还令计算步骤更为灵活，并能与其他方法联合应用以弥补某些方法的不足，举例说明：

【**例 10-7**】 框架受荷如图10-7（*a*）所示，求作 *M* 图。

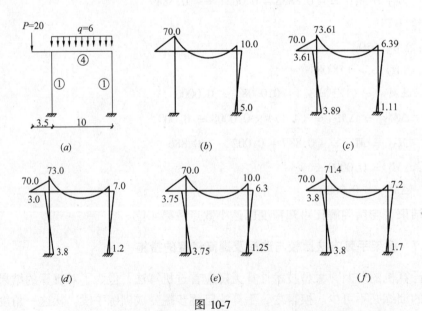

图 10-7
（*a*）结构原图；（*b*）力矩分配法结果；（*c*）精确解；（*d*）侧移修正法结果；
（*e*）力矩分配加一次侧移；（*f*）力矩分配加一次侧移加一节点转动

上例可见，力矩分配法结合侧移分配法后精度可迅速提高。

## 习 题 10

10-1 在题 10-1 图中，假定 $K_d > K_u$，则 $\varphi_d < \varphi_u$，试用叠加原理证明反弯点移动的规律—反弯点欺软怕硬。

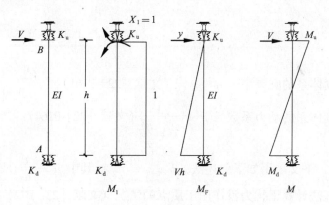

题 10-1 图

【提示】 分别分析由侧移、(上、下)转动引起的弯矩，再叠加。

10-2 既然修正法与迭代法具有相同的力学模型，即每一步的计算均对应工整，为什么迭代法具有自动纠错功能而修正法却没有这一功能？

10-3 为什么采用新的约束系统能有效地减小刚度矩阵的（半）带宽？

10-4 结构如图，求作 M 图。

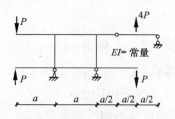

题 10-4 图

10-5 已知结构受荷如题 10-5 图所示，分别用力法与位移法求作 M 图。

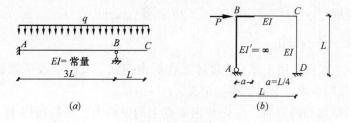

题 10-5 图

111

# 第 11 章 结构动力计算的点滴补充

**预备知识**

(1) 单自由度体系的圆频率 $\omega^2 = \dfrac{k}{m}$（文献 [22] P161）

(2) 单自由度体系的动力系数 $\beta = \dfrac{1}{1 - \dfrac{\theta^2}{\omega^2}}$（文献 [22] P164）

（为节省篇幅，下文采用如下叙述法：$\beta = \dfrac{1}{1 - \mu^2}$，其中 $\mu = \dfrac{\theta}{\omega}$）

(3) 附加支杆法计算干扰力没作用于质点的情况（文献 [23] P72）

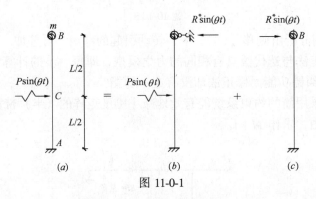

图 11-0-1

显然，图 11-0-1 中（a）等于（b）与（c）的叠加。

(4) 直接建立微分方程法（文献 [19] P249）

如图 11-0-2 (a) 所示，当动荷载不作用在质点上时，振动方程是

$$m\ddot{y} + ky = \dfrac{\delta_{1P}}{\delta_{11}} P\sin(\theta \cdot t)$$

方程的稳态解 $y(t) = \delta_{1P}\beta P\sin(\theta \cdot t) = \beta \cdot y_{st}\sin(\theta \cdot t)$

其中 $\beta = \dfrac{1}{1 - \mu^2}, \mu = \dfrac{\theta}{\omega}$

【注】 1) 上式只适用于单自由度体系在简谐荷载下（包括线荷载和力矩）的振动；2) 当动荷载不作用在质点上时，根据定义，$y_{st} = P\delta_{1P}$。

计算结构的位移和内力时，应先算出质点上的惯性力，然后按图 11-0-2 (b) 用静力方法计算，位移与内力没有统一的动力系数。

(5) 多自由度体系的自振频率（文献 [22] P183、P191）

自振频率由频率方程 $\left|[K] - \omega^2[M]\right| = 0$ 或 $\left|[\delta][M] - \dfrac{1}{\omega^2}[I]\right| = 0$ 求得。

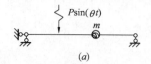
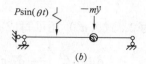

图 11-0-2

**【注】** 式中 $[I]$ 表示单位矩阵，下同。

(6) 多自由度体系的强迫振动（文献 [22] P201~204）

多个自由度在质点简谐荷载作用下，振动方程可表为：

$$[M]\{\ddot{y}\} + [K]\{y\} = \{P\}\sin(\theta \cdot t) \qquad (a)$$

则在平稳阶段，各质点也作简谐振动：$\{y\} = \{Y_i\}\sin(\theta \cdot t)$ (b)

将式 (b) 代入式 (a) 并消去公因子 $\sin\theta t$ 得：$([K] - \theta^2[M])\{Y\} = \{P\}$ (c)

显然式 (c) 为一线性方程组，解为：$\{Y\} = ([K] - \theta^2[M])^{-1}\{P\}$ (d)

把式 (d) 代入式 (b) 则得任意时刻 $t$ 的位移。

若阶数为 2，式 (d) 还可写成：$\begin{Bmatrix} Y_1 \\ Y_2 \end{Bmatrix} = \dfrac{1}{D_0} \begin{Bmatrix} D_1 \\ D_2 \end{Bmatrix}$ (d-1)

且：$D_0 = (k_{11} - \theta^2 m_1)(k_{22} - \theta^2 m_2) - k_{12}k_{21}$ (d-2)

注意到二自由度体系的频率方程：$|[K] - \omega^2[M]| = 0$ 展开后为：

$$(k_{11} - \omega^2 m_1)(k_{22} - \omega^2 m_2) - k_{12}k_{21} = 0$$

比较上二式知，若 $m_1 = m_2 = m$，$D_0$ 可改写为：

$$D_0 = m^2(\omega_1^2 - \theta^2)(\omega_2^2 - \theta^2) \qquad (d\text{-}2\text{-}1)$$

[此式代入式 (d-1) 后便于说明共振现象—笔者加注]

及：$\{D\} = \begin{Bmatrix} D_1 \\ D_2 \end{Bmatrix} = \begin{bmatrix} k_{22} - \theta^2 m_2 & -k_{12} \\ -k_{21} & k_{11} - \theta^2 m_1 \end{bmatrix} \begin{Bmatrix} P_1 \\ P_2 \end{Bmatrix}$ (d-3)

把式 (d-1) 代入式 (b) 则可求得任意时刻 $t$ 的位移从而容易求得位移幅值。

在求出位移幅值的基础上，第 $i$ 质点的惯性力的幅值则为：

$I_{id} = m_i\theta^2 Y_1$ 如果自由度为 2，则有：$\begin{Bmatrix} I_{1d} \\ I_{2d} \end{Bmatrix} = \begin{Bmatrix} m_1\theta^2 Y_1 \\ m_2\theta^2 Y_2 \end{Bmatrix}$ (e)

惯性力与动荷载幅值 $P_i$ 一起加到体系上（此步骤与表 11-1 中支杆法的第 6 步对应），按静力法则可求得内力幅值。但要注意动内力与静内力叠加时有正负符号的变化。

(7) 与 (6) 相对应的柔度法计算式：

多个自由度在质点简谐荷载作用下，振动方程可表为：

$$\{y\} + [\delta][M]\{\ddot{y}\} = [\delta]\{P\}\sin(\theta \cdot t) \qquad (a')$$

则在平稳阶段，各质点也作简谐振动：$\{y\} = \{Y_i\}\sin(\theta \cdot t)$ (b')

将式 (b') 代入式 (a') 并消去公因子 $\sin\theta t$ 得：

$$([I] - \theta^2[\delta][M])\{Y\} = [\delta]\{P\} \qquad (c')$$

显然式 (c') 为一关于 $\{Y\}$ 的线性方程组，

其解为：$\{Y\} = ([I] - \theta^2[\delta][M])^{-1}[\delta]\{P\}$ (d')

把式 (d') 代入式 (b') 则得任意时刻 $t$ 的位移。

若阶数为2，式($d'$)还可写成：$\begin{Bmatrix} Y_1 \\ Y_2 \end{Bmatrix} = \dfrac{D'}{D_0'}$ ($d'$-1)

且 $D_0' = \begin{vmatrix} 1 - \delta_{11}m_1\theta^2 & -\delta_{12}m_2\theta^2 \\ -\delta_{21}m_1\theta^2 & 1 - \delta_{22}m_2\theta^2 \end{vmatrix}$

即：$D_0' = (1 - \delta_{11}m_1\theta^2)(1 - \delta_{22}m_2\theta^2) - \delta_{12}\delta_{21}m_1m_2\theta^4$ ($d'$-2)

注意到二自由度体系的频率方程 $\left| \dfrac{1}{\omega^2}[I] - [\delta][M] \right| = 0$

可改写为：$|[I] - [\delta][M]\omega^2| = 0$，展开后为：

$\begin{vmatrix} 1 - \delta_{11}m_1\omega^2 & -\delta_{12}m_2\omega^2 \\ -\delta_{21}m_1\omega^2 & 1 - \delta_{22}m_2\omega^1 \end{vmatrix} = (1 - \delta_{11}m_1\omega^2)(1 - \delta_{22}m_2\omega^2) - \delta_{12}\delta_{21}m_1m_2\omega^4 = 0$

比较上二式得知 $D_0'$ 可改写为：

$$D_0' = m_1m_2(\delta_{11}\delta_{22} - \delta_{12}\delta_{21})(\theta^2 - \omega_1^2)(\theta^2 - \omega_2^2) \quad (d'\text{-}2\text{-}1)$$

$$D' = \begin{bmatrix} 1 - \delta_{22}m\theta^2 & \delta_{12}\theta^2 \\ \delta_{21}\theta^2 & 1 - \delta_{11}m\theta^2 \end{bmatrix} \begin{bmatrix} \delta_{11} & \delta_{12} \\ \delta_{21} & \delta_{22} \end{bmatrix} \begin{Bmatrix} P_1 \\ P_2 \end{Bmatrix} \quad (d'\text{-}3)$$

与刚度法相同，在求出位移幅值的基础上，第 $i$ 质点的惯性力的幅值则为：$I_{id} = m_i\theta^2 Y_i$；与刚度法一样，如果自由度为2，也有：

$$\begin{Bmatrix} I_{1d} \\ I_{2d} \end{Bmatrix} = \begin{Bmatrix} m_1\theta^2 Y_1 \\ m_2\theta^2 Y_2 \end{Bmatrix} \quad (e')$$

惯性力幅值与动荷载幅值 $P_i$ 一起加到体系上，按静力计算就可求得内力幅值。同样要注意这种叠加时有正负符号的变化。

### §11.1 单质点体系在干扰力未作用于质点时的计算

关于干扰力不作用在质点时的计算，国内不少《结构力学》教材未作介绍，然而，这种干扰力不作用在质点的情况却不时出现在考研试题上（见文献［19］P254、P258、P259 和［24］P280）且工程实际中亦难免遇到。这种情况的计算，文献［23］介绍了3种方法：附加支杆法（下文简称支杆法）；直接建立微分方程法（下文简称直接法）与利用幅值方程解算法（下文简称幅值法）。笔者以为支杆法分析可套用质点荷载（这里指荷载作用于质点的振动方向的情况）的整套公式；而直接法在几种考研参考书中均有采用（见文献［19］、［24］等），且本法推导直截了当，书中涉及的物理量也较多，下文将着重揭示直接法与支杆法的内在联系并比较其优缺点。由于幅值法的原理是利用振幅状态进行分析，可与上述两法相结合，故本书不作单列。

所谓直接法就是从体系的运动方程出发，直接分析动荷载与质点运动过程中的惯性力对体系的影响（见文献［19］、［24］）。所谓支杆法是借用叠加原理，把外荷与质点惯性力对体系的影响［图 11-0-1（$a$）］改为外荷对加支杆体系（下文简称支杆结构）的影响［图 11-0-1（$b$）］与相当荷载［图 11-0-1（$c$）中 $R^*\sin(\theta t)$］对原结构的影响（此时已成为质点荷载），各类结构力学教材均有详尽论述；分别单独分析后再叠加即可。下面结合例题作介绍和比较。

**【例 11-1-1】** 图 11-1-1（$a$）所示体系稳态阶段，动力弯矩值最大幅值为_____，

已知 $\theta = 0.5\omega$，$EI$ 为常量，不计阻尼。(文献 [19] P258 例 9-20)

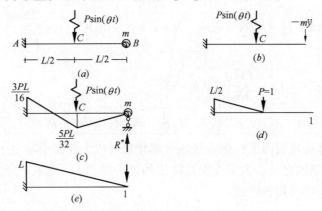

图 11-1-1

(1) 直接法

【分析】 简谐荷载未作用在质点上，振动方程为：
$$y(t) = \delta_{1P}\beta P\sin(\theta \cdot t)\text{（见预备知识 4）}$$

将惯性力作用于质量 $m$ 上，与原荷载作用叠加则可求得 $A$ 点的弯矩值，进而求得其幅值。

由题意得知
$$\mu = \frac{\theta}{\omega} = \frac{1}{2}$$

故 $M_A = P\sin(\theta \cdot t) \times \dfrac{l}{2} + (-m\ddot{y}) \times l = \dfrac{Pl}{2}\sin(\theta \cdot t) + m\theta^2 y(t) \cdot l$

$$= \frac{Pl}{2}\sin(\theta \cdot t) + m(\mu\omega)^2 \delta_{1P}\beta Pl\sin(\theta \cdot t) \tag{a}$$

由图 11-1-1 算得

$$\delta_{1P} = \frac{1}{EI}\frac{1}{2}\left(\frac{l}{2}\right)^2 \times \frac{5l}{6} = \frac{5l^3}{48EI} \text{ 以及 } \delta_{11} = \frac{1}{EI}\frac{l^2}{2} \times \frac{2l}{3} = \frac{l^3}{3EI} \Rightarrow \omega^2 = \frac{3EI}{ml^3}。$$

注意到 $\beta = \dfrac{1}{1-\mu^2} = \dfrac{4}{3}$，再令 $\sin(\theta \cdot t) = 1$ 并把这些关系代入式 (a) 得：

$$M_{Ad} = Pl\left(\frac{1}{2} + m\mu^2\omega^2\delta_{1P}\beta\right) = Pl\left(\frac{1}{2} + \frac{m}{4}\frac{3EI}{ml^3}\frac{5l^3}{48EI}\frac{4}{3}\right) = \left(\frac{1}{2} + \frac{5}{48}\right)Pl = \frac{29}{48}Pl$$

(上式中下标 $d$ 表示幅值，下同)

(2) 支杆法

先计算相当荷载 $R^*$，由图 11-1-1 (c) 得其表达式为 $R^* = \dfrac{5P}{16}\sin(\theta \cdot t)$，其幅值记作 $R_d^* = \dfrac{5P}{16}$ 方向与图中箭头之相反。

故有：$M_{Ad} = \dfrac{3}{16}Pl + \beta\dfrac{5}{16}Pl = \left(\dfrac{3}{16} + \dfrac{4}{3}\dfrac{5}{16}\right)Pl = \dfrac{29}{48}Pl$ 由于支杆法套用了质点荷载的相关计算公式，显然简单些。

现把文献 [19] 的计算摘录如下，希望读者从中得到警示。

【解】 简谐荷载未作用在质量上，振动方程的解为 $y(t) = \delta_{1P}\beta P\sin(\theta \cdot t)$。将惯性

力作用于质量 $m$ 上 [图 11-1-1 (b)]，则 $A$ 点的弯矩幅值将会最大，即

$$M_A = P\sin(\theta \cdot t) \times \frac{l}{2} + (-m\ddot{y}) \times l = \frac{Pl}{2}\sin(\theta \cdot t) + \frac{Pml\omega^2\delta_{1P}}{\left(\frac{\omega}{\theta}\right)^2 - 1}\sin(\theta \cdot t)$$

$$= \frac{Pl}{2}\sin(\theta \cdot t) + \frac{Pl\delta_{1P}}{3\delta_{11}}\sin(\theta \cdot t)$$

将 $\sin(\theta \cdot t) = 1 \cdot \delta_{2p}$ 及 $\delta_{11}$ 代入 $M_A$ 式，得 $M_{Amax} = \frac{5}{48}Pl$

显然以上计算有笔误因素，但直接法计算较繁（以上算法中略去了一些变量转换的步骤），不能不说是原因之一。为了克服直接法的这一缺点，下表把两种方法的计算步骤作一比较并总结出一些常用表达式。

**（简谐荷载不作用在质点时）单自由度体系计算方法比较**　　　　表 11-1

| 步骤 | 直接法特点 | 共同点说明 | 支杆法特点 |
|---|---|---|---|
| 1 | 原结构 | 力学模型 | 原结构与支杆结构 |
| 2 | $m\ddot{y} + ky = \frac{\delta_{1P}}{\delta_{11}}P\sin(\theta \cdot t)$ | 质点运动微分方程（由叠加原理可知二者应相同） | $m\ddot{y} + ky = R_d^*\sin(\theta \cdot t)$ |
| 3 | 用图乘法计算相关系数：$\delta_{1P}$ 和 $\delta_{11}$ | 相当荷载的计算（两方法计算结果相等：$R_d^* = \frac{\delta_{1P}}{\delta_{11}}P$） | 用静力法在支杆结构上直接分析相当荷载：$R^* = R_d^*\sin(\theta \cdot t)$ |
| 4 | $y(t) = \delta_{1P}\beta P\sin(\theta \cdot t)$ $y_d = \delta_{1P}\beta P$ | 微分方程的稳态解，其中：$\beta = \frac{1}{1-\mu^2}$, $\mu = \frac{\theta}{\omega}$ $\omega^2 = \frac{k}{m} = \frac{1}{m\delta_{11}}$ | $y(t) = \delta_{11}\beta R_d^*\sin(\theta \cdot t) = \delta_{1P}\beta P\sin(\theta \cdot t)$ $y_d = \delta_{11}\beta R_d^* = \delta_{1P}\beta P$ |
| 5 | $I_d = -m\ddot{y}_d = m\theta^2\delta_{1P}P = \mu^2\beta R_d^*$ | （质点作用于结构的）惯性力幅值亦相同 | $I_d = -m\ddot{y}_d = m\theta^2\delta_{1P}P = \mu^2\beta R_d^*$ |
| 6 | 惯性力单独作用（没有叠加）：$P_{1d} = I_d = \mu^2\beta R_d^*$ | 1 点对结构的作用力幅值 $P_{1d}$（两种方法结果不同） | 惯性力须与 $R_d^*$ 叠加：$P_{1d} = R_d^* + I_d = \beta R_d^*$ |
| 7 | $P$ 与 $P_{1d}$ 共同作用于原结构 | 叠加原理计算各种物理量（用静力法计算，外力为 $P$ 与 $P_{1d}$） | $P$ 作用于支杆结构，而 $P_{1d}$ 则作用于原结构再叠加 |

符号说明：设荷载为 $P\sin(\theta \cdot t)$，1 点为质点位置，下标 $d$ 表示最大值

说明：

1. 直接法只需作步骤 1，3，4，5，7。
2. 支杆法只需作步骤 1，3，4，6，7。
3. 两种方法在步骤 2~5 的手法不同，但结论相同，故手法可自由选择。
4. 两种方法都采用了叠加原理，但直接法的原荷载作用于原结构，而支杆法的原荷载却作用于支杆结构；两种方法的 $P_{1d}$ 虽都作用于原结构，但其本身数值不同（相差一个 $\mu^2$，见表 11-1 步骤 6）。
5. 两种方法在表 11-1 步骤 7 中，无论分析体系的任何物理量，原荷载 $P$ 的影响不乘

动力系数，但质点的惯性力的计算就比较复杂，直接法把惯性力直接作用于结构，而支杆法还要与相当荷载 $R_d^*$ 叠加才能作用于原结构。不过，支杆法可跳过表 11-1 步骤 5 而直接计算步骤 6。

6. 支杆法由于充分利用了已掌握的质点荷载的计算理论，因而更便于接受。

下面采用以上结论，再通过另一简例比较这两种方法。

【例 11-1-2】 已知简支梁在三分点 $C$、$D$ 上分别作用动荷载及存有质点，且 $\omega = 2\theta$，求体系的自振频率、$D$ 点的最大位移 $y_{Dd}$ 及 $A$ 处支反力的最大值 $R_{Ad}^*$。

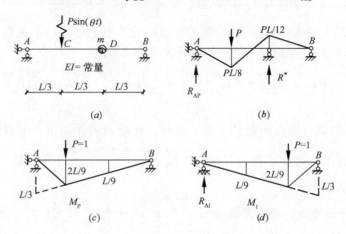

图 11-1-2

先算两种方法中的共用数值，即表 11-1 中的 3、4 步，为此作 $M_P$ 图与 $M_1$ 图如图 11-1-2 中的（c）和（d）并可算得：

$$EI\delta_{11} = \frac{1}{2}\left(\frac{l}{3} + \frac{2l}{3}\right) \cdot \frac{2l}{9} \times \frac{2}{3} \cdot \frac{2l}{9} = \frac{4l^3}{9 \cdot 27} \Rightarrow \omega = \sqrt{\frac{1}{m\delta_{11}}} = \sqrt{\frac{243EI}{4ml^3}}$$

以及 $EI\delta_{1P} = \frac{1}{2} \cdot \frac{l}{3} \cdot l \times \frac{l}{9} - 2 \cdot \frac{1}{2}\left(\frac{l}{3}\right)^2 \times \frac{l}{27} = \frac{7l^3}{18 \cdot 27} \Rightarrow R_d^* = \frac{\delta_{1P}}{\delta_{11}}P = \frac{7}{18 \cdot 27} \times \frac{9 \cdot 27}{4}P = \frac{7}{8}P$

或用图 11-1-2（b）的分析代替：$R_d^* = \left(2 \cdot \frac{Pl}{12} + \frac{P}{8}\right)\frac{3}{l} = \frac{7}{8}P$

以及 $\mu = \frac{\theta}{\omega} = 0.5$，动力系数：$\beta = \frac{1}{1-\mu^2} = \frac{1}{1-0.25} = \frac{4}{3}$

$D$ 点最大位移：$y_d = \delta_{1P}\beta P = \frac{7l^3}{18 \cdot 27EI} \cdot \frac{4P}{3} = \frac{14l^3 P}{27^2 EI}$

（或采用 $y_{Dd} = \delta_{11}\beta R_d^* = \frac{4l^3}{9 \cdot 27EI} \cdot \frac{4}{3} \cdot \frac{7P}{8} = \frac{14l^3 P}{27^2 mEI}$）

(1) 直接法分析：

先计算表 11-1 的 3、4 步：为此作 $M_P$ 图与 $M_1$ 图如图 11-1-2 中的（c）和（d）并可算得：

$$EI\delta_{11} = \frac{1}{2}\left(\frac{l}{3} + \frac{2l}{3}\right) \cdot \frac{2l}{9} \times \frac{2}{3} \cdot \frac{2l}{9} = \frac{4l^3}{9 \cdot 27} \Rightarrow \omega = \sqrt{\frac{1}{m\delta_{11}}} = \sqrt{\frac{243EI}{4ml^3}}$$

以及 $EI\delta_{1P} = \frac{1}{2} \cdot \frac{l}{3} \cdot l \times \frac{l}{9} - 2 \cdot \frac{1}{2}\left(\frac{l}{3}\right)^2 \times \frac{l}{27} = \frac{7l^3}{18 \cdot 27} \Rightarrow R_d^* = \frac{\delta_{1P}}{\delta_{11}}P = \frac{7}{18 \cdot 27} \times \frac{9 \cdot 27}{4}P = \frac{7}{8}P$

$D$ 点最大位移：$y_d = \delta_{1P}\beta P = \frac{7l^3}{18 \cdot 27 EI} \cdot \frac{4P}{3} = \frac{14l^3 P}{27^2 EI}$

惯性力最大值（即 1 点对结构的作用力幅值，表中第 6 步）：

$$P_{1d} = I_d = \mu^2 \beta R_d^* = \frac{1}{4} \cdot \frac{4}{3} \cdot \frac{7}{8}P = \frac{7P}{24}$$

$A$ 处的竖向反力最大值 $R_{Ad}$ 可由荷载的直接影响 ［图 11-1-2（c）乘以 $P$］与惯性力的影响 ［（图 11-1-2（d）乘以 $I_d$］叠加算得（表中第 7 步）：

$$R_{Ad} = R_{AdP} + R_{AdI} = \frac{2P}{3} + \frac{1}{3}I_d = \frac{2P}{3} + \frac{7P}{72} = \frac{55}{72}P$$

(2) 支杆法

在 $D$ 处加一竖向（质点的振动方向）支杆，在动荷载作用下，不难用静力法求得弯矩图如图 11-1-2（d），进而求得 $R_d^* = \left(2 \cdot \frac{Pl}{12} + \frac{Pl}{8}\right)\frac{3}{l} = \frac{7}{8}P$（亦可套用上面结果——表 11-1 中第 3 步两方法一致）。

由于 $\mu = \frac{\theta}{\omega} = 0.5$，动力系数 $\beta = \frac{1}{1 - \mu^2} = \frac{1}{1 - 0.25} = \frac{4}{3}$

由于图 11-1-2（b）中质点无位移，质点位移完全由图 11-1-2（c）产生，即由 $R_d^*$ 产生，可套用质点荷载的有关公式，即：$y_{Dd} = \delta_{11}\beta R_d^* = \frac{14l^3 P}{27^2 mEI}$（表 11-1 中第 4 步）。

由图 11-1-2 中的（b）、（d）叠加得：$R_{Ad} = \frac{Pl}{8}\Big/\frac{l}{3} + \frac{1}{3}\beta R_d^* = \frac{3P}{8} + \frac{1}{3} \cdot \frac{4}{3} \cdot \frac{7P}{8} = \frac{55}{72}P$（表 11-1 中第 7 步）。

**【例 11-1-3】** 单自由度体系受荷如图 11-1-3（a）所示，求结构的自振频率 $\omega$ 及质点的最大动位移，设 $\theta = 0.5\omega$，弹簧刚度 $k = \frac{0.05EI}{l^3}$。不考虑阻尼影响。（文献 ［19］ P259～260）

(1) 直接法

$$EI\delta_{11} = 2 \cdot \frac{l^2}{2} \times \frac{2l}{3} + \frac{1}{k} = \frac{2l^3}{3} + 20l^3 = \frac{62l^3}{3} \Rightarrow \omega = \sqrt{\frac{1}{m\delta_{11}}} = \sqrt{\frac{3EI}{62ml^3}}$$

以及 $EI\delta_{1P} = 2 \cdot \frac{1}{2} \cdot \frac{l^2}{2} \times \frac{2l}{3} + \frac{1}{2} \cdot \frac{l^2}{4} \times \frac{l}{2} + \frac{1}{2k} = \frac{499l^3}{48}$

从而得：$R_d^* = \frac{\delta_{1P}}{\delta_{11}}P = \frac{499}{48} \times \frac{3}{62}P = \frac{499P}{16 \cdot 62}$ 以及

$\mu = \frac{\theta}{\omega} = 0.5$，动力系数：$\beta = \frac{1}{1 - \mu^2} = \frac{4}{3}$

$D$ 点最大位移：$y_d = \delta_{1P}\beta P = \frac{499l^3}{48EI} \cdot \frac{4P}{3} = \frac{499l^3 P}{36EI}$

惯性力最大值：$I_d = \mu^2 \beta R_d^* = \frac{1}{4} \cdot \frac{4}{3} \cdot \frac{499P}{16 \cdot 62} = \frac{499P}{48 \cdot 62}$

$D$ 点最大位移亦可利用叠加法求得：

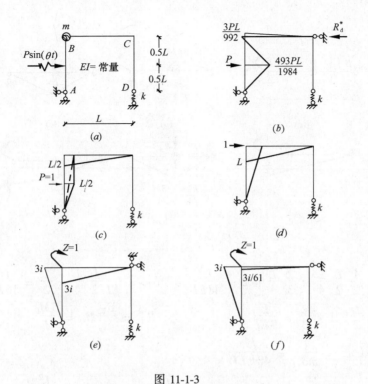

图 11-1-3

$$y_d = \delta_{1P}P + \delta_{11}I_{MZX} = \frac{499l^3P}{48EI} + \frac{62l^3}{3EI} \cdot \frac{499P}{48 \cdot 62} = \frac{499l^3P}{36EI}$$

(2) 支杆法

在质点的振动方向加一约束，如图 11-1-3（b）所示，为顺利用力矩分配法计算弯矩并进而求出反力 $R_d^*$。为此暂时在 C 处再加一竖向约束如图（e）；当 B 截面发生单位转角时易得弯矩图，去掉 C 处的竖向约束时 CD 杆将发生竖向位移，由 CD 杆的竖向平衡条件：$\left(3i - \frac{3i}{l}\Delta\right)\frac{1}{l} = k\Delta$ 解得：$\Delta = \frac{3il}{kl^2 + 3i}$；把 $k = \frac{0.05EI}{l^3} = \frac{EI}{20l^3}$ 代入得：$\Delta = \frac{60}{61}l$ 从而算得弯矩图如图 11-1-3（f）所示，并由此可算得 B 节点的分配系数为 $\mu_{BA} = \frac{61}{62}$ 和 $\mu_{BC} = \frac{1}{62}$，最终得弯矩图如图 11-1-3（b）所示（详见第 10 章，一分多传法）。

注意到 $\mu = \frac{\theta}{\omega} = 0.5$，动力系数：$\beta = \frac{1}{1-\mu^2} = \frac{4}{3}$

由此可算得：$R_d^* = \frac{P}{2} + \frac{3P}{16} \cdot \frac{1}{62} = \frac{499}{16 \cdot 62}P$

$\Rightarrow y_d = \delta_{11}\beta R_d^* = \frac{499P}{16 \cdot 62} \cdot \frac{4}{3} \cdot \frac{62l^3}{3EI} = \frac{499l^3P}{36EI}$

【例 11-1-4】 图 11-1-4（a）所示无重弹性杆（EI = 常量）简支梁，中点有一质量为 m 的质点，支座 B 处作用一集中动力力偶 $M = M_0\sin(\theta \cdot t)$。求：(1) 系统运动方程；(2) 系统固有频率；(3) 绘制弯矩幅值图；(4) B 点的转角幅值。（文献［24］P280）

为了便于叠加和作图，特设 $\mu = \frac{\theta}{\omega} = \frac{1}{2} \Rightarrow \beta = \frac{1}{1-0.5^2} = \frac{4}{3}$

(1) 直接法

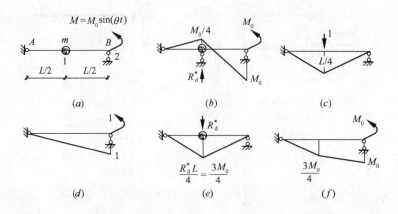

图 11-1-4

$$\delta_{11} = \frac{1}{EI} \frac{1}{2} \frac{L}{2} \frac{L}{4} \times \frac{2}{3} \frac{L}{4} \times 2 = \frac{L^3}{48EI} \qquad \delta_{12} = \frac{1}{EI} \frac{1}{2} \frac{L}{2} \frac{L}{4} \times \frac{1}{2} = \frac{L^2}{16EI}$$

$$\delta_{22} = \frac{1}{EI} \frac{L}{2} \cdot 1 \times \frac{2}{3} = \frac{L}{3EI} \qquad R_d^* = \frac{\delta_{12}}{\delta_{11}} M_0 = \frac{3M_0}{L}$$

固有频率：$\omega^2 = \dfrac{1}{m\delta_{11}} = \dfrac{L^3}{48mEI}$

系统运动方程：$y(t) = \delta_{1P} \beta P \sin(\theta t) = \dfrac{L^2}{16EI} \dfrac{4}{3} M_0 \sin(\theta t) = \dfrac{L^2 M_0}{12EI} \sin(\theta t)$

惯性力幅值：$I_d = \mu^2 \beta R_d^* = \dfrac{1}{4} \dfrac{4}{3} \dfrac{3M_0}{L} = \dfrac{M_0}{L}$

质点处的最大弯矩：

$$M_{1d} = \frac{M_0}{2} + \frac{L}{4} \cdot \mu^2 \beta R_d^* = \frac{M_0}{2} + \frac{L}{4} \cdot \mu^2 \beta \frac{3M_0}{L} = (2 + 3\mu^2 \beta) \frac{M_0}{4} = \frac{3}{4} M_0$$

作弯矩幅值图如 11-1-4 (f)。

B 点的转角幅值：$\theta_{Bd} = \delta_{22} M_0 + \delta_{12} \cdot \mu^2 \beta R_d^* = \dfrac{LM_0}{3EI} + \dfrac{L^2}{16EI} \dfrac{1}{4} \dfrac{4}{3} \dfrac{3M_0}{L} = \dfrac{19M_0}{48EI}$

(2) 支杆法

加支杆作 M 图 [见图 11-1-4 (b)]，求支反力：

由图 11-1-4 (b) 得：$R_d^* = \left(2 \cdot \dfrac{M_0}{4} + M_0\right) \bigg/ \dfrac{L}{2} = \dfrac{3M_0}{L}$（亦可套用上面数值）

把 $R_d^*$ 反向施于原结构并作分析：

求 1 处的弯矩幅值：

$$M_{1d} = \beta R_d^* \frac{L}{4} - \frac{M_0}{4} = \frac{3\beta M_0}{4} - \frac{M_0}{4} = (3\beta - 1) \frac{M_0}{4} = \frac{3}{4} M_0$$

求 B 处转角的幅值：取基本结构并加单位力偶如图 11-1-4 (c) 所示；把图 11-1-4 (c) 分别与图 11-1-4 (d)（不乘动力系数）、11-1-4 (e)（乘以动力系数）图乘叠加得：

$$\theta_{Bd} = \frac{1}{EI}\left[\frac{1}{2} \cdot \frac{L}{2} \cdot 1 \times \frac{1}{3}\left(-\frac{M_0}{4} + 2M_0\right) + \frac{L}{2} \cdot \frac{4}{3} \cdot \frac{3M_0}{4} \times \frac{1}{2}\right] = \frac{19M_0 L}{48EI}$$

【小结】

(1) 当干扰力不作用在质点时，单自由度体系的计算一般情况下可采用直接法或支杆法分析。注意表 11-1 中提示的相同点与不同点。

（2）支杆法在求出相当荷载后，可完全套用质点荷载作用下的所有公式，最后与荷载作用于支杆结构的状态叠加即可，故计算过程一般比直接法简单些。由叠加原理可知，支杆法还能推广到多自由度的情况，值得提倡。

## §11.2 多质点体系在干扰力未作用于质点时的计算

干扰力未作用于质点时，多自由度体系的计算有关理论还是叠加原理，与上节的支杆法相同：各物理量由荷载作用于支杆结构与相当荷载作用于原结构的叠加。此时第一项完全是静力计算问题，而第二项则可套用预备知识（5）、（6）、（7）。举例说明：

**【例 11-2-1】** 图 11-2-1（a）所示无重弹性悬臂柱（$EI$ = 常量）及所受干扰力，若 $m_1 = m_2 = m$；求（1）系统固有频率；（2）质点的运动方程；（3）绘制弯矩幅值图（设 $\theta^2 = \dfrac{54i}{7a^2m} \approx \dfrac{7.7143i}{a^2m}$）。

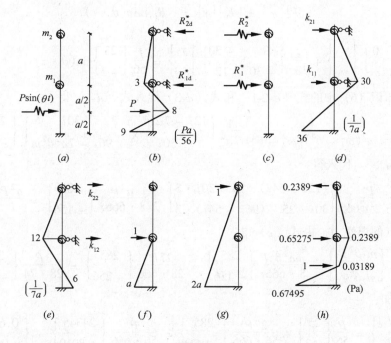

图 11-2-1

**【分析】** 加支杆如图 11-2-1（b），不难用力矩分配法求得 $M$ 图进而求得两个反力幅值 $R_{1d}^*$ 和 $R_{2d}^*$。把反力反向加于原结构，套用预备知识（5）再与（b）叠加便得最终 $M$ 图。具体计算：

求刚度矩阵 $[K]$：为此作单位位移弯矩图如图 11-2-1（d）与（e），不难由图算得刚度矩阵：

$$[K] = \frac{i}{7a^2}\begin{bmatrix} 96 & -30 \\ -30 & 12 \end{bmatrix}$$

计算自振频率：

由预备知识（5）$|[K] - \omega^2[M]| = 0$ 得：$\begin{vmatrix} k_{11} - \omega^2 m & k_{12} \\ k_{21} & k_{22} - \omega^2 m \end{vmatrix} = 0$

即：$\omega^2 = \frac{1}{2}\left(\frac{k_{11}}{m} + \frac{k_{22}}{m}\right) \mp \sqrt{\left[\frac{1}{2}\left(\frac{k_{11} + k_{22}}{m}\right)\right]^2 - \frac{k_{11}k_{22} - k_{12}k_{21}}{m^2}}$

$= \frac{i}{2m \cdot 7a^2}(96 + 12) \mp i\sqrt{\frac{1}{14^2 m^2 a^4} \cdot 108^2 - \frac{96 \cdot 12 - 30^2}{m^2 \cdot 7^2 a^4}} = \frac{2i}{7ma^2}(27 \mp \sqrt{666})$

写成：$\begin{Bmatrix} \omega_1^2 \\ \omega_2^2 \end{Bmatrix} = \frac{2i}{7a^2 m} \begin{Bmatrix} 27 - \sqrt{666} \\ 27 + \sqrt{666} \end{Bmatrix} \approx \frac{i}{a^2 m} \begin{Bmatrix} 0.3409 \\ 15.0877 \end{Bmatrix}$

由图 11-2-1（$b$）计算反力（幅值）：

$$R_{1d}^* = (8 + 3)\frac{Pa}{56} \Big/ \frac{a}{2} + 3 \cdot \frac{Pa}{56} \Big/ a = \frac{25P}{56}$$

和 $R_{2d}^* = -3 \cdot \frac{Pa}{56} \Big/ a = -\frac{3P}{56}$

由预备知识（5）得质点在简谐荷载作用下的运动方程：

$$[M]\{\ddot{y}\} + [K]\{y\} = \{R_{id}\}\sin(\theta \cdot t)$$

即：$\begin{bmatrix} m & 0 \\ 0 & m \end{bmatrix} \begin{Bmatrix} \ddot{y}_1 \\ \ddot{y}_2 \end{Bmatrix} + \frac{i}{7a^2}\begin{bmatrix} 96 & -30 \\ -30 & 12 \end{bmatrix} \begin{Bmatrix} y_1 \\ y_2 \end{Bmatrix} = \frac{P}{56}\begin{Bmatrix} 25 \\ -3 \end{Bmatrix}\sin(\theta \cdot t)$

由预备知识（6）中的式（$d$-2-1）和式（$d$-3）代入式（$d$-1）得：

$\begin{Bmatrix} Y_1 \\ Y_2 \end{Bmatrix} = \frac{1}{m^2(\omega_1^2 - \theta^2)(\omega_2^2 - \theta^2)} \frac{1}{7a^2} \begin{bmatrix} 12i - 7a^2\theta^2 m & 30i \\ 30i & 96i - 7a^2\theta^2 m \end{bmatrix} \begin{Bmatrix} 25 \\ -3 \end{Bmatrix} \frac{P}{56}$

把 $\theta$ 及 $\omega_1$、$\omega_2$ 代入得：

$\begin{Bmatrix} Y_1 \\ Y_2 \end{Bmatrix} = \frac{7a^2 P}{-56 \cdot 2^2 i^2 666} \begin{Bmatrix} (12i - 54i) \cdot 25 - 30i \cdot 3 \\ 30i \cdot 25 - (96i - 54i) \cdot 3 \end{Bmatrix} = \frac{a^2 P}{8 \cdot 666i} \begin{Bmatrix} 285 \\ -156 \end{Bmatrix} \approx \frac{a^2 P}{i}\begin{Bmatrix} 0.05349 \\ -0.02928 \end{Bmatrix}$

计算质点的惯性力，由式（$e$）得：

$\begin{Bmatrix} I_{1d} \\ I_{2d} \end{Bmatrix} = \begin{Bmatrix} m_1 \theta^2 Y_1 \\ m_2 \theta^2 Y_2 \end{Bmatrix} = \frac{ma^2 \theta^2 P}{8 \cdot 666i}\begin{Bmatrix} 285 \\ -156 \end{Bmatrix} = \frac{27P}{28 \cdot 666}\begin{Bmatrix} 285 \\ -256 \end{Bmatrix} = \frac{3P}{28 \cdot 74}\begin{Bmatrix} 285 \\ -256 \end{Bmatrix}$

与 $P_i$ 叠加：

$\begin{Bmatrix} P_{1d} + I_{1d} \\ P_{2d} + I_{2d} \end{Bmatrix} = \frac{P}{56}\begin{Bmatrix} 25 \\ -3 \end{Bmatrix} + \frac{27P}{56 \cdot 666}\begin{Bmatrix} 285 \\ -156 \end{Bmatrix} = \frac{P}{56 \cdot 666}\begin{Bmatrix} 24345 \\ -8910 \end{Bmatrix} \approx \begin{Bmatrix} 0.65275 \\ -0.2389 \end{Bmatrix}P$

作 $M$ 幅值图如图 11-2-1（$h$）。

下面给出柔度法的求解过程：

求柔度矩阵 $[\delta]$：为此作单位位移弯矩图如 11-2-1（$d$）与（$e$），不难由图算得刚度矩阵：$[\delta] = \frac{a^2}{6i}\begin{bmatrix} 2 & 5 \\ 5 & 16 \end{bmatrix}$（验算：$[K][\delta] = [\delta][K] = [I]$）

由式（$d'$-1）得：$\begin{Bmatrix} Y_1 \\ Y_2 \end{Bmatrix} = \frac{D}{D_0}$

式中 $D_0 = \begin{vmatrix} 1 - \delta_{11}m_1\theta^2 & -\delta_{12}m_2\theta^2 \\ -\delta_{21}m_1\theta^2 & 1 - \delta_{22}m_2\theta^2 \end{vmatrix} = (1 - \delta_{11}m\theta^2)(1 - \delta_{22}m\theta^2) - \delta_{12}\delta_{21}m^2\theta^4$

由频率方程 $|[I]-[\delta][M]\omega^2|=0$，展开后为：

$$\begin{vmatrix} 1-\delta_{11}m_1\omega^2 & -\delta_{12}m_2\omega^2 \\ -\delta_{21}m_1\omega^2 & 1-\delta_{22}m_2\omega^1 \end{vmatrix}=(1-\delta_{11}m_1\omega^2)(1-\delta_{22}m_2\omega^2)-\delta_{12}\delta_{21}m_1m_2\omega^4=0$$

$\Rightarrow (6i-2a^2m\omega^2)(6i-16a^2m\omega^2)-25a^4m^2\omega^4=0$

$\Rightarrow 36i^2-108ia^2m\omega^2+(32-25)a^4m^2\omega^4=0$

$\Rightarrow 36i^2-108ia^2m\omega^2+7a^4m^2\omega^4=0$

$\Rightarrow \begin{Bmatrix}\omega_1^2\\\omega_2^2\end{Bmatrix}=\dfrac{108ia^2m\mp\sqrt{(108ia^2m)^2-4\cdot 7a^4m^2\cdot 36i^2}}{2\cdot 7a^4m^2}=\dfrac{2i}{7a^2m}(27\mp\sqrt{666})$

（与刚度法结果相同）

由式（$d'$-2-1）得：

$$D_0=m^2(\delta_{11}\delta_{22}-\delta_{12}\delta_{21})(\theta^2-\omega_1^2)(\theta^2-\omega_2^2)=\dfrac{7a^4m^2}{36i^2}(\theta^2-\omega_1^2)(\theta^2-\omega_2^2)$$

把 $\theta$ 及 $\omega_1$、$\omega_2$ 代入得：$D_0=\dfrac{-7a^4m^2}{36i^2}\dfrac{4i^2}{49a^4m^2}\times 666=\dfrac{-74}{7}$

由式（$d'$-3），$D=\begin{bmatrix}1-\delta_{22}m\theta^2 & \delta_{12}\theta^2\\ \delta_{21}\theta^2 & 1-\delta_{11}m\theta^2\end{bmatrix}\begin{bmatrix}\delta_{11} & \delta_{12}\\ \delta_{21} & \delta_{22}\end{bmatrix}\begin{Bmatrix}P_1\\P_2\end{Bmatrix}$

注意到 $\theta^2=\dfrac{54i}{7a^2m}$

展开得：$D=\dfrac{a^2}{42\cdot 6i}\begin{bmatrix}42-16\cdot 54 & 5\cdot 54\\ 5\cdot 54 & 42-2\cdot 54\end{bmatrix}\begin{bmatrix}2 & 5\\ 5 & 16\end{bmatrix}\begin{Bmatrix}25\\-3\end{Bmatrix}\dfrac{P}{56}$

$=\dfrac{a^2P}{42\cdot 6\cdot 56i}\begin{bmatrix}-822 & 270\\ 270 & -66\end{bmatrix}\begin{Bmatrix}35\\77\end{Bmatrix}=\dfrac{a^2P}{42\cdot 6\cdot 56i}\begin{Bmatrix}-7980\\4368\end{Bmatrix}$

$=\dfrac{a^2P}{42\cdot 12i}\begin{Bmatrix}285\\-156\end{Bmatrix}\approx\dfrac{a^2P}{i}\begin{Bmatrix}-0.5655\\0.3095\end{Bmatrix}$

由式（$d'$-1），$\begin{Bmatrix}Y_1\\Y_2\end{Bmatrix}=\dfrac{D}{D_0}$

得：$\begin{Bmatrix}Y_1\\Y_2\end{Bmatrix}=\dfrac{D}{D_0}=\dfrac{-7a^2P}{42\cdot 12\cdot 74i}\begin{Bmatrix}-7980\\4368\end{Bmatrix}=\dfrac{a^2P}{8\cdot 666i}\begin{Bmatrix}285\\-156\end{Bmatrix}\approx\dfrac{a^2P}{i}\begin{Bmatrix}0.05349\\-0.02928\end{Bmatrix}$

余下计算与刚度法相同，从略。

【例 11-2-2】 图 11-2-2（a）所示无重弹性悬臂柱（$EI=$ 常量）及所受干扰力，若 $m_1=m_2=m$；求（1）系统固有频率；（2）质点的运动方程；（3）绘制弯矩幅值图。同样设 $\theta^2=\dfrac{54i}{7a^2m}\approx\dfrac{7.7143i}{a^2m}$

【分析】 本例与上例体系相同，只是荷载作用点不同，故可利用上例的刚度矩阵和自振频率：

刚度矩阵：$[K]=\dfrac{i}{7a^2}\begin{bmatrix}96 & -30\\-30 & 12\end{bmatrix}$

自振频率：$\begin{Bmatrix}\omega_1^2\\\omega_2^2\end{Bmatrix}=\dfrac{2i}{7a^2m}\begin{Bmatrix}27-\sqrt{666}\\27+\sqrt{666}\end{Bmatrix}\approx\dfrac{i}{a^2m}\begin{Bmatrix}0.3409\\15.0877\end{Bmatrix}$

由图 11-2-2（b）计算反力（幅值）：

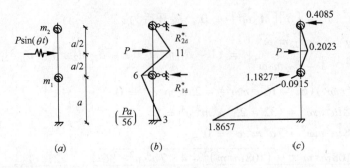

图 11-2-2

$$R_{1d}^* = (11+6)\frac{Pa}{56}\Big/\frac{a}{2} + (6+3)\frac{Pa}{56}\Big/a = \frac{43P}{56} \text{ 和 } R_{2d}^* = \frac{11Pa}{56}\Big/\frac{a}{2} = \frac{22P}{56}$$

由预备知识（5）得在质点简谐荷载作用下的运动方程：

$$[M]\{\ddot{y}\} + [K]\{y\} = \{R_{hi}\}\sin(\theta \cdot t)$$

即 $\begin{bmatrix} m & 0 \\ 0 & m \end{bmatrix}\begin{Bmatrix} \ddot{y}_1 \\ \ddot{y}_2 \end{Bmatrix} + \frac{i}{7a^2}\begin{bmatrix} 96 & -30 \\ -30 & 12 \end{bmatrix}\begin{Bmatrix} y_1 \\ y_2 \end{Bmatrix} = \frac{P}{56}\begin{Bmatrix} 43 \\ 22 \end{Bmatrix}\sin(\theta \cdot t)$

由预备知识中的式（d-2-1）和式（d-3）代入式（d-1）得：

$$\begin{Bmatrix} Y_1 \\ Y_2 \end{Bmatrix} = \frac{1}{m^2(\omega_1^2 - \theta^2)(\omega_2^2 - \theta^2)} \frac{1}{7a^2}\begin{bmatrix} 12i - 7a^2\theta^2 m & 30i \\ 30i & 96i - 7a^2\theta^2 m \end{bmatrix}\begin{Bmatrix} 43 \\ 22 \end{Bmatrix}\frac{P}{56}$$

把 $\theta$ 及 $\omega_1$、$\omega_2$ 代入得：

$$\begin{Bmatrix} Y_1 \\ Y_2 \end{Bmatrix} = \frac{7a^2 P}{-56 \cdot 2^2 i^2 \cdot 666}\begin{Bmatrix} (12i - 7a^2\theta^2 m) \cdot 43 + 30i \cdot 22 \\ 30i \cdot 43 + (96i - 7a^2\theta^2 m) \cdot 22 \end{Bmatrix}$$

$$= \frac{a^2 P}{-8 \cdot 4i^2 \cdot 666}\begin{Bmatrix} 1176i - 43 \cdot 7a^2\theta^2 m \\ 3402i - 22 \cdot 7a^2\theta^2 m \end{Bmatrix}$$

$$= \frac{a^2 P}{-32 \cdot 666i}\begin{Bmatrix} 1176 - 43 \cdot 54 \\ 3402 - 22 \cdot 54 \end{Bmatrix} = \frac{a^2 P}{32 \cdot 666i}\begin{Bmatrix} 1146 \\ -2214 \end{Bmatrix} \approx \frac{a^2 P}{i}\begin{Bmatrix} 0.05377 \\ -0.1039 \end{Bmatrix}$$

计算质点的惯性力，由式（e）得：

$$\begin{Bmatrix} I_{1d} \\ I_{2d} \end{Bmatrix} = \begin{Bmatrix} m_1 \theta^2 Y_1 \\ m_2 \theta^2 Y_2 \end{Bmatrix} = \frac{ma^2\theta^2 P}{32 \cdot 666i}\begin{Bmatrix} 1146 \\ -2214 \end{Bmatrix} = \frac{27P}{7 \cdot 8 \cdot 666}\begin{Bmatrix} 573 \\ -1107 \end{Bmatrix} = \frac{9P}{56 \cdot 74}\begin{Bmatrix} 191 \\ -369 \end{Bmatrix}$$

与 $P_i$ 叠加：

$$\begin{Bmatrix} P_{1d} + I_{1d} \\ P_{2d} + I_{2d} \end{Bmatrix} = \frac{P}{56}\begin{Bmatrix} 43 \\ 22 \end{Bmatrix} + \frac{9P}{56 \cdot 74}\begin{Bmatrix} 191 \\ -369 \end{Bmatrix} = \frac{P}{56 \cdot 74}\begin{Bmatrix} 43 \cdot 74 + 9 \cdot 191 \\ 22 \cdot 74 - 9 \cdot 369 \end{Bmatrix}$$

$$= \frac{P}{56 \cdot 74}\begin{Bmatrix} 4901 \\ -1693 \end{Bmatrix} \approx \begin{Bmatrix} 1.1827 \\ -0.4085 \end{Bmatrix}P$$

作 $M$ 幅值图如图 11-2-2（c）。

## 习 题 11

11-1 直接法与支杆法的思路有何异同？

11-2 在表 11-1 中，二法在步骤 5 的惯性力 $I_d$ 计算相同，而步骤 6 的 $P_{1d}$ 的计算中，直接法与支杆法的计算却出现差异，原因何在？

11-3 试从单自由度体系的自由振动方程 $m\ddot{y} + ky = 0$ 和 $y = -m\ddot{y}\delta = -\delta \cdot m \cdot \ddot{y}$ 导出多自由度体系的自由振动方程，并由多自由度体系的振动方程导出体系的刚度矩阵 $[K]$ 与柔度矩阵 $[\delta]$ 的关系。

11-4 为什么支杆法能推广到多自由度体系而直接法却不能？

11-5 试从多自由度体系的自由振动方程（矩阵表达式）导出频率方程。

11-6 从预备知识中式（$d$-2-1）和式（$d'$-2-1）中，您能判断简谐干扰力的圆频率的危险数值吗？

# 第 12 章* 形函数的设计及其应用

**预备知识**（文献 [9] P119~121）

(1) 基频（或最初几个频率）的能量法计算公式：

$$\omega^2 = \frac{U}{T} = \frac{\int EI(X'')^2 \mathrm{d}s}{\int m(X)^2 \mathrm{d}s} \tag{12-0-1}$$

(2) 广义单自由度体系的压杆稳定方程：

$$P_{\mathrm{cr}} = \frac{\int EI(\varphi'')^2 \mathrm{d}x}{\int (\varphi')^2 \mathrm{d}x} \tag{12-0-2}$$

(3) 广义多自由度体系的压杆稳定方程：

$$D = \begin{vmatrix} C_{11} & C_{12} & & C_{1n} \\ & C_{22} & & C_{2n} \\ \text{对} & & & \\ & \text{称} & & C_{nn} \end{vmatrix} = 0 \tag{12-0-3}$$

其中：$C_{ij} = \int (EI\varphi''_i \cdot \varphi''_j - P\varphi'_i \cdot \varphi'_j) \mathrm{d}x$

## §12.1 形函数概述

形函数就是满足一定边界条件的可描述体系变形的函数表达式，这些边界条件包括位移与静力两方面，以下简称位移边条与静力边条，在杆系力学及连续介质力学中应用相当广泛。本章涉及的是形函数在杆系力学中的设计及应用问题。

由于形函数常用于能量法作近似计算。在杆系结构中的形函数，首先要满足位移边条才可能用于近似计算。但单个仅满足位移边条的形函数 [形式为 $y = c\varphi(x)$] 往往未能令精度达到要求而不得不用多个形函数的合理组合 [形式为 $y = \sum c_i\varphi_i(x)$[23]] 从而使计算变得十分复杂。然而同时满足位移与静力两方面边界条件的形函数是否精度就能令人满意呢？这种同时满足两方面条件的形函数设计起来是否十分困难？以下分析将为您解开疑团。

下面分几种情况介绍如何设计这种既满足位移边条，又满足静力边条的形函数的方法。

## §12.2 多项式形函数的设计法——数学法与力学法

数学法是从描述弹性曲线的特性出发设计形函数，可选择从位移边条出发或从静力边条出发，预留待定常数，再利用数学手段求出同时满足两种边界条件的待定常数即可求得形函数。

力学法则利用外荷使给定的已满足位移边条的杆件产生弹性变形，用力学手段计算出弹性曲线的表达式作为形函数，同样能保证同时满足位移与静力两方面边界条件的要求。

下面结合例题介绍这两种方法。

**【例 12-2】** 两端简支弹性压杆如图 12-2-1 所示，（本章以下各形函数横坐标均以左支座为原点），设计形函数。

**【分析】** 位移边条：$y(0) = y(l) = 0$；
静力边条：$y''(0) = y''(l) = 0$

三角函数 $y = c\varphi(x) = c\sin(x\pi/l)$ 完全满足位移边条与静力边条，但三角函数的应用难以适应多跨及不同形式的约束的情况，下面将采用的是多项式形函数的设计法。

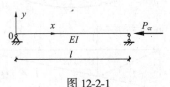

图 12-2-1

(1) 数学法

1) 从静力边条 $\varphi''(0) = 0$ 及 $\varphi''(l) = 0$ 出发，根据方程解的特性，曲线 $y = \varphi''(x)$ 必与 $x$ 轴有两个交点：$x = 0$ 和 $x = l$。从而可断定，满足该条件的形函数的二阶导数应具有如下形式：

$$\varphi''(x) = x(x - l)$$ （形函数前可设任意组合常数，为省篇幅，这里暂设该常数为1）

即
$$\varphi'' = x^2 - lx$$

积分得
$$\varphi' = \frac{x^3}{3} - \frac{lx^2}{2} + C$$

及
$$\varphi = \frac{x^4}{12} - \frac{lx^3}{6} + Cx + D$$

利用位移边条 $\varphi(0) = \varphi(l) = 0$ 即可求得

$$D = 0 \quad 及 \quad C = l^3/12$$

从而得
$$\varphi_1 = x^4 - 2lx^3 + l^3x$$

2) 从位移边条 $\varphi(0) = 0$ 及 $\varphi(l) = 0$ 出发，可知形函数 $y = \varphi(x)$ 所代表的曲线与 $x$ 轴应有两个交点：$x = 0$ 和 $x = l$。因而形函数应包含如下因子：

$$x(x - l)$$

由于该函数的二阶导数不可能为零，故该曲线无拐点；为令形函数同时满足静力边条 $\varphi''(0) = \varphi''(l) = 0$（表明该曲线有两拐点），增两个因子（令曲线与 $x$ 轴新增两个交点即可新增两个拐点），得

$$\varphi = x(x - l)(x - K_1 l)(x - K_2 l) \quad K_1、K_2 为待定常数$$

展开得
$$\varphi = x^4 - (1 + K_1 + K_2)lx^3 + (K_1 + K_2 + K_1 K_2)l^2 x^2 - K_1 K_2 l^3 x$$

求导
$$\varphi' = 4x^3 - 3(1 + K_1 + K_2)lx^2 + 2(K_1 + K_2 + K_1 K_2)l^2 x - K_1 K_2 l^3$$

$$= 12x^2 - 6(1 + K_1 + K_2)lx + 2(K_1 + K_2 + K_1K_2)l^2$$

代入静力边条 $\quad\varphi''(0) = \varphi''(l) = 0$

得 $\quad K_1 + K_2 + K_1K_2 = 0 \quad$ (A)

及 $\quad K_1 + K_2 = 1 \quad$ (B)

联立式（A）、式（B）解得

$$\begin{Bmatrix} K_1 \\ K_2 \end{Bmatrix} = \begin{Bmatrix} \frac{1}{2}(1 + \sqrt{5}) \\ \frac{1}{2}(1 - \sqrt{5}) \end{Bmatrix}$$

从而有 $\quad \varphi_2 = x(x - l)\left(x - \frac{1 + \sqrt{5}}{2}l\right)\left(x - \frac{1 - \sqrt{5}}{2}l\right)$

可化为 $\quad \varphi_2 = x^4 - 2lx^3 + l^3x$

结果与从静力边条出发所求得的 $\varphi_1$ 相同。

(2) 力学法

把形函数设成简支梁在荷载作用下的挠曲线方程，自然会满足位移边条与静力边条。

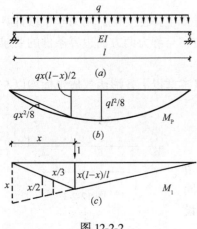

图 12-2-2

1) 设均布荷载作用下，为此作 $M_P$ 图与 $M_1$ 图（见图 12-2-2）挠曲线可用图乘法计算，为此把 $M_1$ 图作纵向拼装（详见第 8 章）

$$EI\Delta_V(x) = \frac{2}{3} \cdot \frac{ql^2}{8}l \times \frac{x}{2} - \left[\frac{1}{2} \cdot \frac{qx(l-x)}{2} \cdot x \cdot \frac{x}{3} + \frac{2}{3} \cdot \frac{qx^2}{8}x \times \frac{x}{2}\right]$$

$$= \frac{qx}{24}(x^3 - 2lx^2 + l^3)$$

可设 $\quad \varphi_3 = x^4 - 2lx^3 + l^3x \quad$（与 $\varphi_1$、$\varphi_2$，数学法所得结果相同）

2) 设荷载为跨中集中荷载，为此作 $M_P$ 图与 $M_1$ 图（见图 12-2-3）用图乘法计算挠曲线：

$$EI\Delta(x) = \frac{l}{2}\frac{Pl}{4} \times \frac{x}{2} - \frac{x^2}{2} \times \frac{x/3}{l/2}\frac{Pl}{4}$$

$$= \frac{-P}{48}x(4x^2 - 3l^2) \quad (0 \leq x \leq l/2)$$

同样可算得

$$EI\Delta(x) = \frac{P}{48}(l - x)[3l^2 - 4(l - x)^2]$$

$$= \frac{P}{48}(x - l)(4x^2 - 8lx + l^2)$$

$$(l/2 \leq x \leq l)$$

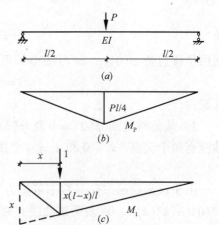

图 12-2-3

故可设

$$\varphi_4 = \begin{Bmatrix} x(3l^2 - 4x^2) \\ (x - l)(4x^2 - 8lx + l^2) \end{Bmatrix} \quad \begin{matrix} (0 \leq x \leq l/2) \\ (l/2 \leq x \leq l) \end{matrix}$$

**【小结】** 用不同荷载还可求得其他形式的既满足位移边条又满足静力边条的形函数；这里的荷载 $P$ 与 $q$ 的大小对形函数并无影响，以后均设为 1。

### §12.3 设计举例

**【例 12-3-1】** 一端固定一端简支弹性压杆如图 12-3-1（$a$），设计形函数。

(1) 数学法

位移边条 $\qquad \varphi(0) = \varphi(l) = 0$

及 $\varphi'(0) = 0$（令形函数包括因子 $x^n$，$n \geqslant 2$ 即可满足）

静力边条 $\qquad \varphi''(l) = 0$。

1) 设 $\varphi = x^2(x - l)(x - Kl)$；$K$ 为待定常数

展开得 $\qquad \varphi = x^4 - l(1 + K)x^3 + Kl^2 x^2$

微分得 $\qquad \varphi' = 4x^3 - 3l(1 + K)x^2 + 2Kl^2 x$

及 $\qquad \varphi'' = 12x^2 - 6(1 + K)x + 2Kl^2$

由静力边条 $\varphi''(l) = 0$，即 $12l^2 - 6(1 + K)l^2 + 2Kl^2 = 0$

解得 $\qquad K = 1.5$

故有 $\qquad \varphi_1 = x^4 - 2.5lx^3 + 1.5l^2 x^2$

2) 设 $\varphi = x^3(x - l)(x - Kl)$

展开得 $\qquad \varphi = x^5 - l(1 + K)x^4 + Kl^2 x^3$

微分有 $\qquad \varphi' = 5x^4 - 4l(1 + K)x^3 + 3Kl^2 x^2$

及 $\qquad \varphi'' = 20x^3 - 12(1 + K)x^2 + 6Kl^2 x$

由静力边条 $\varphi''(l) = 0$，即 $20l^3 - 12(1 + K)l^3 + 6Kl^3 = 0$

解得 $\qquad K = \dfrac{4}{3}$

故有 $\qquad \varphi_2 = x^5 - \dfrac{7}{3}lx^4 + \dfrac{4}{3}l^2 x^2$

(2) 力学法

采用均布荷载作用如图 12-3-1。

用图乘法求挠曲线（此时可利用纵向拼装技巧，见例 8-4：

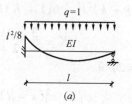

图 12-3-1

$$\Delta_x = \dfrac{1}{EI}\left\{\dfrac{x^2}{2} \times \dfrac{1}{3}\left[2 \cdot \dfrac{l^2}{8} - \left(\dfrac{3l}{8} - \dfrac{(l - x)}{2}\right)(l - x)\right] - \dfrac{2}{3}x \dfrac{x^2}{8} \times \dfrac{x}{2}\right\}$$

$$= \dfrac{1}{48EI}x^2(2x^2 - 5lx + 3l^2) = \dfrac{1}{24EI}x^2(x^2 - 2.5lx + 1.5l^2)$$

可令 $\qquad \varphi_3 = x^2(x^2 - 2.5lx + 1.5l^2)$ 与第一种数学法的结果 $\varphi_1$ 完全一致。

**【小结】** 由以上可见，数学法与力学法各有优势，读者可根据具体情况选择。其中力学法只要注意不要在铰接杆端或自由端施加集中力偶外荷，以免与杆端的静力边条发生直接冲突，即可比较容易求得不同的形函数以便进行单个试算（精度一般都不错）或多个组合（可进一步提高精度）。但力学法的形函数设计的计算本身有时比较复杂，还有要分段描述的情况，这会给计算带来更多的麻烦。而用数学法一般程序方面比较简单，但应用时要掌握好如下几点：

1) 压杆支座处位移为零，形函数应包含一个能保证该条件的因子，如例 12-3-1 中，支座坐标为 0 与 $l$，形函数则应包括这样的因子：$x$ 和 $x-l$。

2) 若该支座不能转动（固定端，或定向约束），则应把该因子的指数设为大于 1（的整数）才能保证方向的不变性，如例 12-3-3 中，形函数包括这样的因子 $x^2$ 或 $x^3$。

3) 为保证铰端点或自由端曲率为零（相当于无弯矩截面，即曲线的拐点），应在该端点以外设曲线与 $x$ 轴再相交一次，交点的位置可用待定常数表示，再利用静力边条求解该常数，从而完成形函数设计。

【例 12-3-2】 一端固定，另一端有伸臂，见图 12-3-2，设计形函数。

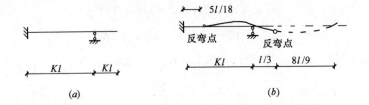

图 12-3-2

(1) 数学法。

设 $\quad \varphi = x^2(x-l)(x-Kl) = x^4 - (1+K)lx^3 + Kl^2x^2$

则 $\quad \varphi' = 4x^3 - 3(1+K)lx^2 + 2Kl^2x$

及 $\quad \varphi'' = 12x^2 - 6(1+K)lx + 2Kl^2$

令 $\quad \varphi''[(1+k)l] = 0$

即 $\quad 12(1+k)^2 l^2 - 6(1+K)l^2(1+k) + 2Kl^2 = 0$

解之得 $\quad K = \dfrac{3+9k+6k^2}{2+3k}$

如 $k = 1/3$ 可求得 $K = 20/9$

得 $\quad \varphi_1 = x^2(x-l)\left(x - \dfrac{20}{9}l\right)$

把 $K = 20/9$ 代入 $\varphi'' = 12x^2 - 6(1+K)lx + 2Kl^2$ 可求得曲线的两个反弯点的位置 $x_1 = \dfrac{5}{18}l$ 和 $x_2 = \dfrac{4}{3}l$ [与 $k = 1/3$ 相吻合，见图 12-3-2（b）]。

(2) 力学法一 设集中力作用于自由端如图 12-3-3（a）。

作两个弯矩图并图乘得：

$EI\Delta_1(x) = \dfrac{x^2}{2} \dfrac{1}{3}\left[-2\dfrac{l}{6} + \dfrac{l}{3} - \dfrac{1}{2}(l-x)\right] = \dfrac{1}{12}x^2(x-l) \quad (0 \leqslant x \leqslant l)$

$EI\Delta_2(x) = 9\dfrac{1}{2} \cdot \dfrac{l}{3} \cdot \dfrac{l}{6} \times \dfrac{2}{3} \cdot \dfrac{x-l}{2} + \dfrac{(x-l)^2}{2} \times \dfrac{1}{3}\left[2\dfrac{l}{3} + \left(\dfrac{4l}{3} - x\right)\right]$

$= \dfrac{1}{12}(-2x^3 + 8lx^2 - 9l^2x + 3l^3) \quad \left(l \leqslant x \leqslant \dfrac{4}{3}l\right)$

可设
$$\varphi_{31} = x^2(x - l) \qquad (0 \leqslant x \leqslant l)$$
$$\varphi_{32} = -2x^3 + 8lx^2 - 9l^2 x + 3l^3 \qquad (l \leqslant x \leqslant \frac{4}{3}l)$$

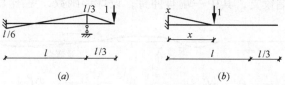

图 12-3-3

(3) 力学法二

力学法一求得的形函数要用两个表达式，原因在于中间支反力的存在，只要把荷载设计成中间支反力为零，见图 12-3-4（a）即可避免弹性曲线方程的分段。在均布荷载作用基础上，端部加一大小待定的集中力，令右边支座反力为零建立方程即可算出该集中力的大小为 $19ql/36$。作相关弯矩图（见图 12-3-4）。

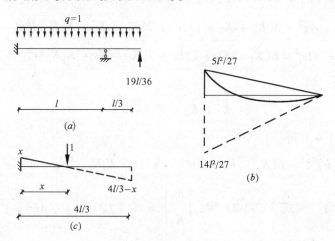

图 12-3-4

图乘求弹性曲线，为此作分解：$EI\Delta_1(x) = EI\Delta_{1q} + EI\Delta_{1P}$

其中 $EI\Delta_{1q} = \dfrac{1}{3} \cdot \dfrac{4l}{3} \cdot \dfrac{8l^2}{9} \times \left(x - \dfrac{l}{3}\right) + \dfrac{1}{3} \cdot \left(\dfrac{4l}{3} - x\right) \cdot \dfrac{1}{2}\left(\dfrac{4l}{3} - x\right)^2 \times \dfrac{1}{4}\left(\dfrac{4l}{3} - x\right)$

$= \dfrac{l^4}{3^5 \times 8}[8 \times 32(3x - 1) + (3x - 4)^4] = \dfrac{l^4}{3^5 \times 8}(81x^4 - 432x^3 + 864x^2)$

$= \dfrac{l^4}{8 \times 27}x^2(9x^2 - 48x + 96)$

$EI\Delta_{1P} = -\dfrac{1}{2} \times \dfrac{4l}{3} \times \dfrac{19l^2}{27} \times \left(x - \dfrac{4l}{9}\right) - \dfrac{1}{2} \times \left(\dfrac{4l}{3} - x\right) \times \dfrac{19l}{36}\left(\dfrac{4l}{3} - x\right) \times \dfrac{1}{3}\left(\dfrac{4l}{3} - x\right)$

$= -\dfrac{19l^4}{8 \times 3^6}[16(9x - 4) - (3x - 4)^3] = \dfrac{19l^4}{8 \times 3^6}(27x^3 - 108x^2)$

$= \dfrac{l^4}{8 \times 27}x^2(19x - 76)$

得 $$EI\Delta_1(x) = EI(\Delta_{1q} + \Delta_{1P}) = \frac{l^4}{8 \times 27}x^2(9x^2 - 29x + 20)$$

取 $\varphi = x^2(9x^2 - 29x + 20)$ 与数学法结果相同。

**【例 12-3-3】** 两端铰支，其中一端有伸臂，设计形函数，见图 12-3-5（a）。

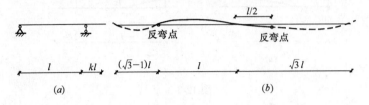

图 12-3-5

**【解】** 本例仅介绍数学法

设 $\varphi = x(x - l)(x - K_1 l)(x - K_2 l)$　　$K_1$、$K_2$ 为待定常数

$= x^4 - (K_1 + K_2 + 1)lx^3 + (K_1 + K_2 + K_1 K_2)l^2 x^2 - K_1 K_2 l^3 x$

$\varphi' = 4x^3 - 3(K_1 + K_2 + 1)lx^2 + 2(K_1 + K_2 + K_1 K_2)l^2 x - K_1 K_2 l^3$

$\varphi'' = 12x^2 - 6(K_1 + K_2 + 1)lx + 2(K_1 + K_2 + K_1 K_2)l^2$

令 $\varphi''(0) = 0$，得

$$K_1 + K_2 + K_1 K_2 = 0 \tag{12-3-1}$$

令 $\varphi''(1 + k)l = 0$ 得

$$12(1+k)^2 l^2 - 6(K_1 + K_2 + 1)(1+k)l^2 + 2(K_1 + K_2 + K_1 K_2)l^2 = 0 \tag{12-3-2}$$

联立式（12-3-1）和式（12-3-2）得：$\begin{Bmatrix} K_1 \\ K_2 \end{Bmatrix} = \frac{1}{2}\{2k + 1 \pm \sqrt{4k^2 + 12k + 5}\}$

若 $k = 1/2$ 则 $\begin{Bmatrix} K_1 \\ K_2 \end{Bmatrix} = \begin{Bmatrix} 1 + \sqrt{3} \\ 1 - \sqrt{3} \end{Bmatrix}$ 示意图见图 12-3-5。

代回原式：$\varphi = x^4 - (K_1 + K_2 + 1)lx^3 + (K_1 + K_2 + K_1 K_2)l^2 x^2 - K_1 K_2 l^3 x$

得 $\varphi = x^4 - (K_1 + K_2 + 1)lx^3 + (K_1 + K_2 + K_1 K_2)l^2 x^2 - K_1 K_2 l^3 x$

得 $\varphi = x^4 - 3lx^3 + 2l^3 x$，$\varphi' = 4x^3 - 9lx^2 + 2l^3$，$\varphi'' = 12x^2 - 18lx$

检验：$\varphi''(0) = 0$；$\varphi''(1.5l) = 12 \times \frac{9}{4}l^2 - 18l \times \frac{3}{2}l = 0$

## §12.4　应用实例

杆系力学中的形函数有多种用途，其一为求体系的基频。

### §12.4.1　体系的基频计算

**【例 12-4-1】** 用能量法求均质等截面悬臂梁的基频。（选自文献［22］P99）

(1) 用抛物线为形函数

即　　$\varphi_1 = x^2$，$\varphi_1' = 2x$　及　$\varphi_1'' = 2$

由式（12-0-1）得 $\omega^2 = \dfrac{EI\int_0^l 2^2 dx}{m\int_0^l x^4 dx} = \dfrac{20EI}{ml^4} \Rightarrow \omega_1 = \dfrac{4.472}{l^2}\sqrt{\dfrac{EI}{m}}$

与（用静力法[22]求得的）精确解 $\dfrac{3.516}{l^2}\sqrt{\dfrac{EI}{m}}$ 比，误差为 27.2%。

(2) 取自重引起的弹性曲线为假设振型（即形函数）（选自文献 [22] P99）

（用图乘法求弹性曲线得） $\Delta(x) = \dfrac{l^2 x^2}{24EI}\left(6 - \dfrac{4x}{l} + \dfrac{x^2}{l^2}\right)$

代入 $\qquad \omega^2 = \dfrac{U}{T} = \dfrac{\int EI(\varphi'')^2 dx}{\int \overline{m}\varphi^2 dx + \sum m_S \varphi^2(x_s)}$

得 $\qquad \omega^2 = \dfrac{EI\int(\varphi'')^2 dx}{\int \overline{m}\varphi^2 dx} = 12.454\dfrac{EI}{ml^4} \Rightarrow$

$$\omega_2 = \dfrac{3.529}{l^2}\sqrt{\dfrac{EI}{\overline{m}}}$$

与精确解 $\dfrac{3.516}{l^2}\sqrt{\dfrac{EI}{m}}$ 比，误差为 0.4%。

(3) 采用线性分布荷载作用下，见图12-4-1（b）的弹性曲线为位移函数

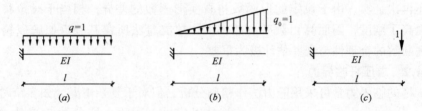

图 12-4-1

用积分法求弹性曲线，为此先用（移置）截面法求线分布荷载作用下的弯矩方程：

$$M_P(x) = \left(\dfrac{x}{l}\dfrac{l-x}{2} + \dfrac{2}{3}\dfrac{1}{2}(l-x)\dfrac{l-x}{l}\right)\times(l-x) = \dfrac{1}{6l}(x^3 - 3l^2 x + 2l^3)$$

单位荷载作用下的弯矩方程（假定目前单位荷载的位置为 $z$）：

$$M_1(x) = z - x = -(x - z)$$

用积分法求弹性曲线：

$$\Delta(z) = \dfrac{\int M_1 M_P dx}{EI} = \dfrac{-1}{6lEI}\int_0^z (x-z)(x^3 - 3l^2 x + 2l^3)dx$$

$$= \dfrac{1}{120lEI}z^2(z^3 - 10l^2 z + 20l^3)$$

现设位移函数为 $\qquad \varphi_3 = x^2(x^3 - 10l^2 x + 20l^3)$

由式（12-0-1）得 $\omega^2 = \dfrac{\int EI(\varphi'')^2 dx}{\int m\varphi^2 dx} = 12.386 \dfrac{EI}{ml^4} \Rightarrow$

$$\omega_3 = \dfrac{3.519}{l^2}\sqrt{\dfrac{EI}{m}}$$

与精确解 $\dfrac{3.516}{l^2}\sqrt{\dfrac{EI}{m}}$ 比，误差为 0.1%。

（4）采用集中荷载作用下，见图 12-4-1（c）的弹性曲线为位移函数

即 $\Delta(x) = \dfrac{-1}{6EI}x^2(x - 3l)$

设 $\varphi_4 = x^2(x - 3l)$

由式（12-0-1）得 $\omega^2 = \dfrac{\int EI(y'')^2 dx}{\int my^2 dx} = 12.727273 \dfrac{EI}{ml^4} \Rightarrow$

$$\omega_4 = \dfrac{3.52753}{l^2}\sqrt{\dfrac{EI}{m}}$$

与精确解 $\dfrac{3.516}{l^2}\sqrt{\dfrac{EI}{m}}$ 比，误差为 0.15%。

【小结】 采用同时满足位移边条与静力边条的位移函数求体系的自振频率精度相当好。本例还再次证实，由于设定的形函数与真实形函数的差异，相当于对位移增加了约束，从而提高了刚度，因而算得频率自然偏大。故能量法所得基频近似解以精确解为下限，这对判断解的合理性与误差估计极为重要。

### §12.4.2 求压杆临界力

简单压杆的临界力常可采用静力法作精确分析，但对于复杂情况，如多跨时，静力法就难以完成。因而，能量法就成为主要手段。而在能量法计算中，形函数的设计是关键，举例说明。

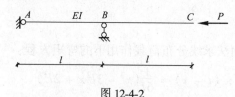

图 12-4-2

【例 12-4-2】 设计图 12-4-2 所示压杆的形函数并计算临界力。

【解法一】 （选自文献 [36] P32）

可假设压杆失稳时的变形曲线：

$$\varphi = \alpha_1(lx - x^2) \quad (0 \leqslant x \leqslant 2l)$$

$$\varphi' = \alpha_1(l - 2x)$$

$$P_{cr} = \dfrac{\int EI(\varphi'')^2 dx}{\int (\varphi')^2 dx} = \dfrac{EI\int_0^{2l}(-2\alpha_1)^2 dx}{\int_0^{2l} \alpha_1^2(l^2 - 4lx + 4x^2)dx}$$

$$= \dfrac{8EI\alpha_1^2 l}{\alpha_1^2(l^2 x - 4lx^2/2 + 4x^3/3)\Big|_0^{2l}} = \dfrac{8EI\alpha_1^2 l}{144 l^3 \alpha_1^2/3} = 1.714 \dfrac{EI}{l^2}$$

与静力法（精确解）$1.358\dfrac{EI}{l^2}$比较，误差为26.2%，偏大。

**【解法二】** （用数学法设计形函数）：压杆有2支座，一端为铰支座，另一端有悬臂，故形函数必具如下形式：含有因子：$\varphi = x(x-l)(x-K_1 l)(x-K_2 l)$

利用例12-3-3的结果：$\begin{Bmatrix} K_1 \\ K_2 \end{Bmatrix} = \dfrac{1}{2}\{2k+1 \pm \sqrt{4k^2+12k+5}\}$

令 $k=1$ 得 $\begin{Bmatrix} K_1 \\ K_2 \end{Bmatrix} = \left\{\dfrac{3}{2} \pm \dfrac{\sqrt{21}}{2}\right\}$

代入 $\varphi = x(x-l)(x-K_1 l)(x-K_2 l)$

得 $\varphi = x(x-l)\left[x-\left(\dfrac{3}{2}+\dfrac{\sqrt{21}}{2}\right)l\right]\left[x-\left(\dfrac{3}{2}-\dfrac{\sqrt{21}}{2}\right)l\right]$

展开得 $\varphi = x^4 - 4lx^3 + 3l^3 x$

及 $\varphi' = 4x^3 - 12lx^2 + 3l^3$ 和 $\varphi'' = 12x^2 - 24lx$

并有 $(\varphi'')^2 = 144(x^4 - 4lx^3 + 4l^2 x^2)$

和 $(\varphi')^2 = 16x^6 - 96lx^5 + 144l^2 x^4 + 24l^3 x^3 - 72l^4 x^2 + 9l^6$

由式（12-0-2）得

$$P_{\mathrm{cr}} = \dfrac{EI\int_0^{2l}(\varphi'')^2 \mathrm{d}x}{\int_0^{2l}(\varphi')^2 \mathrm{d}x} = \dfrac{EI \cdot 144\left(\dfrac{32}{5} - 16 + \dfrac{32}{3}\right)}{l^2\left(\dfrac{16\times 128}{7} - 16\times 64 + \dfrac{144\times 32}{5} + 6\times 16 - 24\times 8 + 18\right)}$$

$$= \dfrac{EI \cdot 144 \times 32\left(\dfrac{1}{5} - \dfrac{1}{2} + \dfrac{1}{3}\right)}{l^2\left(292 + \dfrac{4}{7} - 180 - \dfrac{2}{5}\right)} = 1.369\dfrac{EI}{l^2}$$

与精确解（用静力法所求）$P_{\mathrm{cr}} = 1.358\dfrac{EI}{l^2}$比，误差为0.8%。

讨论：解法二由于采用了同时满足两方面的边界条件的形函数，精度自然高，但代价就是计算麻烦。不过这一实例证实了一种情况的存在：同时满足两方面条件的形函数，有时精度要比仅仅满足位移边条的形函数高得多。要找出其中规律，还要继续探索。

**【例12-4-3】** 用能量法求图12-4-3中弹性压杆的临界荷载。

**【解法一】** （选自文献[23] P122）

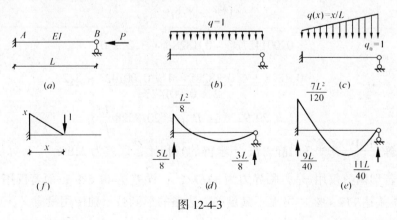

图12-4-3

设 $\varphi_1 = x^2(l-x)$ 及 $\varphi_2 = x^3(l-x)$

微分得 $\varphi'_1 = 2xl - 3x^2$ $\varphi'_2 = 3x^2l - 4x^3$

及 $\varphi''_1 = 2l - 6x$ $\varphi''_2 = 6xl - 12x^2$

由预备知识：广义多自由度体系的稳定方程由式（12-0-3）得

$$D = \begin{vmatrix} C_{11} & C_{12} & C_{1n} \\ & C_{22} & C_{2n} \\ \text{对称} & & C_{nn} \end{vmatrix} = 0$$

式中 $C_{11} = \int_0^l [EI(\varphi''_1)^2 - P(\varphi'_1)^2]dx$

$= \int_0^l [EI(2l-6x)^2 - P(2xl-3x^2)^2]dx = 4EIl^3 - \frac{2}{15}Pl^5$

$C_{12} = C_{21} = \int_0^l [EI\varphi''_1\varphi''_2 - P\varphi'_1\varphi'_2]dx$

$= \int_0^l [EI(2l-6x)(6xl-12x^3) - P(2xl-3x^2)(3x^2l-4x^3)]dx$

$= 4EIl^4 - \frac{1}{10}Pl^6$

$C_{22} = \int_0^l [EI(\varphi''_2)^2 - P(\varphi'_2)^2]dx$

$= \int_0^l [EI(6xl-12x^2)^2 - P(3x^2l-4x^3)^2]dx$

$= 4.8EIl^5 - \frac{3}{35}Pl^7$

令 $\beta = \dfrac{Pl^2}{EI}$，代入稳定方程得

$$D = \begin{vmatrix} 4 - \dfrac{2\beta}{15} & 4 - \dfrac{\beta}{10} \\ \text{对称} & 4.8 - \dfrac{3\beta}{35} \end{vmatrix} = 0$$

展开得 $0.001427\beta^2 - 0.1828\beta + 3.2 = 0$

有 $\beta = \dfrac{0.1828 \pm \sqrt{0.1828^2 - 4 \times 0.001427 \times 3.2}}{2 \times 0.001427}$

取小值 $\beta = 20.9228 \Rightarrow P_{cr1} = 20.9228 \dfrac{EI}{l^2}$

与精确解 $\dfrac{20.19066EI}{l^2}$（用静力法[22]求得的）相比，误差为 3.6%

讨论：若形函数仅用 $\varphi_1$，临界力为 $30EI/l^2$，误差达 48.6%；而若仅用 $\varphi_2$ 临界力为 $56EI/l^2$，误差达 117.4%。可见不满足静力边条的形函数单独使用没意义。

**【解法二】** 采用均布荷载作用下的单个弹性曲线为形函数：

由于用能量法计算压杆的临界力只用到形函数的一、二阶导函数，其求法亦可从弯矩方程出发，利用 $\varphi'' = \dfrac{1}{\rho} = \dfrac{M}{EI}$ 通过积分求得

$$EI\varphi'' = M(x) = \dfrac{ql^2}{8} - \dfrac{5qlx}{8} + \dfrac{qx^2}{2} = \dfrac{qx^2}{2} - \dfrac{5qlx}{8} + \dfrac{ql^2}{8}$$

则 $\quad \dfrac{EI}{q}\varphi' = \int M(x)\mathrm{d}x = \dfrac{1}{6}x^3 - \dfrac{5}{16}lx^2 + \dfrac{l^2}{8}x + C$

利用 $\varphi'(0) = 0$ 解得 $C = 0$

故有 $\dfrac{EI}{q}\varphi' = \dfrac{1}{6}x^3 - \dfrac{5}{16}lx^2 + \dfrac{l^2}{8}x$

由式（12-0-2）得 $\quad P_{\text{cr2}} = \dfrac{EI\int_0^L (\varphi'')^2\mathrm{d}x}{\int_0^l (\varphi')^2\mathrm{d}x} = \dfrac{21.00EI}{l^2}$

与精确解 $\dfrac{20.19066EI}{l^2}$ 比，误差为 4.0%，该解精度已接近解法一的组合结果。

**【解法三】** 采用线分布荷载作用下 [见图 12-4-3 (c)] 的单个弹性曲线为位移函数，求解过程如下：

先用力法求得右端支反力为 $x_1 = \dfrac{11}{40}l$ (↑)

弯矩方程：$EI\varphi'' = M(x) = \left(\dfrac{1}{3} - \dfrac{11}{40}\right)l^2 + \dfrac{x^3}{6l} - \dfrac{9lx}{40} = \dfrac{-1}{120l}(20x^3 - 27l^2x + 7l^3)$

则 $\quad EI\varphi' = \int M\mathrm{d}x = \dfrac{-1}{120l}(5x^4 - 13.5l^2x^2 + 7l^3x) + C$

利用 $\varphi'(0) = 0$ 解得 $C = 0$

故有 $\quad EI\varphi' = \dfrac{-1}{120l}(5x^4 - 13.5l^2x^2 + 7l^3x)$

由式（12-0-2）得 $\quad P_{\text{cr3}} = \dfrac{\int_0^l EI(\varphi'')^2\mathrm{d}x}{\int_0^l (\varphi')^2\mathrm{d}x} = \dfrac{20.43578EI}{l^2}$

与精确解 $\dfrac{20.19066EI}{l^2}$ 比，误差为 1.2%，该解法的精度已超过解法一的组合解。

**【解法四】** 采用以上两种形函数的组合，即

设 $\quad \varphi_1 = x^2(2x^2 - 5lx + 3l^2),\quad \varphi_2 = x^2(2x^3 - 9l^2x + 7l^3)$

则 $\quad \varphi_1' = 8x^3 - 15lx^2 + 6l^2x \quad\quad \varphi_2' = 10x^4 - 27l^2x^2 + 14l^3x$

$\quad\quad \varphi_1'' = 6(4x^2 - 5lx + l^2) \quad\quad \varphi_2'' = 2(20x^3 - 27l^2x + 7l^3)$

在式（12-0-3）中 $\quad C_{11} = \int [EI(\varphi_1'')^2 - P(\varphi_1')^2]\mathrm{d}x = l^5\left(\dfrac{36EI}{5} - \dfrac{12Pl^2}{35}\right)$

$$= \dfrac{36EIl^5}{5} - \dfrac{12Pl^7}{35}$$

$$C_{12} = C_{21} = \int (EI\varphi_1''\varphi_2'' - P\varphi_1'\varphi_2')\mathrm{d}x$$

$$= (20EI - 34Pl^2/35)\,l^5$$

$$C_{22} = \int [EI(\varphi''_2)^2 - P(\varphi'_2)^2]\mathrm{d}x$$
$$= EIl^5 396/7 - Pl^7 872/315$$

代入稳定方程 $\left(设 \beta = \dfrac{Pl^2}{EI}\right)$：

$$\begin{vmatrix} \dfrac{36}{5} - \dfrac{12\beta}{35} & 20 - \dfrac{34\beta}{35} \\ 20 - \dfrac{34\beta}{35} & \dfrac{396}{7} - \dfrac{872\beta}{315} \end{vmatrix} = 0$$

即 
$$\begin{vmatrix} 7.2 - 0.342857\beta & 20 - 0.9714286\beta \\ 20 - 0.9714286\beta & 56.5714286 - 2.768254\beta \end{vmatrix} = 0$$

得 $\qquad 0.00544218\beta^2 - 0.47021\beta + 7.31428 = 0$

$$\beta = 20.347 \Rightarrow P_{\text{cr}4} = 20.347\dfrac{EI}{l^2}$$

与精确解 $\dfrac{20.19066EI}{l^2}$ 比，误差为 $0.77\%$，该组合解的精度已远超解法一的组合解 (误差为 $3.6\%$)。

讨论：用某些满足两方面边界条件的形函数求压杆临界力时，精度可能比仅仅满足位移边条的形函数组合结果还要高，但计算相比就简单多了。而采用同时满足两方面条件的形函数组合，精度已高出一个量级。

【例 12-4-4】 求图 12-4-4（a）所示有伸臂压杆的临界力 $P_{\text{cr}}$。

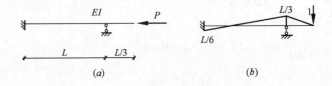

图 12-4-4

【解法一】 用数学法设计位移函数，利用例 12-3-2 的结果有：

得 $\qquad \varphi_1 = x^2(x-l)\left(x - \dfrac{20}{9}l\right)$

即 $\qquad \varphi_1 = x^4 - \dfrac{29}{9}lx^3 + \dfrac{20}{9}l^2 x^2$

$$\varphi'_1 = 4x^3 - \dfrac{29}{3}lx^2 + \dfrac{40}{9}l^2 x = \dfrac{1}{9}(36x^3 - 87lx^2 + 40l^2 x)$$

$$\varphi''_1 = 12x^2 - \dfrac{58}{3}lx + \dfrac{40}{9}l^2 = \dfrac{2}{9}(54x^2 - 87lx + 20l^2)$$

代入稳定方程由式（12-0-2）得

$$P_{\text{cr}1} = \dfrac{\int EI(\varphi''_1)^2 \mathrm{d}x}{\int (\varphi'_1)^2 \mathrm{d}x} = \dfrac{EI}{l^2}\dfrac{9}{4}\dfrac{123.5333}{39.0095} = 7.1252\dfrac{EI}{l^2}$$

【解法二】 设 $\varphi_2 = x^3(x-l)(x-Kl) = x^5 - (1+K)lx^4 + Kl^2x^3$

$$\varphi_2' = 5x^4 - 4(1+K)lx^3 + 3Kl^2x^2$$

$$\varphi_2'' = 20x^3 - 12(1+K)lx^2 + 6Kl^2x$$

令 $\varphi_2''[(1+k)l] = 0$ 即：

$$20(1+k)^3 - 12(1+K)(1+k)^2 + 6K(1+k) = 0$$

$$10(1+k)^3 - 6(1+K)(1+k)^2 + 3K(1+k) = 0$$

得

$$K = \frac{10(1+k)^2 - 6(1+k)}{6(1+k) - 3}$$

若 $k = \frac{1}{3}$，有 $K = \dfrac{10\left(\frac{4}{3}\right) - 6\left(\frac{4}{3}\right)}{6\left(\frac{4}{3}\right) - 3} = \dfrac{88}{45}$

得

$$\varphi_2 = x^5 - \frac{133}{45}lx^4 + \frac{88}{45}l^2x^3$$

$$\varphi_2' = 5x^4 - \frac{532}{45}lx^3 + \frac{88}{15}l^2x^2 = \frac{1}{45}(225x^4 - 532lx^3 + 264l^2x^2)$$

$$\varphi_2'' = 20x^3 - \frac{532}{15}lx^2 + \frac{176}{15}l^2x = \frac{4}{15}(75x^3 - 133lx^2 + 44l^2x)$$

代入式（12-0-2）得 $P_{cr2} = \dfrac{\int EI(\varphi_2'')^2 dx}{\int (\varphi_2')^2 dx}$

$$= \frac{EI \int \frac{16}{225}(75x^3 - 133lx^2 + 44l^2x)^2 dx}{\int \frac{1}{2025}(225x^4 - 532lx^3 + 264l^2x^2)^2 dx} = 7.5124 \frac{EI}{l^2}$$

【解法三】 采用图 12-4-4b 所示的位移模式，

左段：$EI\varphi_{31}'' = M(x) = -\dfrac{l}{6} + \dfrac{x}{2}$，$(EI\varphi_{31}'')^2 = \dfrac{1}{36}(9x^2 - 6lx + l^2)$ $(0 \leqslant x \leqslant l)$

则 $EI\varphi_{31}' = \int M(x)dx = \dfrac{x^2}{4} - \dfrac{lx}{6} + C$

利用 $\varphi_{31}'(0) = 0$ 解得 $C = 0$

故有 $EI\varphi_{31}' = \dfrac{x^2}{4} - \dfrac{lx}{6}$ $(EI\varphi_{31}')^2 = \dfrac{1}{144}(9x^4 - 12lx^3 + 4l^2x^2)$

右段：$EI\varphi_{32}'' = M(x) = \dfrac{4l}{3} - x$，$(EI\varphi_{32}'')^2 = \dfrac{1}{9}(9x^2 - 24lx + 16l^2)$ $\left(l \leqslant x \leqslant \dfrac{4}{3}l\right)$

积分：$EI\varphi_{32}' = -\dfrac{1}{6}(3x^2 - 8lx) + C$，

利用 $\varphi_{31}'(l) = \varphi_{32}'(l)$

即：$\dfrac{l^2}{12EI} = \dfrac{5l^2}{6EI} + \dfrac{C}{EI}$ 得 $C = \dfrac{l^2}{12} - \dfrac{5l^2}{6} = \dfrac{-3l^2}{4}$

故有：$EI\varphi_{32}' = -\dfrac{1}{12}(6x^2 - 16lx + 9l^2)$

$$(EI\varphi_{32}')^2 = \frac{1}{144}(36x^4 - 192lx^3 + 364l^2x^2 - 288l^3x + 81l^4)$$

由式（12-0-2）得
$$P_{cr} = \frac{\int EI(\varphi_3'')^2 dx}{\int (\varphi_3')^2 dx}$$

其中 $\int (\varphi_3'')^2 dx = \int_0^l \frac{1}{36}(9x^2 - 6lx + l^2)dx + \int_l^{\frac{4l}{3}} \frac{1}{9}(9x^2 - 24lx + 16l^2)dx$

$$= \frac{l^3}{36} + \frac{l^3}{81} = \frac{13l^3}{324} = \frac{52l^5}{144 \times 9}$$

$\int (\varphi_3')^2 dx = \int_0^l \frac{1}{144}(9x^4 - 12lx^3 + 4l^2x^2) + \int_l^{\frac{4l}{3}} \frac{1}{144}(36x^4 - 192lx^3 + 364l^2x^2 - 288l^3x + 81l^4)dx$

$$= \frac{1}{144} \times 0.84197 l^5$$

得 $\quad P_{cr3} = \dfrac{\dfrac{52EIl^3}{9}}{0.84197 l^5} = 6.862 \dfrac{EI}{l^2}$

【解法四】 若采用第一、二位移函数组合，精度也不错。如设：

$\varphi_1 = x^4 - \dfrac{29}{9}lx^3 + \dfrac{20}{9}l^2x^2$, $\qquad \varphi_2 = x^5 - \dfrac{133}{45}lx^4 + \dfrac{88}{45}l^2x^3$

$\varphi_1' = \dfrac{1}{9}(36x^3 - 87lx^2 + 40l^2x)$, $\qquad \varphi_2' = \dfrac{1}{45}(225x^4 - 532lx^3 + 264l^2x^2)$

$\varphi_1'' = \dfrac{2}{9}(54x^2 - 87lx + 20l^2)$, $\qquad \varphi_2'' = \dfrac{4}{15}(75x^3 - 133lx^2 + 44l^2x)$

则：$C_{11} = \int [EI(\varphi_1'')^2 - P(\varphi_1')^2]dx = 8.133880 EIl^5 - 1.141567 Pl^7$

$C_{12} = C_{21} = \int_0^l [EI\varphi_1''\varphi_2'' - P\varphi_1'\varphi_2']dx = 6.00259 EIl^6 - 0.9604226 Pl^8$

$C_{22} = \int_0^l [EI(\varphi_2'')^2 - P(\varphi_2')^2]dx = 6.45396 EIl^7 - 0.859136 Pl^9$

代入稳定方程

$$\begin{vmatrix} 8.133880 EIl^5 - 1.141567 Pl^7 & 6.00259 EIl^6 - 0.9604226 Pl^8 \\ 6.00259 EIl^6 - 0.9604226 Pl^8 & 6.45396 EIl^7 - 0.859136 Pl^9 \end{vmatrix} = 0$$

设 $\beta = \dfrac{Pl^2}{EI}$，上式展开得：

$0.0583497\beta^2 - 2.825884\beta + 16.4646 = 0$ 解之得

$$\beta = \frac{2.825884 \pm 2.035387}{2 \times 0.0583479}$$

取小者 $\beta = 6.775 \dfrac{Pl^2}{EI} \Rightarrow P_{cr4} = 6.775 \dfrac{EI}{l^2}$

【解法五】 若想更进一步提高精度，采用单个精度已较高的位移函数 1，3 组合则可得：
$$P_{cr5} = 6.7415 \frac{EI}{l^2} \text{（过程从略）}$$

【分析】 本题共采用了三个位移函数，外加两个组合有五个解：

$P_{cr1} = 7.1252 \dfrac{EI}{l^2}$，$P_{cr2} = 7.5124 \dfrac{EI}{l^2}$，$P_{cr3} = 6.862 \dfrac{EI}{l^2}$，$P_{cr4} = 6.775 \dfrac{EI}{l^2}$，$P_{cr5} = 6.7415 \dfrac{EI}{l^2}$。其中头两个解采用的是数学法设计形函数，第三解采用了力学法设计的形函

数。三种结果中，最后一种显然最为精确（精确解为下限），原因在于采用了比较接近实际的力学法设计形函数。而前两者（用数学法）所设计的形函数，为了避免分段描述，采用了连贯的模型。形函数的三阶导数在支座处仍然连续，对应于无支反力的情况，与实际出入较大，换言之，前两种位移函数未能满足全部静力边条（允许支反力的存在）。但采用1、2组合，结果 $P_{cr4} = 6.775\dfrac{EI}{l^2}$，结果相当不错；但采用精度最高的1、3组合，则有 $P_{cr5} = 6.7415\dfrac{EI}{l^2}$ 却相当理想。这一情况再次证实，适当组合可大幅度提高精度。此外，本例还说明，中间支座的静力条件同样影响着计算精度。

【小结】

(1) 实践证明，无论用能量法计算结构的频率还是压杆的临界力，采用既满足位移边条又满足静力边条的形函数比仅满足位移边条的形函数精度要高得多。但在寻找这种既满足位移边条又满足静力边条的形函数的工作量亦不能忽视。因此宜对具体问题具体分析，不能一概而论，一般来讲采用多个形函数的组合法，计算量要大。

(2) 在寻找这种既满足位移边条又满足静力边条的形函数时，很多情况下，数学法比力学法要简单些，但力学法比较直观，更容易判断弹性曲线的走向并从而选择更接近于实际的弹性曲线。若采用这种同时满足两种边条的多个形函数组合计算临界力肯定能算出精度更高的结果。

(3) 这种多项式形函数再加上在杆件范围外的待定交点，第14章称之为动点，则很容易采用试算法（此时不用求拐点坐标）编制程序用计算机计算。

### §12.5 压杆临界力计算的 $M$ 图模拟法

由上节的分析可知，在满足两方面边界条件的形函数中，计算压杆临界力的精度已有相当保证，但应用不同的形函数计算时，临界力的精度比仍然存较大的差异，这说明形函数的选择有讲究。

由于力学法设计形函数有较大的灵活性，本节将研究如何采用力学法设计高精度的形函数。

用能量法计算临界力时，如果注意到 $\dfrac{1}{\rho} = \dfrac{M}{EI} \approx y'' = a\varphi''$，则预备知识中式(12-0-2)可改写为：

$$P_{cr} = \frac{EI\int(\varphi'')^2 dx}{\int(\varphi')^2 dx} = \frac{\int EI\left(\dfrac{M}{EI}\right)^2 dx}{\int\left(\int\dfrac{M}{EI}dx\right)^2 dx} = \frac{EI\int(M)^2 dx}{\int\left(\int M dx\right)^2 dx} \tag{12-5-1}$$

利用上式可使形函数法得到一次简化，省去了计算弹性曲线及对该方程作微分运算等步骤。毋庸置疑，弹性曲线与所研究的状态越接近，精度自然越高。这一规律可在以上各例得到证实，如计算基频的例12-4-1中的解法三，对应图(b)，设计荷载与振动惯性力相近，靠近悬臂端惯性力就越大，因而精度高于其余解法。又如计算临界力的例12-4-3中的解法三与解法二比，精度也高出很多。与解法二相比，解法三的荷载能使弹性曲线更接近临界状态（靠铰节点的挠度比刚节点的挠度大些）。下面我们就直接从模仿弯矩图开始

并称之为 $M$ 图模拟法。

【例 12-5-1】 模拟图 12-5-1（$a$）所示压杆的临界状态的 $M$ 图，预测精度并以临界力的计算验证。

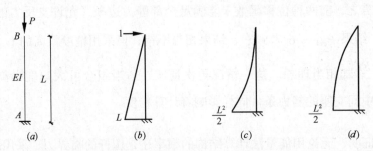

图 12-5-1

【分析】 模拟 $M$ 图可选用①集中力［如图 12-5-1（$b$）］，②均布荷载［如图 12-5-1（$c$）］，③前二者的结合作用并作 $M$ 图［如图 12-5-1（$d$）］。现在预测一下采用三种模拟 $M$ 图结果的精度：由于该压杆的弯矩完全由于柱顶的临界力引起，不难看出，其弯矩分布与③最近（根部无剪力而顶部剪力最大）与②最远（根部剪力最大而顶部无剪力），故可预测精度排序应为：③①②。

【解法一】 模拟 $M$ 图为集中力作用下的弯矩图

方程为： $EI\varphi_1'' = M_1 = l - x$

积分得： $EI\varphi_1' = \int M_1 dx = -\dfrac{x^2}{2} + lx + C$

利用 $\varphi_1'(0) = 0$ 得 $C = 0$

故有： $(M_1)^2 = x^2 - 2lx + l^2$

及 $\left(\int M_1 dx\right)^2 = \dfrac{1}{4}(x^4 - 4lx^3 + 4l^2x^2)$

由式（12-5-1）得 $P_{cr1} = \dfrac{EI\int_0^L (M)^2 dx}{\int_0^l \left(\int_0^l M dx\right)^2 dx} = \dfrac{EI\left(\dfrac{1}{3} - 1 + 1\right)}{l^2 \dfrac{1}{16}\left(\dfrac{1}{5} - 1 + \dfrac{4}{3}\right)} = \dfrac{2.5EI}{l^2}$

与精确解 $\dfrac{\pi^2 EI}{4l^2} \approx 2.4674 \dfrac{EI}{l^2}$ 比，误差为 1.3%。

【解法二】 模拟 $M$ 图为均布荷载作用下的弯矩图

方程为： $EI\varphi''(x) = M(x) = \dfrac{(x-l)^2}{2}$

积分得 $\int M_2 dx = \dfrac{1}{2}\left(\dfrac{x^3}{3} - lx^2 + l^2 x\right) + C$

利用 $EI\varphi'(0) = 0$ 得 $C = 0$

有： $(EI\varphi'')^2 = \dfrac{1}{4}(x^4 - 4lx^3 + 6l^2 x^2 - 4l^3 x + l^4)$

及 $(\varphi_1')^2 = \dfrac{1}{6^2}(x^3 - 3lx^2 + 3l^2 x)^2 = \dfrac{1}{36}(x^6 - 6lx^5 + 15l^2 x^4 - 18l^3 x^3 + 9l^4 x^2)$

由式（12-5-1）得：$P_{cr2} = \dfrac{EI \int_0^l (M)^2 dx}{\int_0^l \left(\int_0^l M dx\right)^2 dx} = \dfrac{EI \frac{1}{4}\left(\frac{1}{5} - 1 + 2 - 2 + 1\right)}{l^2 \frac{1}{36}\left(\frac{1}{7} - 1 + 3 - 4.5 + 3\right)} = \dfrac{2.8 EI}{l^2}$

与精确解 $\dfrac{\pi^2 EI}{4l^2} \approx 2.4674 \dfrac{EI}{l^2}$ 比，误差为 $11.8\%$。

**【解法三】** 模拟 $M$ 图为均布与集中荷载共同作用下的弯矩图；
方程为：

$$M_3(x) = \dfrac{l^2 - x^2}{2}$$

积分得： $\int M_3 dx = \dfrac{-1}{6}(x^3 - 3l^2 x) + C$

利用 $\varphi'(0) = 0$ 得 $C = 0$

有 $(EI\varphi'')^2 = \dfrac{1}{4}(x^4 - 2l^2 x^2 + l^4)$

及 $(EI\varphi')^2 = \dfrac{1}{36}(x^6 - 6l^2 x^4 + 9l^4 x^2)$

由式（12-5-1）得 $P_{cr3} = \dfrac{EI \int_0^l (M)^2 dx}{\int_0^l \left(\int_0^l M dx\right)^2 dx} = \dfrac{EI \frac{1}{4}\left(\frac{x^5}{5} - \frac{2l^2 x^3}{3} + l^4 x\right)_0^l}{\frac{1}{36}\left(\frac{x^7}{7} - \frac{6l^2 x^5}{5} + 3l^3 x\right)_0^l}$

$$= \dfrac{9 EI\left(\frac{1}{5} - \frac{2}{3} + 1\right)}{l^2\left(\frac{1}{7} - \frac{6}{5} + 3\right)} = \dfrac{2.4706 EI}{l^2}$$

与精确解 $\dfrac{\pi^2 EI}{4l^2} \approx 2.4674 \dfrac{EI}{l^2}$ 比，误差为 $0.13\%$，精度之高，令人振奋。

讨论：用力学法设计形函数有多种选择，尽管除极个别情况外，精度一般可保持在 $5\%$；最差的情况（模拟的 $M$ 图有严重不合理因素的例 12-5 解法二）精度也达 $11\%$；当然，模拟 $M$ 图与压杆临界状态的形态越相近，结果精度自然也越高。如本例中，采用固定端弯矩图切线与基线平行，而自由端剪力最大的形函数，这与压杆的临界状态很吻合，故能得出精度极高的结果。

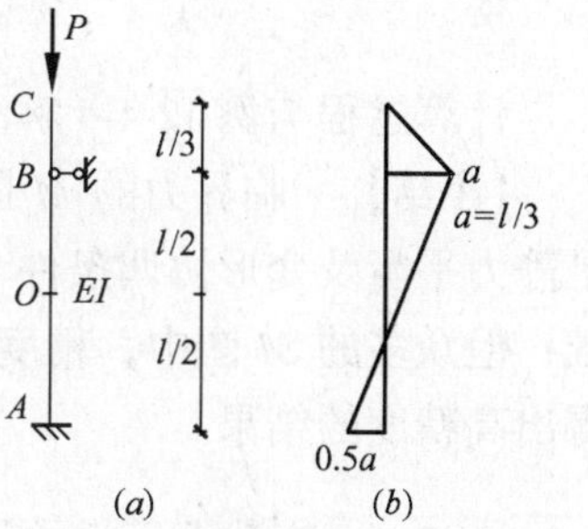

**【例 12-5-2】** 用 $M$ 图模拟法计算图 12-5-2（$a$）所示压杆的临界力。

**【分析】** 作模拟 $M$ 图如 12-5-2（$b$），

则： AB 段 $(0 \leqslant x \leqslant l)$  BC 段 $\left(l \leqslant x \leqslant \dfrac{4}{3}l\right)$

$EI\varphi''_d = M_d = \dfrac{x}{2} - \dfrac{l}{6}$  $EI\varphi''_u = M_u = -x + \dfrac{4l}{3}$

$(M_d)^2 = \dfrac{1}{36}(9x^2 - 6lx + l^2)$  $(M_u)^2 = \dfrac{1}{9}(9x^2 - 24lx + 16l^2)$

图 12-5-2

$$\int M_d dx = \frac{1}{12}(3x^2 - 2lx) + C \qquad \int M_u ds = \frac{-1}{6}(3x^2 - 8lx) + D$$

利用 $\quad \frac{1}{12}(3x^2 - 2lx)_{x=0} + C = 0 \qquad \frac{1}{12}(3x^2 - 2lx)_{x=l} = \frac{-1}{6}(3x^2 - 8lx)_{x=l} + D$

解得 $\quad C = 0 \qquad\qquad\qquad\qquad D = \frac{-3l^2}{4}$

故有 $\quad \int M_d ds = \frac{1}{12}(3x^2 - 2lx) \qquad \int M_u ds = \frac{-1}{12}(6x^2 - 16lx + 9l^2)$

$$\left(\int M_d ds\right)^2 = \frac{1}{144}(9x^4 - 12lx^3 + 4l^2x^2)$$

$$\left(\int M_u ds\right)^2 = \frac{1}{144}(36x^4 - 192lx^3 + 364l^2x^2 - 288l^3x + 81l^4)$$

由式（12-0-2）得 $\qquad P_{cr} = \dfrac{\int EI(\varphi_3'')^2 dx}{\int (\varphi_3')^2 dx}$

其中 $\quad \int (\varphi_3'')^2 dx = \int_0^l \frac{1}{36}(9x^2 - 6lx + l^2) dx + \int_l^{\frac{4l}{3}} \frac{1}{9}(9x^2 - 24lx + 16l^2) dx$

$$= \frac{l^3}{36} + \frac{l^3}{81} = \frac{13l^3}{324} = \frac{52l^5}{144 \times 9}$$

$\int (\varphi_3')^2 dx = \int_0^l \frac{1}{144}(9x^4 - 12lx^3 + 4l^2x^2) + \int_l^{\frac{4l}{3}} \frac{1}{144}(36x^4 - 192lx^3 + 364l^2x^2 - 288l^3x + 81l^4) dx$

$$= \frac{1}{144} \times 0.84197 l^5$$

得 $\qquad P_{cr} = \dfrac{\dfrac{52EIl^3}{9}}{0.84197 l^5} = 6.862 \dfrac{EI}{l^2}$

计算过程与例 12-4-4 解法三的主要步骤完全相同，自然结果亦相同。

**【小结】** 临界力的 $M$ 图模拟法，计算简单，手法灵活，可提供选择的 $M$ 图只要满足静力平衡及变形协调条件（当然更要满足两方面的边界条件），即可作临界力计算的基础；但众多的 $M$ 图中，精度可能存在很大的差异，选择时要注意与临界状态比较，才能得出高精度的结果。

### §12.6 变截面压杆的临界力计算

对于变截面压杆，式（12-5-1）可改为：

仅柱顶有荷载时：

$$P_{cr} = \frac{\sum_1^n EI_i \int \left(\frac{M_i}{EI_i}\right)^2 ds}{\sum_1^n \int \left(\int \frac{M}{EI_i} ds\right)^2 ds} = \frac{EIS \sum_1^n \left(\frac{EIS}{EI_i} \int M_i^2 ds\right)}{\sum_1^n \left[\left(\frac{EIS}{EI_i}\right)^2 \int \left(\int M_i ds\right)^2 ds\right]} \qquad (12\text{-}6\text{-}1)$$

柱中变截面处有荷载时：

$$P_{cr} = \frac{EIS \sum_{1}^{n} \left( \frac{EIS}{EI_i} \int M_i^2 ds \right)}{\sum_{1}^{n} \left\{ \frac{P_i}{P} \sum_{k=1}^{i} \left[ \left( \frac{EIS}{EI_k} \right)^2 \int \left( \int M_k ds \right)^2 ds \right] \right\}} \quad (12\text{-}6\text{-}2)$$

或

$$P_{cr} = \frac{EIS \sum_{1}^{n} \left( \frac{EIS}{EI_i} \int M_i^2 ds \right)}{\sum_{1}^{n} \left\{ \left( \sum_{k=i}^{n} \frac{P_k}{P} \right) \left[ \left( \frac{EIS}{EI_i} \right)^2 \left( \int M_i ds \right)^2 \right] \right\}} \quad (12\text{-}6\text{-}3)$$

式中 $EIS$ 为任意选定的抗弯刚度代表值，$n$ 则为压杆的变截面段数。

举例先从计算比较简单的带无穷刚区段的压杆临界力计算开始。

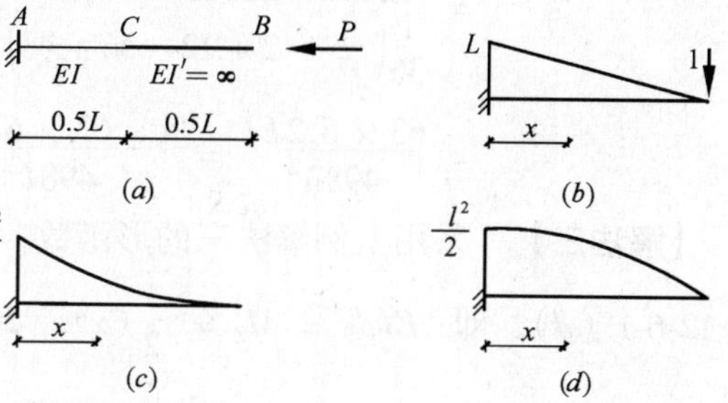

**【例 12-6-1】** 设计图 12-6-1（$a$）所示压杆的形函数并求临界力。

由上节分析，解法三应与实际最接近，用计算来验证。

图 12-6-1

**【解法一】** 左段采用例 12-6-1 解法一[集中力作用，弯矩图如图 12-6-1（$b$）]的形函数

即 $\qquad EI\varphi''_1 = M_1 = l - x$

积分得 $\qquad EI\varphi'_1 = \int M_1 dx = lx - \frac{x^2}{2} + C_1$

利用 $\varphi'_1(0) = 0$ 得 $C_1 = 0$

故有 $\qquad (M_1)^2 = x^2 - 2lx + l^2$

及 $\qquad \left( \int M_1 dx \right)^2 = \frac{1}{4}(x^4 - 4lx^3 + 4l^2 x^2)$

由 $\qquad EI\varphi'_1(0.5l) = 0.5l^2 - 0.5 \times 0.25 l^2 = 0.375 l^2$

得 $\qquad EI'\varphi'_2(0) = \int M_2(0) dx = C_2 = 0.375 l^2 \frac{EI'}{EI}$

令 $a = 0.5l$，由式（12-6-1）得

$$P_{cr1} = \frac{EI \left( \frac{x^3}{3} - lx^2 + l^2 x \right)_0^a}{\frac{1}{4} \left( \frac{x^5}{5} - lx^4 + \frac{4l^2 x^3}{3} \right)_0^a + (0.375 l^2)^2 \times 0.5l} = \frac{0.74468 EI}{a^2} = \frac{2.9787 EI}{l^2}$$

**【解法二】** 采用均布荷载作用下的弹性曲线为左段的位移函数，弯矩图见图 12-6-1（$c$），即：$EI\varphi''_2 = M_2 = \frac{1}{2}(l-x)^2$

积分得 $\qquad EI\varphi'_2 = \int M_2 dx = \frac{1}{2}\left( \frac{x^3}{3} - lx^2 + l^2 x \right) + C$

利用 $\varphi'_2(0) = 0$ 得 $C = 0$

故有 $\qquad (M_2)^2 = \frac{1}{4}(x^4 - 4lx^3 + 6l^2 x^2 - 4l^3 x + l^4)$

及 $\qquad \left( \int M_2 dx \right)^2 = \frac{1}{36}(x^6 - 6lx^5 + 15l^2 x^4 - 18l^3 x^3 + 9l^4 x^2)$

且 $$EI\varphi'_2(0.5l) = \frac{l^3}{2}\left(\frac{1}{3\times 8} - \frac{1}{4} + \frac{1}{2}\right) = \frac{7l^3}{48}$$

令 $a = 0.5l$，由式（12-6-1）

得

$$P_{cr2} = \frac{\dfrac{EI}{4}\left(\dfrac{x^5}{5} - lx^4 + 2l^2x^3 - 2l^3x^2 + l^4x\right)_0^a}{\dfrac{1}{36}\left(\dfrac{x^7}{7} - lx^6 + 3l^2x^5 + \dfrac{9l^3x^4}{2} + 3l^4x^3\right)_0^a + \left(\dfrac{7}{48}\right)^2 l^6\left(1 - \dfrac{1}{2}\right)l}$$

$$= \frac{\dfrac{EI}{4}\left(\dfrac{1}{5} - 2 + 8 - 16 + 16\right)a^5 EI}{\dfrac{1}{36}\left(\dfrac{1}{7} - 2 + 12 - 36 + 48\right)a^7 + \dfrac{49}{36}a^7} = \frac{9\times 6.2 EI}{\left(\dfrac{1}{7} + 22 + 49\right)a^2} = \frac{63\times 6.2 EI}{498 a^2}$$

$$= \frac{63\times 6.2 EI}{498 a^2} = \frac{4\times 63\times 6.2 EI}{498 l^2} \approx 3.13735\frac{EI}{l^2}$$

**【解法三】** 采用上例解法三的形函数，令弯矩在固定端的切线与杆轴平行无剪力如图 12-6-1（d），即：$EI\varphi''_3 = M_3 = \dfrac{1}{2}(x^2 - l^2)$

积分得 $$EI\varphi'_3 = \int M_3 dx = \frac{1}{2}\left(\frac{x^3}{3} - l^2 x\right) + C$$

利用 $\varphi'_2(0) = 0$ 得 $C = 0$

故有 $$(M_3)^2 = \frac{1}{4}(x^4 - 2l^2 x^2 + l^4)$$

及 $$\left(\int M_3 dx\right)^2 = \frac{1}{36}(x^6 - 6l^2 x^4 + 9l^4 x^2)$$

且 $$EI\varphi'_3(0.5l) = \frac{l^3}{2}\left(\frac{1}{3\times 8} - \frac{1}{2}\right) = \frac{11l^3}{48}$$

令 $a = 0.5l$，由式（12-6-1）

得

$$P_{cr3} = \frac{\dfrac{EI}{4}\left(\dfrac{x^5}{5} - \dfrac{2}{3}lx^4 + l^4 x\right)_0^a}{\dfrac{1}{36}\left(\dfrac{x^7}{7} - \dfrac{6}{5}l^2 x^5 + 3l^4 x^3\right)_0^a + \left(\dfrac{11}{48}\right)^2 l^6\left(1 - \dfrac{1}{2}\right)l}$$

$$= \frac{\dfrac{EI}{4}\left(\dfrac{1}{5} - \dfrac{8}{3} + 16\right)a^5}{\dfrac{1}{36}\left(\dfrac{1}{7} - \dfrac{24}{5} + 48\right)a^7 + \dfrac{121}{36}a^7} \approx 0.73985\frac{EI}{a^2} \approx 2.95939\frac{EI}{l^2}$$

讨论：三种位移函数结果相近，排序与预测完全吻合。

**【例 12-6-2】** 用 $M$ 图模拟法计算图 12-6-2（a）所示压杆的临界力。

**【分析】** 为简化计算，选择 2 个弯矩图如图 12-6-2 的（b）和（c）。由上节分析得知，图（c）与实际更接近些，用计算验证。

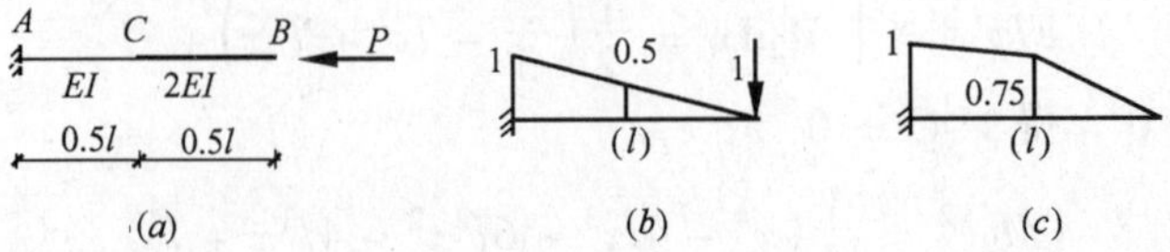

图 12-6-2

**【解法一】** 以图 12-6-2（b）为模拟弯矩图，采用分段局部坐标表达，则：

左段  右段

$$EI\varphi''_{1l} = M_{1l} = l - x, \qquad 2EI\varphi''_{1r} = M_{1r} = 0.5l - x$$

积分得

$$EI\varphi'_{1l} = \int M_{1l}dx = lx - \frac{x^2}{2} + C_l, \qquad 2EI\varphi'_{1r} = \int M_{1r}dx = -0.5(x^2 - lx) + C_r$$

利用 $\varphi'_{1l}(0) = 0$, $\qquad \varphi'_{1l}(0.5) = \varphi'_{1r}(0) = 0.375l^2/EI$

得 $C_l = 0$, $\qquad C_r = 2 \times 0.375l^2 = 0.75l^2$

即 $EI\varphi'_{1l} = lx - \frac{x^2}{2}, \qquad 2EI\varphi'_{1r} = -0.5(x^2 - lx) + 0.75l^2$

故有 $(M_{1l})^2 = x^2 - 2lx + l^2, \qquad (M_{1r})^2 = 0.25(4x^2 - 4lx + l^2)$

及 $\left(\int M_1 dx\right)^2 = \frac{1}{4}(x^4 - 4lx^3 + 4l^2x^2), \left(\int M_{1r}dx\right)^2 = [0.5(lx - x^2) + 0.75l^2]^2$

$$= 0.25x^4 - 0.5lx^3 - 0.5l^2x^2 + 0.75l^3x + (0.75)^2l^4$$

由式 (12-6-2) 得 $P_{cr1} = \dfrac{EIS\sum\limits_i \left(\dfrac{EIS}{EI_i}\int M_i^2 ds\right)}{\sum\limits_i \left[\left(\dfrac{EIS}{EI_i}\right)^2 \int \left(\int M_i ds\right)^2 ds\right]}$

令 $a = 0.5l$, 由式 (12-6-1) 得

$$P_{cr1} = \frac{EI\left(\dfrac{x^3}{3} - lx^2 + l^2x\right)_0^a + \dfrac{EI}{2} \times 0.25\left(\dfrac{4x^3}{3} - 2lx^2 + l^2x\right)_0^a}{\dfrac{1}{4}\left(\dfrac{x^5}{5} - lx^4 + \dfrac{4l^2x^3}{3}\right)_0^a + \dfrac{1}{4}\left(\dfrac{x^5}{20} - \dfrac{lx^4}{8} - \dfrac{l^2x^3}{6} + \dfrac{3l^3x^2}{8} + \dfrac{9l^4}{16}\right)_0^a}$$

$$= \frac{\left(\dfrac{1}{3} - 2 + 4\right) + \dfrac{1}{8}\left(\dfrac{4}{3} - 4 + 4\right)}{\dfrac{1}{4}\left(\dfrac{1}{5} - 2 + \dfrac{16}{3}\right) + \dfrac{1}{4}\left(\dfrac{1}{20} - \dfrac{1}{4} - \dfrac{2}{3} + 3 + 9\right)} \frac{EI}{a^2}$$

$$= \frac{\dfrac{7}{3} + \dfrac{1}{6}}{\dfrac{1}{4} \times \dfrac{53}{15} + \dfrac{1}{4} \times \dfrac{1}{60}(3 - 15 - 40 + 180 + 540)} \frac{EI}{a^2} = \frac{\dfrac{5}{3}}{\dfrac{53}{60} + \dfrac{668}{240}} \frac{EI}{a^2}$$

$$= \frac{\dfrac{5}{2}}{\left(\dfrac{53}{60} + \dfrac{688}{240}\right)} \frac{EI}{a^2} \approx 0.68182 \frac{EI}{a^2} \approx 2.7273 \frac{EI}{l^2}$$

**【解法二】** 以图 12-6-2 ($c$) 为模拟弯矩图：

为了使 $M$ 图接近抛物线，令 $BC$ 和 $CA$ 段的剪力分别乘以修正系数 1.5（扩大）和 0.5（缩小）后为 1.5 和 0.5，据此算得：

$M_C = 1.5 \times 0.5l = 0.75l$ 和 $M_A = 0.75l + (0.5 \times 1) \times 0.5l = l$

编了个小程序计算得结果为：$P_{cr2} = 2.707994 \dfrac{EI}{l^2}$，与解法一比，精度有所提高。

**【例 12-6-3】** 用模拟 $M$ 图法计算图 12-6-3 ($a$) 所示压杆的临界力。（选自文献 [22] P116）

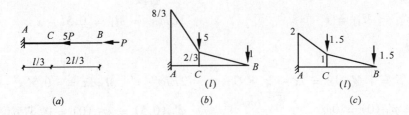

图 12-6-3

【解法一】 以图 12-6-3（b）为模拟弯矩图，则：

左段 右段

$1.5EI\varphi''_{1l} = M_{1l} = 6x - \dfrac{8}{3}$, $\qquad EI\varphi''_{1r} = M_{1r} = x - \dfrac{2}{3}l$

积分得

$1.5EI\varphi'_{1l} = \int M_{1l}dx = 3x^2 - \dfrac{8x}{3} + C_l$, $\qquad EI\varphi'_{1r} = \int M_{1r}dx = \dfrac{1}{6}(3x^2 - 4lx) + C_r$

利用 $\varphi'_{1l}(0) = 0$, $\qquad\qquad\qquad \varphi'_{1l}\left(\dfrac{l}{3}\right) = \varphi'_{1r}(0) = \dfrac{-5l^2}{9 \times 1.5EI} = \dfrac{-10l^2}{27EI}$

得 $C_l = 0$, $\qquad\qquad\qquad\qquad\qquad C_r = \dfrac{-10l^2}{27}$

即 $1.5EI\varphi'_{1l} = \int M_{1l}dx = 3x^2 - \dfrac{8x}{3}$, $\qquad EI\varphi'_{1r} = -\dfrac{1}{6}(3x^2 - 4lx) - \dfrac{10l^2}{27}$

$\qquad\qquad\qquad\qquad\qquad\qquad\qquad\qquad\qquad = -\dfrac{1}{54}(27x^2 - 36lx - 20l^2)$

故有 $(M_{1l})^2 = \dfrac{4}{9}(81x^2 - 72lx + 16l^2)$, $\quad (M_{1r})^2 = \dfrac{1}{9}(9x^2 - 12lx + 4l^2)$

及 $\left(\int M_{1l}dx\right)^2 = \dfrac{1}{9}(81x^4 - 144lx^3 + 64l^2x^2)$, $\left(\int M_{1r}dx\right)^2 = \dfrac{1}{54^2}(27x^2 - 36lx - 20l^2)^2$

$\qquad\qquad\qquad\qquad\qquad\qquad = \dfrac{1}{54^2}[27^2x^4 - 54 \times 36lx^3 + 216l^2x^2 + 1440l^3x + 400l^4]$

注意到 $P_1 = 5P$ 和 $P_2 = P$

由式（12-6-3） $\qquad P_{cr} = \dfrac{EIS\sum\limits_1^n\left(\dfrac{EIS}{EI_i}\int M_i^2 ds\right)}{\sum\limits_1^n\left\{\left(\sum\limits_{k=i}^n\dfrac{P_k}{P}\right)\left[\left(\dfrac{EIS}{EI_i}\right)^2\left(\int M_i ds\right)^2\right]\right\}}$

并令 $a = l/3$，$b = 2l/3$，则

$P_{cr1} = \dfrac{\dfrac{EI}{1.5}\dfrac{4}{9}(27x^3 - 36lx^2 + 16l^2x)\Big|_0^a + \dfrac{EI}{9}(3x^3 - 6lx^2 + 4l^2x)\Big|_0^b}{\dfrac{24}{81}\left(\dfrac{81x^5}{5} - 36lx^4 + \dfrac{64l^2x^3}{3}\right)\Big|_0^a + \dfrac{1}{54^2}\left(\dfrac{729x^5}{5} - 54 \times 9lx^4 + 72l^2x^3 + 720l^3x^2 + 400l^4x\right)\Big|_0^b}$

$= \dfrac{\dfrac{8EI}{27}(27 - 108 + 144)a^3 + \dfrac{EI}{9}(3 - 9 + 9)b^3}{\dfrac{24}{81}(16.2 - 108 + 192)a^5 + \dfrac{1}{54^2}(145.8 - 729 + 18 \times 9 + 90 \times 27 + 25 \times 81)b^5}$

148

$$= \frac{\frac{8EI}{27} \times 63 a^3 + \frac{EI}{3} b^3}{\frac{24}{81} \times 100.2 a^5 + \frac{4033.8}{54^2} b^5} = \frac{0.691358 + 0.0987654}{6 \times 0.0203627 + 0.182167} \times \frac{EI}{l^2}$$

$$= \frac{0.790123}{0.122176 + 0.182158} \times \frac{EI}{l^2} = \frac{0.790123}{0.304343} \times \frac{EI}{l^2} = 2.596 \frac{EI}{l^2}$$

与静力法的精确解 $P_{cr2} = \frac{\pi^2 EI}{4l^2} \approx 2.4674 \frac{EI}{l^2}$（选自文献［22］P116）比，误差为 5.2%。

【解法二】 以图 12-6-3（c）为模拟弯矩图：

为了使 M 图接近临界状态，减小根部剪力而增大顶部剪力，令 BC 和 CA 段的剪力分别乘以修正系数 1.5（扩大）和 0.5（缩小）后为 1.5 和 0.5，据此算得：

$$M_C = 1.5 \times \frac{2l}{3} = l \text{ 和 } M_B = l + (0.5 \times 6) \times \frac{l}{3} = 2l$$

编了个小程序计算得结果为：$P_{cr2} = 2.472528 \frac{EI}{l^2}$ 与静力法的精确解比，误差为 0.5%，精度大为提高。

【小结】 模拟 M 图可以有无限多种形式，但前提是必须合理（即满足平衡和协调条件及对应的边界条件），所算结果均可作临界力的近似解，这为 M 图模拟法开辟了广阔的空间。由于能量法计算临界力的结果以真值为下限，故知结果小者为佳；当然 M 图越接近于临界状态，近似值就越小，精度自然也越高。

### §12.7 单层框架临界力计算的 M 图模拟法

有了前几节的基础，下面把这种 M 图模拟法用于框架的临界力计算。与压杆不同的是，框架梁不受轴力影响。其余原理一样。

#### §12.7.1 梁为无穷刚框架的临界力计算

由于梁为无穷刚，不产生应变能，故计算比较简单。现在就从这种梁为无穷刚的最为简单的框架开始。

【例 12-7-1】 框架如图 12-7-1（a），用 M 图模拟法计算临界力。

【分析】 由于正对称失稳临界力大于反对称对应的临界力，本例仅计算反对称情况。

【解法一】 采用直线形弯矩图如图 12-7-1（d）（对应于柱子的直线 M 图）。

则有弯矩方程：$M(x) = -x + 0.5h = \varphi''$ 和 $\varphi'_1 = -0.5x^2 + 0.5hx$

并有 $(M)^2 = x^2 - hx + 0.25h^2$ 和 $(\varphi')^2 = \frac{1}{4}(x^4 - 2hx^3 + h^2 x^2)$

由式（12-5-1）得 $P_{cr1} = \frac{EI \int_0^l (M)^2 dx}{\int_0^l \left(\int_0^l M dx\right)^2 dx} = \frac{EI \left(\frac{x^3}{3} - \frac{hx^2}{2} + \frac{h^2 x}{4}\right)_0^h}{\frac{1}{4}\left(\frac{x^5}{5} - \frac{hx^4}{2} + \frac{h^2 x^3}{3}\right)_0^h}$

$$= \frac{EI\left(\frac{1}{3} - \frac{1}{2} + \frac{1}{4}\right)}{l^2 \frac{1}{4}\left(\frac{1}{5} - \frac{1}{2} + \frac{1}{3}\right)} = 10 \frac{EI}{l^2}$$

与精确解 $\frac{\pi^2 EI}{l^2} \approx 9.8696 \frac{EI}{l^2}$ 比，误差为 1.3%。

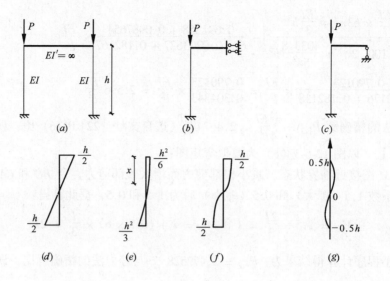

图 12-7-1

**【解法二】** 采用均布荷载作用于一端固定，另一端定向的单跨梁上的弹性曲线作形函数，荷载弯矩图如图 12-7-1（e）。

则有弯矩方程：$M(x) = -\dfrac{x^2}{2} + \dfrac{h^2}{6} = \varphi''$（该方程以柱的上端为坐标原点）和 $\varphi'_1 = -\dfrac{x^3}{6} + \dfrac{h^2 x}{6}$

并有 $(M)^2 = \dfrac{1}{36}(9x^4 - 6h^2x^2 + h^4)$ 和 $(\varphi')^2 = \dfrac{1}{36}(x^6 - 2h^2x^4 + h^4x^2)$

由式（12-5-1）得

$$P_{cr2} = \dfrac{EI \int_0^l (M)^2 dx}{\int_0^l \left(\int_0^l M dx\right)^2 dx} = \dfrac{\dfrac{EI}{36}\left(\dfrac{9x^5}{5} - 2h^2x^3 + h^4x\right)_0^h}{\dfrac{1}{36}\left(\dfrac{x^7}{7} - \dfrac{2h^2x^5}{5} + \dfrac{h^4x^3}{3}\right)_0^h}$$

$$= \dfrac{EI\left(\dfrac{9}{5} - 2 + 1\right)}{l^2\left(\dfrac{1}{7} - \dfrac{2}{5} + \dfrac{1}{3}\right)} = 10.50\dfrac{EI}{l^2}$$

与精确解 $\dfrac{\pi^2 EI}{l^2} \approx 9.8696\dfrac{EI}{l^2}$ 比，误差为 1.8%。

**【解法三】** 用数学法设计形函数：

令：$\varphi = x^2(x-2l)^2$，$\varphi' = 4x^3 - 12l^2x^2 + 8l^2x$，$\varphi'' = 12x^2 - 24lx + 8l^2$

$(\varphi'')^2 = 16(3x^2 - 6lx + 2l^2)^2 = 16(9x^4 - 36lx^3 + 48l^2x^2 - 24l^3x + 4l^4)$

$(\varphi')^2 = 4^2(x^3 - 3lx^2 + 2l^2x)^2 = 16(x^6 - 6lx^5 + 13l^2x^4 - 12l^3x^3 + 4l^4x^2)$

由式（12-0-2）得

$$P_{cr} = \dfrac{EI \int_0^l (\varphi'')^2 dx}{\int_0^l (\varphi')^2 dx} = \dfrac{16EIl^5\left(\dfrac{9}{5} - \dfrac{36}{4} + \dfrac{48}{3} - \dfrac{24}{2} + 4\right)}{16l^7\left(\dfrac{1}{7} - \dfrac{6}{6} + \dfrac{13}{5} - \dfrac{12}{4} + \dfrac{4}{3}\right)} = 10.50\dfrac{EI}{l^2}$$

结果与解法二相同。

讨论：力学法设计形函数，包括 $M$ 图模拟法，具有选择性（数学法要做到这点比较困难）。如本例，可根据力学模型判断，柱的上下端无转角，故该截面的轴线与荷载方向一致，无剪力，故 $M$ 图在该截面的切线应与基线（杆轴）平行。可见图 12-7-1（$f$）与实际最接近，而以图 12-7-1（$e$）为模拟 $M$ 图的解法二与实际相距最远，相信精度排序亦然；以图 12-7-1（$f$）为模拟 $M$ 图的计算将在下一节介绍。

### §12.7.2 $M$ 图修正法与修正系数

在上节例 12-7-1 的讨论中提到图 12-7-1（$f$）与实际最接近，精度肯定最高。而图 12-7-1（$f$）实际上是在图 12-7-1（$d$）基础上做一些修正。因此，可称之为 $M$ 图修正法。下面结合实例作介绍。

**【例 12-7-2】** 在上例中图 12-7-1（$f$）采用在图 12-7-1（$d$）的基础上进行修正的办法；此时要注意，修正后的 $M$ 图不能改变原图 [指图 12-7-1（$d$）] 的边界条件。为此采用叠加一个 3 次抛物线如图（$g$）的办法可实现上述目的。现设叠加后的弯矩方程为：

$$M(x) = kx(x - 0.5h)(x - h) - x + 0.5h = k(x^3 - 1.5hx^2 + 0.5h^2x) - x + 0.5h$$

即：
$$M(x) = k(x^3 - 1.5hx^2 + 0.5h^2x) - x + 0.5h \tag{12-7-1}$$

为确定 $k$ 值的大小，设三次曲线如图（$g$）的表达式（暂取柱的中点为坐标原点）为：

$$y = kx(x + 0.5h)(x - 0.5h) = k(x^3 - 0.25h^2x) \tag{12-7-2}$$

不难证明此曲线为一以 $O$ 为中心的中心对称图形，叠加该曲线不会改变体系的边界条件（转角与弯矩）。

由 $y' = k(3x^2 - 0.25h^2)$ 并令 $y' = 0$ 求得 $x = \pm\frac{\sqrt{3}}{6}h$

代入式（12-7-2）得 $\pm y_{max} = \pm k\left(\frac{\sqrt{3}}{72}h^3 - \frac{\sqrt{3}}{24}h^3\right) = \pm k\frac{\sqrt{3}}{36}h^3$

为了使图 12-7-1 中的（$f$）=（$d$）+（$g$），现令 $y_{max} = -k\frac{\sqrt{3}}{36}h^3 = -\frac{h}{8}$

$\frac{h}{8}$ 为图 12-7-1（$d$）上下端弯矩的 1/4（接近均布荷载作用下的弯矩图最大值），能使上下端弯矩图的切线尽可能与基线平行）。

解得
$$k = \frac{3\sqrt{3}}{2h^2} \tag{12-7-3}$$

代入式（12-7-1）得

$$M(x) = \frac{1.5\sqrt{3}x^3}{h^2} - \frac{2.25\sqrt{3}x^2}{h} + (0.75\sqrt{3} - 1)x + 0.5h \tag{12-7-4}$$

因 $EI\theta(x) = \int M(x)\mathrm{d}x = \frac{1.5\sqrt{3}x^4}{4h^2} - \frac{2.25\sqrt{3}x^3}{3h} - \frac{1}{2}(0.75\sqrt{3} - 1)x^2 + 0.5hx + C$

利用边界条件：$EI\theta(0) = 0$ 得 $C = 0$

即 $EI\theta(x) = \int M(x)\mathrm{d}x = \frac{1.5\sqrt{3}x^4}{4h^2} - \frac{2.25\sqrt{3}x^3}{3h} - \frac{1}{2}(0.75\sqrt{3} - 1)x^2 + 0.5hx$

由式（12-5-1）得

$$P_{cr1} = \frac{EI\int_0^l (M)^2 dx}{\int_0^l \left(\int_0^l M dx\right)^2 dx}$$

$$= \frac{EI\int_0^h (6.75x^6 - 20.25hx^5 + 16.74h^2x^4 + 0.27h^3x^3 - 3.81h^4x^2 + 0.30h^5x + 0.25h^3)dx}{\int_0^l (0.65x^4 - 1.30hx^3 + 0.15h^2x^2 + 0.50h^3x)^2 dx}$$

$$= \frac{0.13467EI}{0.013642h^2} \approx 9.8714 \frac{EI}{h^2}$$

与精确解 $\frac{\pi^2 EI}{l^2} \approx 9.8696 \frac{EI}{l^2}$ 比，误差为 $0.18\%$。

**【注】** 本解法编了个小程序完成运算。

本结果比修正前（例 12-7-1 解法一）的精度（1.3%）有很大提高。但这毕竟是在特殊情况（柱的上下端无转角）的计算结果，如何推广还要作进一步的探讨。

修正系数 $mdf$

由于上例提到的三次抛物线修正法是建立在上下柱端无转角的前提下导出的常数式 (12-7-3)：$k = \frac{3\sqrt{3}}{2h^2}$，对于一般框架不宜生搬硬套。为了既要实现修正的目标又要简化计算（利用三次抛物线的成果），这里引进修正系数 $mdf$ 的概念，即常数 $k$ 采用 $k = mdf \times \frac{3\sqrt{3}}{2h^2}$，从而实现用该数值控制三次抛物线的曲率的目标，适用于不同的情况。$mdf$ 的选用范围：$0 \sim 1.0$，上下端无转角时用 1.0，转角越大，$mdf$ 应选择小些的数值，在第 14 章的程序中可通过试算选定。

### §12.7.3 群柱失稳临界力与单柱警戒临界力

在上节，我们已经把 $M$ 图模拟法应用于单层框架的稳定计算，但算例还局限在梁为无穷刚的情况。能否把该法推广到普通的多高层框架呢？答案是肯定的，因为按照能量法的原理，只要把梁柱相应的能量都算进去即可。要注意的是只有柱单元有轴力，而梁单元无轴力；因而在式（12-6-2）或式（12-6-3）的分子中加上梁的应变能（2倍）即可用于框架的稳定计算。先局限在单柱框架（见图 12-7-1，但可有多层）的情况。

则
$$P_{cr} = \frac{U}{V} = \frac{SEI\sum_1^n \left(\frac{SEI}{EI_i}\int M_i^2 ds + \frac{SEI}{3EIb_i}M_{bi0}^2 l_{bi}\right)}{\sum_1^n \left\{\frac{P_i}{P}\sum_{k=1}^i \left[\left(\frac{SEI}{EI_k}\right)^2 \left(\int M_k ds\right)^2\right]\right\}} \quad (12\text{-}7\text{-}5)$$

或
$$P_{cr} = \frac{U}{V} = \frac{SEI\sum_1^n \left(\frac{SEI}{EI_i}\int M_i^2 ds + \frac{SEI}{3EIb_i}M_{bi0}^2 l_{bi}\right)}{\sum_1^n \left\{\left(\sum_{k=i}^n \frac{P_k}{P}\right)\left(\frac{SEI}{EI_i}\right)^2 \left(\int M_i ds\right)^2\right\}} \quad (12\text{-}7\text{-}6)$$

式中 $SEI$ 为任意选定的抗弯刚度代表值，$n$ 则为框架的层数，$M_i$ 为第 $i$ 层柱的弯矩方程，$M_{bi0}$ 为第 $i$ 层梁的端部弯矩，$l_{bi}$ 为第 $i$ 层梁的长度。

对于多层多跨的情况

有
$$P_{cr} = \frac{U}{V} = \frac{SEI\sum_{j=1}^{m+1}\left\{\sum_{i=1}^{n}\left[\frac{SEI}{EI_{ij}}\int M_{ij}^2 ds\right] + \frac{SEI}{3EI_{bi}}M_{bij0}^2 l_{ij0}\right\}}{\sum_{j=1}^{m+1}\left\{\sum_{i=1}^{n}\left[\frac{P_{ij}}{P}\sum_{k=1}^{i}\left(\frac{SEI}{EI_{kj}}\int M_{kj}ds\right)^2\right]\right\}} \quad (12\text{-}7\text{-}7)$$

或
$$P_{cr} = \frac{U}{V} = \frac{SEI\sum_{j=1}^{m+1}\left\{\sum_{i=1}^{n}\left[\frac{SEI}{EI_{ij}}\int M_{ij}^2 ds\right] + \frac{SEI}{3EI_{bi}}M_{bij0}^2 l_{ij0}\right\}}{\sum_{j=1}^{m+1}\left\{\sum_{i=1}^{n}\left[\left(\sum_{k=i}^{n}\frac{P_{ij}}{P}\right)\left(\frac{SEI}{EI_{kj}}\int M_{kj}ds\right)^2\right]\right\}} \quad (12\text{-}7\text{-}8)$$

式中

$m$ 为跨数；

$M_{bij0}$ 为 $i$ 层 $j$ 梁的梁端弯矩，$EIb_{ij}$ 为该梁的刚度；

$l_{ij0}$ 为梁在模拟 $M$ 图中端部到反弯点的长度；

$m$ 为框架的跨数。

显然，如果计算是以整体为对象，结果应为框架整体的临界力。能否对个别单柱分析从而找出稳定问题的薄弱环节？本节将回答该问题。

**一、群柱失稳临界力及其 $M$ 图模拟法**

为了与下面将要提出的单柱警戒临界力相对应，把整体分析的临界力称为群柱失稳临界力。

上节还提到，为了提高稳定计算的精度，可采用三次抛物线对框架柱的 $M$ 图作修正，但这种办法是在一种特殊的框架梁为无穷刚的情况下提出的，能适用于普通框架吗？请看下例。

**【例 12-7-3】** 框架如图 12-7-3（$a$），用 $M$ 图模拟法求临界力。

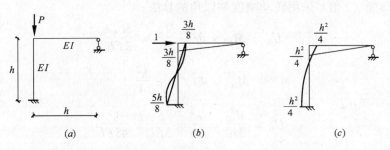

图 12-7-3

**【解法一】** 模拟弯矩图为直线，如图 12-7-3（$b$）。

则
$$EI\varphi_c'' = M_c(x) = \frac{5h}{8} - x$$

积分得
$$EI\varphi_c' = \frac{5hx}{8} - \frac{x^2}{2} + C$$

由边界条件 $\varphi_c'(0) = 0$ 得 $C = 0$

即 $(EI\varphi_c'')^2 = x^2 - \frac{5hx}{4} + \frac{25h^2}{64} = \frac{1}{64}(64x^2 - 80hx + 25h^2)$

$(EI\varphi_c')^2 = \frac{x^4}{4} - \frac{5hx^3}{8} + \frac{25h^2 x^2}{64} = \frac{1}{64}(16x^4 - 40hx^3 + 25h^2 x^2)$

梁的变形能（2倍）采用转动刚度乘以角的算法：

$$U_b = M_{b0} \times \theta = \frac{M_{b0}^2}{3i_b} = \frac{M_{b0}^2 h}{3EI_b}$$

$$M_{b0} = EI\varphi''_{b0} = \frac{3h}{8}$$

$$U_b = \frac{M_{b0}^2}{3i_b} = \frac{9h^2}{64} \times \frac{h}{3EI} = \frac{3h^3}{64EI}$$

代入式（12-7-5）得 $P_{cr} = \dfrac{\frac{1}{64}\left(\frac{64}{3} - 40 + 25\right) + \frac{3}{64}}{\frac{1}{64}\left(\frac{16}{5} - 10 + \frac{25}{3}\right)} \times \dfrac{EI}{h^2} = \dfrac{6.087 EI}{h^2}$

与精确解 $6.05\dfrac{EI}{l^2}$（见文献［22］P133）比较，误差为 0.6%。

【解法二】 设计弯矩图为曲线（均布荷载作用下）如图 12-7-3（c）

即 $\qquad EI\varphi''_c = M_c(x) = \dfrac{x^2}{2} - \dfrac{h^2}{4}$

积分得 $\qquad EI\varphi'_c = \dfrac{x^3}{6} - \dfrac{h^2 x}{4} + C$

由边界条件 $\varphi'_c(0) = 0$ 得 $C = 0$

即 $\qquad (EI\varphi''_c)^2 = \dfrac{1}{4^2}(2x^2 - h^2)^2 = \dfrac{1}{16}(4x^4 - 4h^2 x^2 + h^4)$

$$(EI\varphi'_c)^2 = \left[\frac{1}{12}(2x^3 - 3h^2 x)\right]^2 = \frac{1}{12^2}(4x^6 - 12h^2 x^4 + 9h^4 x^2)$$

梁的变形能（2倍）采用转动刚度乘以角的算法：

$$U_b = M_{b0} \times \theta = \frac{M_{b0}^2}{3i_b} = \frac{M_{b0}^2 h}{3EI_b}$$

$$M_{b0} = EI\varphi''_{b0} = \frac{h^2}{4}$$

$$U_b = \frac{M_{b0}^2}{3i_b} = \frac{h^4}{16} \times \frac{h}{3EI} = \frac{h^5}{48EI}$$

代入式（12-7-5）得

$$P_{cr} = \frac{EI \sum \int (\varphi'')^2 dx}{\int_0^l (\varphi')^2 dx} = \frac{EI\left[\frac{1}{16}\left(\frac{4}{5} - \frac{4}{3} + 1\right) + \frac{1}{48}\right]}{\frac{1}{12^2}l^2\left(\frac{4}{7} - \frac{12}{5} + 3\right)} = 6.14634 \frac{EI}{l^2}$$

与精确解 $6.05\dfrac{EI}{l^2}$ 比较，误差为 1.56%。

【解法三】 采用 $M$ 图修正法，本例采用 0.3 的修正系数，结果临界力为 $P_{cr} = 6.082\dfrac{EI}{l^2}$，精度达 0.53%。

【解法四】 （选自文献［22］P134）

近似法

单元刚度矩阵为

$$[k]_e^1 = \begin{bmatrix} \dfrac{12i}{l^2} & -\dfrac{6i}{l} \\ -\dfrac{6i}{l} & 4i \end{bmatrix}, \qquad [k]_g^1 = \begin{bmatrix} \dfrac{6P}{5l} & -\dfrac{P}{10} \\ -\dfrac{P}{10} & \dfrac{2Pl}{15} \end{bmatrix}$$

$$[k]_e^2 = \begin{bmatrix} 4i & 2i \\ 2i & 4i \end{bmatrix}, \qquad [k]_g^2 = [0]$$

由此得

$$[k] = \begin{bmatrix} \dfrac{12i}{l} - \dfrac{5P}{6} & -\dfrac{6i}{l} + \dfrac{P}{10} & 0 \\ -\dfrac{6i}{l} + \dfrac{P}{10} & 8i - \dfrac{2Pl}{15} & 2i \\ 0 & 2i & 4i \end{bmatrix}$$

再由 $[k] = 0$ 得 $4i\left(\dfrac{12i}{l^2} - \dfrac{6P}{5}\right)\left(8i - \dfrac{2Pl}{15}\right) - 4i\left(\dfrac{12i}{l} - \dfrac{6P}{5l}\right) - 4i\left(\dfrac{6i}{l} + \dfrac{P}{10}\right)^2 = 0$

令 $\lambda = \dfrac{Pl^2}{EI}$，上式简化为

$$\lambda^2 - 56\lambda + 320 = 0$$

其最小根为：$\lambda = 6.46$，即 $P_{cr} = 6.46\dfrac{EI}{l^2}$。这比精确解大 $6.8\%$。

【例 12-7-4】 框架如图 12-7-4（a），用 $M$ 图修正法计算临界力。

【解】 先以图 12-7-4（b）为基础计算，再作修正。

则有弯矩方程：$M_c(x) = x - 0.571h = \varphi''$ 和 $\varphi'_c = 0.5x^2 - 0.571hx$

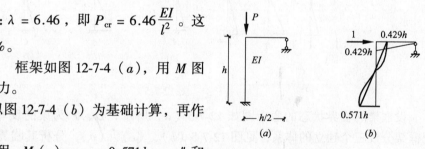

图 12-7-4

并有 $(\varphi''_c)^2 = x^2 - 1.142hx + 0.326h^2$ 和 $(\varphi'_c)^2 = 0.25x^4 - 0.571hx^3 + 0.326h^2x^2$

$$U_b = M_{b0} \times \theta = \dfrac{M_{b0}^2}{3i_b} = \dfrac{M_{b0}^2 h}{3EI_b}$$

$$M_{b0} = 0.429h$$

$$U_b = \dfrac{M_{b0}^2}{3i_b} = 0.184h^2 \times \dfrac{0.5h}{3EI} = \dfrac{0.092h^2}{38EI}$$

代入式（12-7-5）得

$$P_{cr} = \dfrac{EI\int_0^l (\varphi'')^2 dx}{\int_0^l (\varphi')^2 dx} = \dfrac{EI\left(\dfrac{1}{3} - \dfrac{1.142}{2} + 0.326\right) + EI \times 0.184 \times \dfrac{1}{6}}{h^2\left(\dfrac{0.25}{5} - \dfrac{0.571}{4} + \dfrac{0.326}{3}\right)}$$

$$= \frac{\frac{1}{6}(2 - 3 \times 1.142 + 6 \times 0.326) + \frac{0.184}{6}}{\frac{1}{60}(3 - 15 \times 0.571 + 20 \times 0.326)} \frac{EI}{h^2} \approx 10 \times \frac{0.714}{0.955} \frac{EI}{h^2} \approx 7.476 \frac{EI}{h^2}$$

与精确解 $7.379 \frac{EI}{l^2}$（采用文献 [21] 中的光盘——结构力学求解器计算结果）比，误差为 2.2%。

修正后结果为：$P_{cr2} \approx 7.414 \frac{EI}{h^2}$（本结果为程序计算），精度达 0.47%。

讨论：$M$ 图模拟法计算框架的临界力比传统的近似法不但算法简单，精度也高得多（近似法与两种 $M$ 图模拟法的误差相比分别约为 4.36 倍和 11.3 倍）。

**二、单柱警戒临界力**

框架的失稳，无疑是整体对荷载的反应，能否从中找出薄弱环节，是采取正确措施的前提。单柱警戒临界力的计算可提供可靠依据。

所谓单柱警戒临界力，是把框架从临界状态时梁的反弯点分开，各自作为一独立体系分析所算结果。用图 12-7-5 说明：

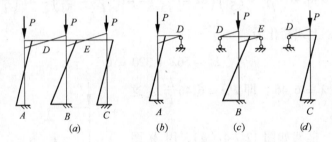

图 12-7-5

设框架的临界状态的弯矩图如 12-7-5（a）所示，$D$、$E$ 为梁的反弯点。现从 $D$、$E$ 把框架分成三个独立的体系，见图 12-7-5（b）、（c）、（d），分析其临界力即为单柱警戒临界力。由能量原理得知，群柱失稳临界力总处于单柱警戒临界力的最大值与最小值之间。

**【小结】**

一、同时满足位移边条与静力边条的形函数无论用于体系的基频计算还是用于结构的稳定计算，都有很好的精度；本章列举的有精确解比较的共有两例（例 12-4-3 和例 12-5-1），每例各用了三个不同形函数共 6 个解；弯矩图与实际情况出入最大的是例 12-5-1 解法二，精度也达 11.8%，而其余均在 1% 左右。因而，我们有理由相信，在模拟 $M$ 图与实际出入不很大的情况下，压杆临界力的 $M$ 图模拟法精度可达 5% 以内。

二、若能根据具体情况选择尽可能接近实际的 $M$ 图，精度就会更高，甚至可达 0.1% 左右。

三、用多项式作杆系结构的形函数做法比传统的三角函数更方便，且应用也更灵活；计算压杆与单层框架临界力时，采用最为简单的直线形弯矩图的模拟，广义单自由度的精度就相当理想。就算采用了并不太理想的弯矩图如例 12-7-1 解法二和例 12-7-2 解法二，相对误差也没超过 2%。倘若选择得当，精度甚至可达 0.1% 左右（见例 12-5-1 解法三和例

12-7-1 解法三)。可见本法有望推广到多层框架的计算,值得开发软件以便推广到实际应用。

四、修正系数的提出,对进一步提高 $M$ 图模拟法的精度有帮助;单柱警戒临界力的提出,为寻找群柱失稳的薄弱环节,及时采取措施提出了一个具有实用意义的方法。

## 习 题 12

12-1 何为位移边条?何为静力边条?

12-2 采用多个位移函数合理组合计算临界力的精度要比采用单个位移函数精度高得多。如何保证这种组合的合理性?

12-3 例 12-4-3 的最后讨论中提到形函数的三阶导数在支座处仍然连续,对应于无支反力的情况如何解释?

12-4 采用力学法设计 12-3-3 中的形函数。

12-5 能从弯矩图出发对例 12-5-1 的三种解法的精度排序作出解释吗?

12-6 另设计弯矩图重算例 12-5-2 所示压杆的临界力。

12-7 完成以图 12-6-2 中以图($c$)为模拟 $M$ 图的压杆临界力计算并作 $M$ 图与精度关系的分析。(参考答案见例 12-6-2)

12-8 手算完成例 12-6-3 中的解法二。

12-9 从图 12-7-1 中各弯矩图出发计算相应的荷载。

12-10 能解释为何例 12-5-1 解法三和例 12-7-2 的精度如此之高吗?

12-11 能解释为何例 12-7-2 两种解法精度虽有所不同,但都达到 1% 左右,为何有如此高的精度?

12-12 何为 $M$ 图模拟法中的修正系数?为何用 3 次抛物线修正能保证不影响边界条件?

12-13 为何群柱失稳的临界力总介于单柱警戒临界力的最大值与最小值之间?当荷载已超某柱的单柱警戒临界力但未达群柱失稳临界力时,该柱为何并不立即失稳?为什么说,单柱警戒临界力的确定能为发现薄弱环节,及时采取措施提供了依据?

# 第13章 综 合 例 题

本章的例题除了提供一些综合应用本书前12章提到的技巧的机会外,有些还能检验读者对力学基本概念和基本理论的理解深度。例题的来源,部分摘自各高校的研究生《结构力学》入学考试或竞赛试题(试题后标注高校名称,其中有些来自学生手传,标注的高校如有出入,敬请读者与相关高校谅解,余下主要选自笔者为我校考研生所设计的《结构力学》模拟试题。还有少量选自各种专门的结构力学复习指导书。

## §13.1 静定分析

【例13-1-1】 试画出如图13-1-1(a)所示多跨静定梁的弯矩图与剪力图(北京航空航天大学)。

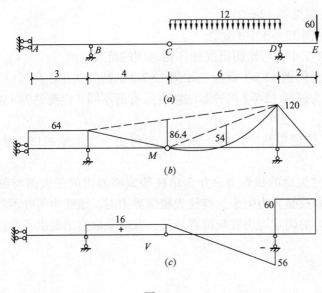

图 13-1-1

【解】 从附属部分开始:$M_D = 60 \times 2 = 120$(上部受拉,为节省篇幅,余下将省略该说明)

$C$ 在 $BD$ 的落差(详见第5章):$M_C^{BD} = \dfrac{4 \cdot 6}{10} \times 36 = 86.4$

由几何关系 [见图13-1-1(b)]:$M_B = 100 - \dfrac{10}{6}(100 - 86.4) = 64$

由定向平通(见第5章)得:$M_A = 64$

剪力图很简单,只有 $CD$ 段有一点计算:

由式(5-5)得:$\begin{matrix} Q_{CD} \\ Q_{DC} \end{matrix} = -\dfrac{120}{6} \pm 3 \times 12 = -20 \pm 36 = \begin{matrix} 16 \\ -56 \end{matrix}$

余下计算请读者自行完成。

**【例 13-1-2】** 试画出如图 13-1-2（a）（在例 13-1-1 基础上 BC 段加两荷载）所示多跨静定梁的弯矩图与剪力图。

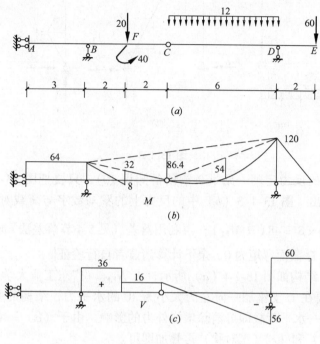

图 13-1-2

**【解】** 从附属部分开始：$M_D = 120$

C 在 BD 的落差（详见第 5 章）：$M_C^{BD} = \frac{4 \cdot 6}{10}(10 - 10 + 36) = 86.4$

由几何关系 [见图 13-1-2（b）]：$M_B = 100 - \frac{10}{6}(100 - 86.4) = 64$

利用 F（左右）在 BC 的落差计算：$\begin{matrix} M_F^l \\ M_F^r \end{matrix} = -32 + \frac{4}{4}\left(20 \pm \frac{40}{2}\right) = \begin{matrix} 8 \\ -32 \end{matrix}$

由定向平通（见第 5 章）得：$M_A = 64$

剪力图的关键是 BD 段的计算：

由式（5-5）得：$\begin{matrix} Q_{BD} \\ Q_{DB} \end{matrix} = -\frac{-64 + 120}{10} \pm \begin{Bmatrix} 0.8 \cdot 20 + 4 + 0.3 \cdot 6 \cdot 12 \\ 0.2 \cdot 20 - 4 + 0.7 \cdot 6 \cdot 12 \end{Bmatrix} = -5.6 \pm \begin{matrix} 41.6 \\ 50.4 \end{matrix} = \begin{matrix} 36 \\ -56 \end{matrix}$

验算：用跟踪法（见第 5 章）从左端的 36 开始作 BD 段的剪力图：$36 - 20 - 72 = -56$
余下计算请读者自行完成。

**【例 13-1-3】** 结构如图 13-1-3（a）所示，作 M 图。

**【分析】** B 柱无荷载，从 B 的水平反力（便于求柱子的弯矩）入手：结构对称，先把竖向荷载按两侧各自为对象等效变换到对称轴以及 D、E 两点，再把水平荷载作相应的变换如图 13-1-3（b）。由于 D、E 两处的竖向荷载以及 A 处的水平荷载对 B 的水平反力

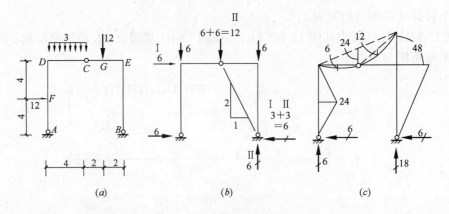

图 13-1-3

无影响（静定对象的反力定理—见第 2 章预备知识 10），只要把图 13-1-3（b）中的 I、II 号荷载的影响算出 [图 13-1-3（b）中的反力上的罗马数字与荷载对应]，即可计算 B 柱的弯矩：$M_{EB} = 6 \times 8 = 48 (= M_{EC})$；再利用落差（见 5-4 节落差法）$M_C^{DE} = \dfrac{12 \times 8}{4} = 24$，由几何关系可确定 D 截面弯矩为 0，余下计算请读者自行验证。

【例 13-1-4】 结构如图 13-1-4（a）所示，求 $N_{EF}$。（广东工业大学）

【分析】 只要在 C 支座加一向左的大小为 10 的水平力，结构的受力情况就呈现反对称状态。反向加一水平荷载即可消除增加外力的影响。由于（a）=（b）+（c）。分别分析（b）（反对称）和（c）（正对称）再叠加即可。

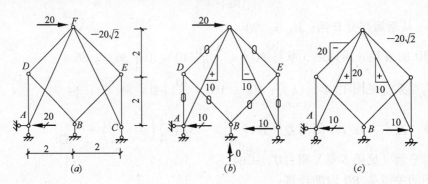

图 13-1-4

【例 13-1-5】 用杆件代替法求图 13-1-5（a）所示桁架的内力 $N_1$。（同济大学）

【解法一】 （选自文献 [18] P42~43）：

（1）确定代替桁架

取 B 支座链杆为被代替杆，代替桁架如图 13-1-4（b）所示。

（2）建立等价条件：$N_{CD}^P + \overline{N}_{CN} X_1 = 0$

对图 13-1-4（b）的代替桁架先求支座反力，判断零杆，然后取节点 D，

由 $\sum Y = 0$，求得 $N_{CD}^P = -\dfrac{P}{2}$

在代替桁架的被代替杆位置作用单位力 $X_1 = 1$，见图 13-1-4（c），求得：

$$\overline{N}_{CD} = -\frac{2}{3}, \quad \overline{\overline{N}}_{CD} = -\frac{2\sqrt{5}}{3}$$

代入等价条件求得:$X_1 = -\dfrac{N_{CD}^P}{\overline{N}_{CD}} = -\dfrac{P}{2} \times \dfrac{3}{2} = -\dfrac{3P}{4}(\downarrow)$

(3) 求 $N_1$

$$N_1 = N_1^P + \overline{N}_1 X_1 = 0 + \frac{3\sqrt{5}}{2}\left(-\frac{3P}{4}\right) = -\frac{\sqrt{5}}{2}P \text{(压力)}$$

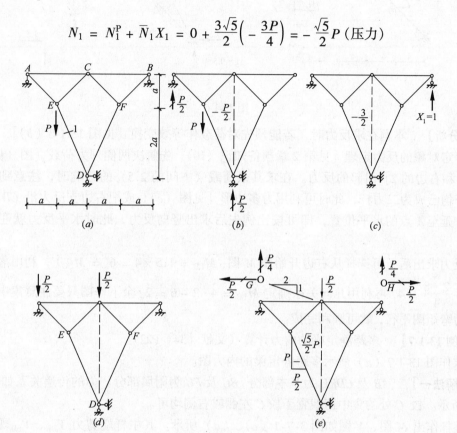

图 13-1-5

**【解法二】** 把荷载在几何不变的 AEC 部分作等效变换如上图 13-1-5 (d),再利用静定对象的反力定理[见第 2 章预备知识 (10)]可确定变换后左边的外力 $P/2$ 对 $N_1$ 无影响,不予考虑;余下的荷载为正对称。此时把上部 2 个三角形以外的构件看作大地对结构的约束,显然这是一个三个铰分别位于 C、G、H 的三铰结构,利用对称性得到的竖向反力为 $P/4$,再利用三铰结构的反力特性(此时约束力沿 CG 与 CH)可求得水平反力为 $P/2$。由于 A、B 的支反力只有竖直方向,水平分力只能由 DE 提供。故得该杆的内力为 $-\dfrac{\sqrt{5}P}{2}$,见图 13-1-5 (e)。

讨论:解法一为传统方法,在 (2) 求 $\overline{N}_{CD} = -\dfrac{2}{3}$,$\overline{\overline{N}}_{CD} = -\dfrac{2\sqrt{5}}{3}$ 过程比较麻烦。采用等效变换法(解法二),就简单多了,该法原理可参考例 2-10。

**【例 13-1-6】** 画出图 13-1-6（$a$）所示结构的弯矩图（华中科技大学）

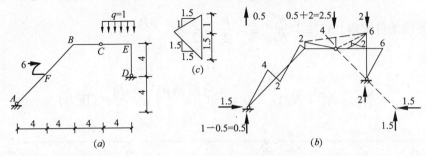

图 13-1-6

**【分析】** 本题在求反力时，若能预先对荷载作等效变换［见图 13-1-6（$b$）］，此时可利用静定对象的反力定理［见第 2 章预备知识（10）］先解决两侧外力荷载［图（$b$）左边的 0.5 和右边的 2］引起的反力。在求其余荷载（中间的 2.5）的影响时，注意到此时左右 2 杆均已成为二力杆，此时可利用力多边形［见图（$c$）］或把右边支反力沿 $CD$ 直线向右下方延至 $A$ 点的水平位置，即可按比例先后求出竖向反力，此时水平反力就迎刃而解了。

反力求出后，可选择从右边开始作 $M$ 图：$M_{ED} = 1.5 \times 4 = 6(= M_{EC})$；利用落差法求 $M_{BE}^C = \dfrac{2 \cdot 8}{4} = 4$，再利用几何关系确定 $M_{BC} = 4 \cdot 2 - 6 = 2$。余下作图只要注意集中力偶两侧剪力弯矩图平行，就可顺利完成。

**【例 13-1-7】** 多跨静定梁的内力计算（文献［34］P22）。

求作图 13-1-7（$a$）所示多跨静定梁的内力图。

**【解法一】** $AB$ 及 $CDEF$ 为基本部分，$BC$ 及 $FG$ 为附属部分。力的传递关系如图 3-7-1（$b$）所示。铰 $C$ 处的集中荷载置于铰 $C$ 左侧或右侧均可。

逐杆作出 $M$ 图，$V$ 图如图 3-7-1（$c$）、（$d$）所示。其中杆端剪力 $V_{DE}$、$V_{SD}$ 既可利用支座 $D$、$E$ 的反力求得，也可取杆件 $DE$ 为隔离体，利用杆端弯矩，由力矩平衡方程求得。

**【解法二】** （见图 13-1-7）：

1) （从附属部分开始）作 $BC$ 段弯矩图：$M_{BC} = 5 \times 2 = 10$

2) 计算 $C$ 在 $BD$ 段的落差：$M_{BD}^C = \dfrac{10 \cdot 2 \cdot 1}{3} = \dfrac{20}{3}$

3) 利用几何关系计算 $D$ 处弯矩：$M_D = \dfrac{3}{2} \cdot \dfrac{20}{3} + \dfrac{1}{2} \cdot 10 = 15$

4) 作 $FG$ 段的弯矩图，中间落差：$\dfrac{8 \cdot 2^2}{8} = 4$

5) 计算 $F$ 在 $EG$ 段的落差：$M_{EG}^F = \dfrac{12 \cdot 1 \cdot 2}{3} = 8$

6) 利用几何关系计算 $E$ 处的弯矩：$M_E = \dfrac{3}{2} \cdot 8 = 12$

7) 利用定向平通（见 5-2 节）作 $BO$ 段弯矩图，再叠加一个集中力偶即可完成 $AO$

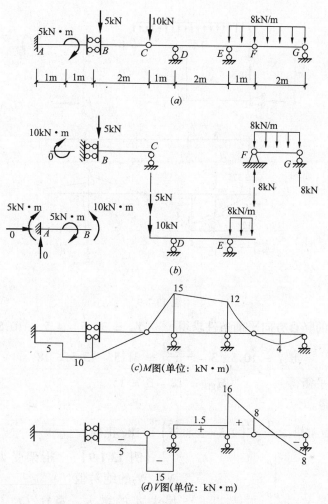

图 13-1-7

段，整个弯矩图完成，见图 13-1-8。

**【例 13-1-8】** 试分析图 13-1-9 (a) 所示刚架，绘制弯矩图。（中南地区 2005 年 "结构力学" 竞赛试题）

**【分析】** 本例为静定结构，分析从附属部分开始：

$M_{GC} = 2 + 2 \cdot 2 = 6$；$M_{GE} = 3$

利用 $G$ 节点平衡得：$M_{GB} = 9$

计算 $B$ 在 $FG$ 的落差（参看第 5 章）：$M_B^{FG} = \dfrac{3 \cdot 4}{4} = 3$

由几何关系得：$M_{FB} = 9 - 2 \cdot 3 = 3$

由整体的水平方向平衡条件得：$X_D = 1$

由 $BG$ 段的弯矩图可求得 $Q_B = -\dfrac{9}{2} = -4.5$。

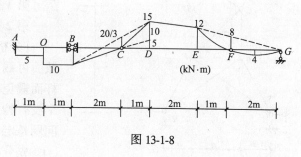

图 13-1-8

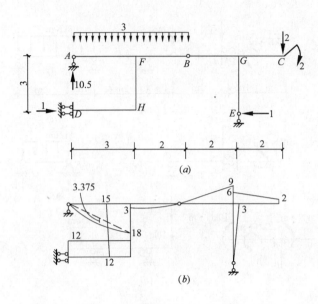

图 13-1-9

再由 $B$ 以左的竖直方向平衡条件求得 $Y_A = 3 \cdot 5 - 4.5 = 10.5$

截面法计算 $M_{FA} = 10.5 \cdot 3 - \dfrac{3 \cdot 3^2}{2} = 31.5 - 13.5 = 18$

利用 $F$ 节点平衡得 $M_{FH} = 18 - 3 = 15$

余下计算从略。

校核：$M_{FA} = M_{FL}^{AB} = \dfrac{3 \cdot 2}{5}\left(2.5 \cdot 3 + \dfrac{15}{2}\right) = 18$，正确。

【例 13-1-9】 桁架受力如图 13-1-10，则 $N_1$、$N_2$ 的绝对值_____ $P$，并选择，随着尺寸 $a$ 的增大，竖杆 $CE$ 与 $DF$ 的内力随之_____。（五邑大学）

第1空：A. 大于　　B. 等于　　C. 小于

第2空：A. 增大　　B. 减小

【分析】 本结构虽为简单桁架，由于没有截面可截出 3 个未知力，故截面法无法找到单杆而避免不了解方程组。要用结点法求解要作 2 个没有特殊角度的节点法分析亦很麻烦。由于问题是定性的，采用定性分析则比较简单：

先分析 $A$ 节点：由 $\psi'$ 结点（见第 4 章）得知 $AC$ 杆受压；再由 $K'$ 形结点的 $AD$ 杆受拉。利用对称性得知 $BC$ 杆与 $AD$ 杆同样受拉。接下来

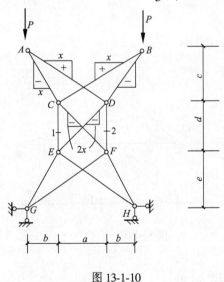

图 13-1-10

分析 $D$（或 $C$）节点可得 $CF$ 与 $DE$ 杆受压，且知 $CE$ 杆的压力小于 $P$，第 1 空选择答案 $C$。

另外，随着尺寸 $a$ 的增大，图中各杆的内力分量 $x$ 随之减少，故竖杆 $CE$ 与 $DF$ 的内力随之减小，第 2 空选择 $B$。

【例 13-1-10】 求图 13-1-11 所示桁架中 1、2 杆的内力（华中科技大学，选自文献 [23] P345）

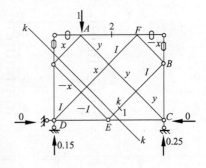

图 13-1-11

【分析】 本题虽为静定，因属复杂桁架，用节点法（除上面两侧节点外）无法找到仅含 2 个未知量的分析对象，这类问题一般教材通常采用通路法（一种利用预先选定初参数，利用多个节点的平衡方程联立求解的方法）：如利用 K 形和 X 形节点原理（见第 4 章），若设杆 1 内力为 $x$，则图中有多杆的内力与之相等或相反以及另有几杆内力相等，设为 $y$，再利用 V 形节点还可得 4 根 0 杆。此时利用 B 点的平衡可用 $x$ 表达 BC 杆的内力：$N_{BC} = -\sqrt{2}x$；在求得支反力的基础上，由 A、C 的平衡条件得如下两方程：

$$\frac{\sqrt{2}}{2}(x+y)+1=0$$
$$\sqrt{2}x-\frac{\sqrt{2}}{2}y-0.25=0$$

解之得：$\begin{Bmatrix} x \\ y \end{Bmatrix} = -\frac{\sqrt{2}}{4}\begin{Bmatrix} 1 \\ 3 \end{Bmatrix}$ 从而得

$$N_1 = x = -\frac{\sqrt{2}}{4}$$
$$N_2 = \frac{\sqrt{2}}{2}(x-y) = \frac{1}{2}$$

其实通路法既不能说惟一，也不能说最佳。如在求得支反力以及分析出 4 根 0 杆的情况下，利用 k-k 截面一侧的平衡条件就可求得 $N_{CD}=0.75$；同样道理可求得 $N_{CE}=0.25$，再利用 C、D 或 E 点的平衡条件就可求得：

$y = -\frac{3\sqrt{2}}{4} = N_1$ 和 $x = -\frac{\sqrt{2}}{4} = N_1$；利用 A 或 F 点的平衡就可求得：$N_2 = -2 \cdot \frac{\sqrt{2}}{2}x = \frac{1}{2}$。

显然，这样的解法可免去解方程组之繁。

## §13.2 超静定分析

【例 13-2-1】 图 13-2-1（a）所示单层单跨厂房排架，$I_1 = 3I$，各杆的 E 相等，试用力法计算图示风荷载作用下所引起的排架柱的弯矩图。（选自文献 [9] P153）

【解法一】 取基本结构并作 $M_1$ 图和 $M_P$ 图如图 13-2-1 中的（b）与（c），则：

$$\delta_{11} = \frac{1}{EI} \cdot \frac{a^2}{2} \times \frac{2a}{3} \times 2 + \frac{2}{3EI}\left[\frac{a}{2} \cdot 3a \times \left(\frac{2a}{3}+\frac{4a}{3}\right)+\frac{4a}{2} \cdot 3a\left(\frac{2}{3} \cdot 4a+\frac{a}{3}\right)\right] = \frac{44qa^3}{3EI}$$

$$\Delta_{1P} = \frac{1}{EI}\left(\frac{1}{3} \cdot \frac{qa^2}{2} \cdot a \times \frac{4a}{3} - \frac{1}{3} \cdot \frac{qa^2}{4} \cdot a \times \frac{3a}{4}\right) +$$
$$\frac{1}{3EI}\left[\frac{1}{2} \cdot \frac{qa^2}{2} \cdot 3a\left(\frac{2a}{3}+\frac{4a}{3}\right)+\frac{8qa^2}{2} \cdot 3a\left(\frac{2.4a}{3}+\frac{a}{3}\right)-\frac{2}{3} \cdot \frac{9qa^2}{8} \cdot 3a \cdot \frac{5a}{2}-\right.$$
$$\left.\frac{1}{2} \cdot \frac{qa^2}{4} \cdot 3a\left(\frac{2a}{3}+\frac{4a}{3}\right)-\frac{4qa^2}{2} \cdot 3a\left(\frac{2 \cdot 4a}{3}+\frac{a}{3}\right)+\frac{2}{3} \cdot \frac{9qa^2}{16} \cdot 3a \times \frac{5a}{2}\right]$$

$$= \frac{129qa^2}{24}（参看文献[9]P153，但书中这步计算有误，想必因为太繁而未能查出）$$

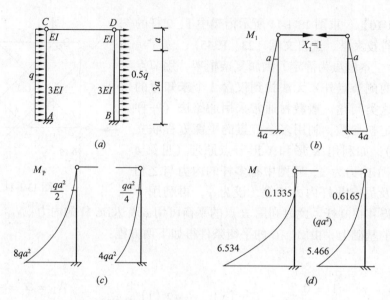

图 13-2-1

解得:$X_1 = -\dfrac{\Delta_{1P}}{\delta_{11}} = -\dfrac{129qa^2}{24} \times \dfrac{3EI}{44a^3} = -\dfrac{129qa}{352} \approx -0.36645qa$

作弯矩图如图 13-2-1（d）。

**【解法二】** 基本结构及 $M_1$、$M_P$ 图同解法一，采用适当组合及带 $EI$ 的图乘法（见 8.6 节）计算如下：

$$\delta_{11} = \dfrac{1}{EI} \cdot \dfrac{a^2}{2} \times \dfrac{2a}{3} \times 2 + \dfrac{2}{3EI}\left[\dfrac{a}{2} \cdot 3a \times \left(\dfrac{2a}{3} + \dfrac{4a}{3}\right) + \dfrac{4a}{2} \cdot 3a\left(\dfrac{2}{3} \cdot 4a + \dfrac{a}{3}\right)\right] = \dfrac{44qa^3}{3EI}$$

$$\Delta_{1P} = \dfrac{1}{3EI} \cdot \dfrac{1}{3} \cdot 4ql^2 \cdot 4l \times \dfrac{3}{4} \cdot 4l + \left(\dfrac{1}{EI} - \dfrac{1}{3EI}\right)\dfrac{1}{3} \cdot \dfrac{ql^2}{4} \cdot l \times \dfrac{3l}{4} = \dfrac{129ql^4}{24EI}$$

余下计算同解法一。

**【小结】** 本例解法二与解法一相比，$\Delta_{1P}$ 的计算量降至 1/4。

**【例 13-2-2】** 用力法求做图 13-2-2（a）所示结构（$EI$ = 常量）的 $M$ 图。（浙江大学）

**【分析】** 本题为 1 次超静定问题，选择把 $C$ 截面改为铰的基本结构，做 $M_P$ 与 $M_i$ 图

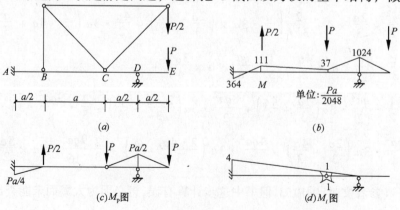

图 13-2-2

如 13-2-2 中的（c）、（d）。

设 $EI=1$，则 $\delta_{11} = \frac{1}{2} \cdot 4 \cdot 2a \times \frac{2}{3} \cdot 4 = \frac{32a}{3}$

$$\Delta_{1P} = -\frac{1}{2} \cdot \frac{a}{2} \cdot \frac{Pa}{4} \times \frac{15}{16} \cdot 4 + \frac{1}{2} \cdot \frac{a}{2} \cdot \frac{Pa}{2} \times \frac{1}{3} = \frac{-37Pa^2}{3 \cdot 4 \cdot 16}$$

$$x_1 = \frac{37Pa^2}{2^6 \cdot 3} \cdot \frac{3}{32a} = \frac{37Pa}{2^{11}} = \frac{37Pa}{2048}$$

请读者思考：为何选择把 C 截面改为铰节点。

**【例 13-2-3】** 已知图 13-2-3（a）中，各杆 $EI = a^2 EA$，求作 M、N 图。（五邑大学）

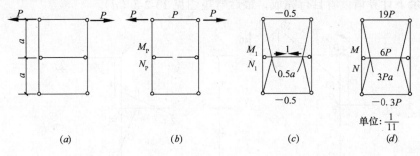

图 13-2-3

**【解】** 取基本结构如图 13-2-3(b)，作 $M_P$、$N_P$ 和 $M_1$、$N_1$ 图分别如图（b）、（c），有：

$$\delta_{11} = \frac{4}{EI}\frac{1}{2}a \cdot 0.5a \times \frac{2}{3} \cdot 0.5a + \frac{1}{EA}[2a \cdot (-0.5)^2 + a \times 1^2] = \frac{a}{3EA} + \frac{3a}{2EA} = \frac{11a}{6EA}$$

$$\Delta_{1P} = \frac{1}{EA}(-0.5a \times P) = \frac{-Pa}{2EA} \Rightarrow X_1 = -\frac{\Delta_{1P}}{\delta_{11}} = \frac{Pa}{2EA} \times \frac{6EA}{11a} = \frac{3P}{11}$$

作 M、N 图如图 13-2-3（d）。

**【例 13-2-4】** 用力法作图 13-2-4(a)所示结构的弯矩图，已知 $EI =$ 常量。（五邑大学）

**【解】** 利用对称性，取基本结构如图 13-2-3(b)，作 $M_1$、$M_P$ 图如 13-2-3(b),(c)。

计算（令 $EI=1$）：$\delta_{11} = \frac{a^2}{2} \times \frac{2a}{3} + a^3 = \frac{4a^3}{3}$

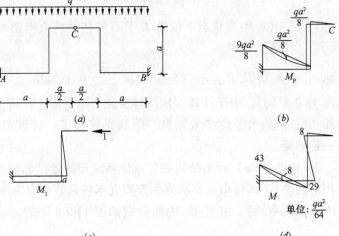

图 13-2-4

$$\Delta_{1P} = -\frac{1}{3}\cdot\frac{3a}{2}\cdot\frac{9qa^2}{8}\times a + \frac{1}{3}\,\frac{a}{2}\,\frac{qa^2}{8} - \frac{a^2}{2}\times\frac{qa^2}{8} = \frac{29qa^4}{48}$$（纵向拼接，见 8.3 节）

$$X_1 = -\frac{\Delta_{1P}}{\delta_{11}} = \frac{29}{48}\times\frac{3}{4}qa = \frac{29qa}{64}$$

作 $M$ 图（一半）如图 13-2-4（$d$）。

**【例 13-2-5】** 用位移法作图 13-2-5（$a$）所示结构的弯矩图，已知 $EI$ = 常量。（文献［18］P184）

**【解法一】** 取基本结构如图 13-2-5（$b$），此时 $BD$ 杆为剪力静定，故作 $M_1$图时要多加小心。余下计算请读者自行完成，最后弯矩图见 13-2-5（$d$）。

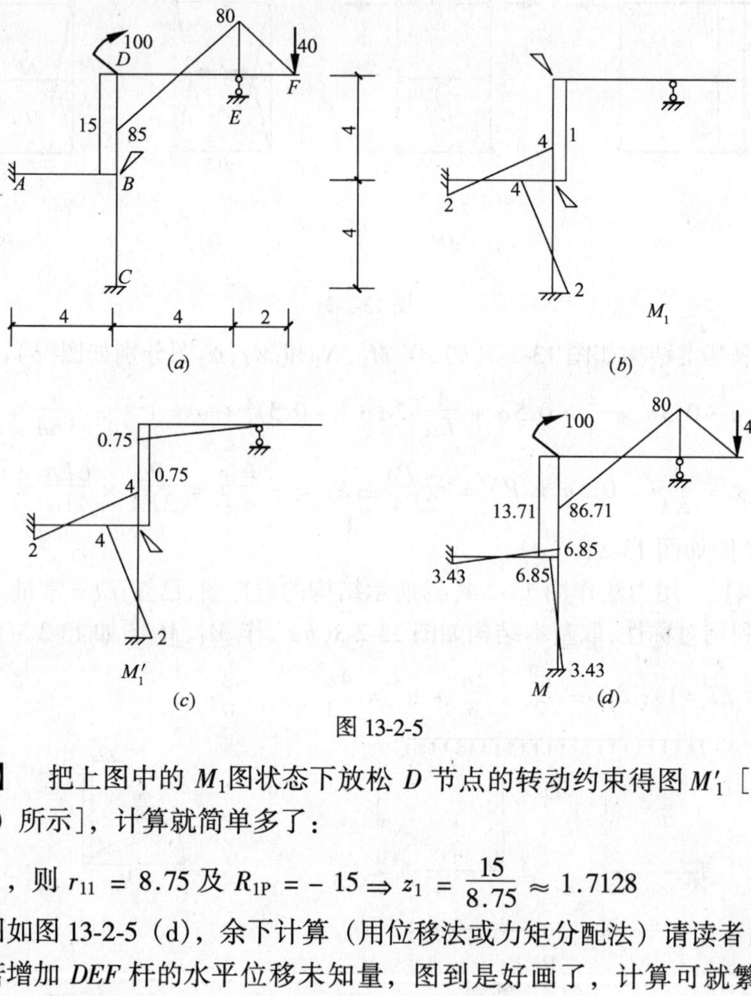


图 13-2-5

**【解法二】** 把上图中的 $M_1$图状态下放松 $D$ 节点的转动约束得图 $M'_1$［此时 $M'_p$ 图如图 13-2-5（$a$）所示］，计算就简单多了：

令 $i = 1$，则 $r_{11} = 8.75$ 及 $R_{1P} = -15 \Rightarrow z_1 = \dfrac{15}{8.75} \approx 1.7128$

得弯矩图如图 13-2-5（d），余下计算（用位移法或力矩分配法）请读者自行完成。

讨论：若增加 $DEF$ 杆的水平位移未知量，图到是好画了，计算可就繁多了。当然，解法二又比解法一要简捷。

**【例 13-2-6】** 图 13-2-6（$a$）所示结构在节点位移未知量处已添加了相应的约束（括号中的数字表示相对刚度），试写出位移法典型方程并求各系数和自由项。（浙江大学）

**【解】** 作 $M_P$（图无弯矩），$M_1$图和 $M_2$图分别如图 13-2-6 中的（$a$）、（$c$）和（$d$），由图可求得位移法典型方程如下：$\begin{bmatrix} 20 & -5 \\ -5 & 5.5 \end{bmatrix}\begin{Bmatrix} z_1 \\ z_2 \end{Bmatrix} = \begin{Bmatrix} 0 \\ 10 \end{Bmatrix}$

解之得 $\begin{Bmatrix} z_1 \\ z_2 \end{Bmatrix} = \dfrac{2}{4.4-1}\begin{bmatrix} 1.1 & 1 \\ 1 & 4 \end{bmatrix}\begin{Bmatrix} 0 \\ 1 \end{Bmatrix} = \dfrac{10}{17}\begin{Bmatrix} 1 \\ 4 \end{Bmatrix}$

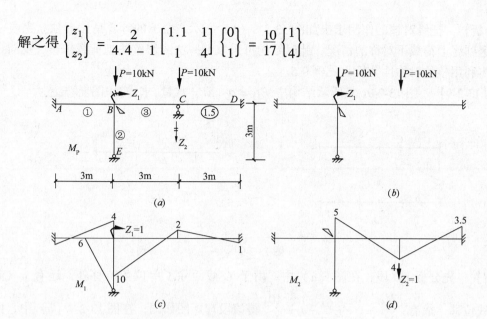

图 13-2-6

\* 原题 BC 与 CD 段线刚度为 1。

【例 13-2-7】 求图 13-2-7（a）所示结构由于横梁制造误差引起 D 点的水平位移。（五邑大学）

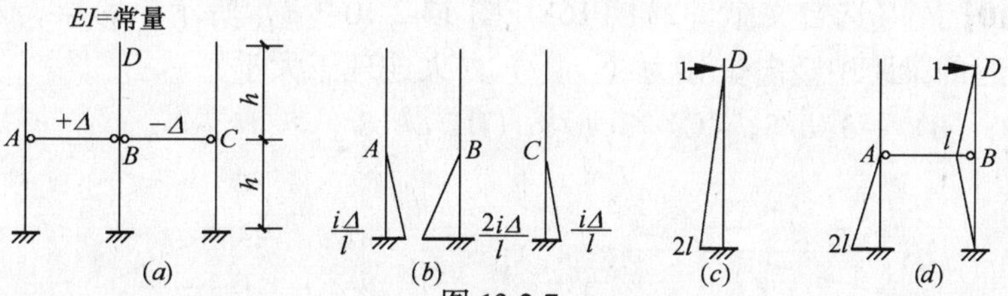

图 13-2-7

首先(利用对称性)求作内力图如图 13-2-7(b)。位移计算可用不同的基本结构进行：

【解法一】 利用图 13-2-7（c）作基本结构，则

$$\Delta_D^H = \Delta_M + \Delta_c = \dfrac{1}{EI}\cdot\dfrac{l}{2}\cdot\dfrac{2i\Delta}{l}\times\dfrac{5}{6}\cdot 2l + 0 = \dfrac{5\Delta}{3} \quad (\rightarrow)$$

【解法二】 （作验算）利用图 13-2-7（d）作基本结构，则

$$\Delta_D^H = \Delta_M + \Delta_c = \dfrac{-1}{EI}\cdot\dfrac{l}{2}\cdot 2l\times\dfrac{2}{3}\cdot\dfrac{i\Delta}{l} + \dfrac{l^2}{2}\times\dfrac{1}{3}\cdot\dfrac{2i\Delta}{l} + 2\Delta = \dfrac{5\Delta}{3} \quad (\rightarrow)$$

【例 13-2-8】 求作图 13-2-8（a）所示结构的 M 图。

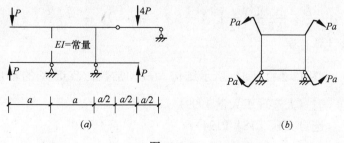

图 13-2-8

【分析】 把缘对核的作用求出如图 13-2-8（b）所示，余下的计算请读者独立完成。
若遇到缘上荷载不对称的情况，此时结构可采取补齐法或修整法把荷载作正、反对称分解，再利用核的对称性分析，见例 9-5。

【例 13-2-9】 图 13-2-9（a）所示结构中 $EI_1 = \infty$，$EI = $ 常量，求作 $M$ 图。（五邑大学）

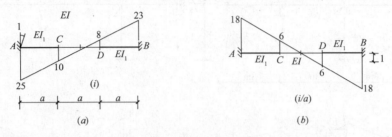

图 13-2-9

【解】 先分析 $CD$ 段：在图（a）中，由于 $C$ 截面除了单位角位移外，还有 $a$（向下）的线位移，故有：$\begin{matrix} M_C \\ M_D \end{matrix} = \begin{matrix} 4i \\ 2i \end{matrix} + \dfrac{6i}{a} \cdot a = \begin{matrix} 10i \\ 8i \end{matrix}$ 得该段弯矩图如图；在图 13-2-9（b）中，由于右边的平移得两端弯矩如图所示；再按无荷载区段（弯矩图为直线）原则分别向两端延伸，见图 13-2-9（a）、（b）即可。

【注】 有关带刚度无穷大部分单元的载常数见例 9-7-1，9-7-2。

【例 13-2-10】 （选自文献 [23] P161）图 13-2-10（a）所示单跨梁，左端发生角位移 $\psi$，由此引起的梁跨中竖向位移为（　　）。（大连理工大学）
（A）$\psi L/2$；（B）$-3\psi L/8$；（C）$73\psi L/8$；（D）$\psi L/8$

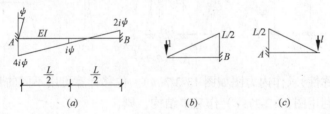

图 13-2-10

【分析】 先作弯矩图如图 13-2-10（a）。取基本结构并加单位力如图 13-2-10（b）或（c），先用图（b）计算：$\Delta_C^V = \dfrac{1}{EI}\dfrac{1}{2}\left(\dfrac{L}{2}\right)^2 \times \dfrac{1}{3}(2 \cdot 2i - i)\psi = \dfrac{\psi \cdot L}{8}$（↓），故选择 B。
用图 13-2-9（c）作基本结构验算，此时注意叠加 $A$ 支座位移产生的影响，
故有：$\Delta_C^V = \psi \cdot \dfrac{L}{2} - \dfrac{1}{EI}\dfrac{1}{2}\left(\dfrac{L}{2}\right)^2 \times \dfrac{1}{3}(2 \cdot 4i + i)\psi = \dfrac{\psi \cdot L}{8}$（↓），结果一样。

【注】 原著计算有误。

【例 13-2-11】 图 13-2-11（a）所示结构，$EI = $ 常数，节点 $K$ 的转角 $\varphi_K = \dfrac{qa^2}{96EI}$（顺时针方向）是否正确？（大连理工大学 1999）

【解法一】 （选自文献 [18] P194）
正确。

170

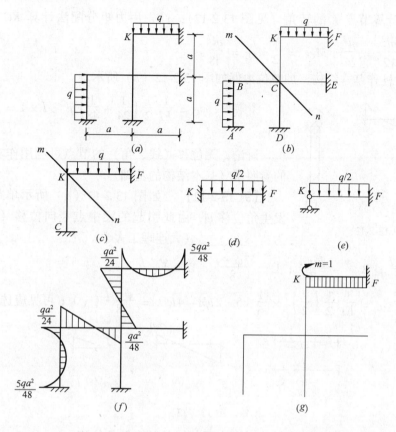

图 13-2-11

(1) 作 $M$ 图

此结构沿 45°角斜线 $mn$ 对称，过 $C$ 点的 45°方向斜线 $mn$ 为此结构的对称轴，节点 $C$ 的转角为零。取半个结构如图 13-2-11（c）所示。再将荷载分成正、反对称的叠加。如图 13-2-11（d）（正对称）、图 13-2-11（e）（反对称）所示。由叠加得：

$$M_{KF} = \frac{1}{12}\left(\frac{q}{2}\right)a^2 = \frac{qa^2}{24}(\uparrow)$$

$$M_{FR} = \frac{1}{12}\left(\frac{q}{2}\right)a^2 + \frac{1}{8}\left(\frac{q}{2}\right)a^2 = \frac{5}{48}qa^2(\uparrow)$$

$$M_{BC} = \frac{qa^2}{24}(\leftarrow)$$

$$M_{CK} = -\frac{1}{12}\left(\frac{q}{2}\right)a^2 + \frac{1}{8}\left(\frac{q}{2}\right)a^2 = \frac{qa^2}{48}(\rightarrow)$$

结构 $M$ 图如 $f$ 图所示。

(2) 求 $K$ 截面的转角 $\varphi_K$

取如图 13-2-11（g）所示的静定结构，在 $K$ 处加单位力作 $\overline{M}_t$ 图。

$$\varphi_K = \frac{1}{EI}\left(\frac{1}{8}qa^2 \times a \times \frac{2}{3} \times 1 - \frac{qa^2}{24} \times a \times \frac{1}{2} \times 1 - \frac{5}{48} \times qa^2 \times a \times \frac{1}{2} \times 1\right) = \frac{qa^3}{96EI}(\swarrow)$$

【解法二】 由结构整体的对称性分析得知节点 $C$ 完全无节点位移，可直接利用图

13-2-11（c）计算节点 $K$ 的转角（见图 13-2-12）：首先用力矩分配法计算 $KC$ 杆的弯矩：
$M_{KC} = \frac{1}{2} \times \frac{ql^2}{12} = \frac{ql^2}{24}$；$M_{CK} = \frac{1}{2} M_{KC} = \frac{ql^2}{48}$。

利用 $KC$ 柱作基本结构，加单位力偶如图 13-2-12（b）所示。

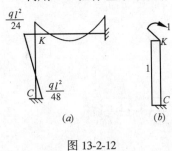

图乘得：$\varphi_C = \frac{1}{EI} \frac{1}{2} \left( \frac{1}{24} + \frac{1}{48} \right) ql^2 \cdot l \times 1 = \frac{ql^3}{96EI}$（顺时针）。

讨论：无位移（线、角）的节点可利用作求绝对位移的参照系（基本结构的基础）。

【例 13-2-12】 如图 13-2-13（a）所示单跨梁，左端发生角位移 $\psi$，由此引起的梁中点竖向位移（向下为正）为：_____。（大连理工大学）

图 13-2-12

A $\frac{\psi \cdot l}{2}$；B $-\frac{\psi \cdot l}{3}$；C $\frac{7\psi \cdot l}{8}$；D $\frac{\psi \cdot l}{8}$

【解】 $\varphi_C = \frac{1}{EI} \frac{1}{2} \left( \frac{l}{2} \right)^2 \times \frac{1}{6} (5 \cdot 2i\psi - 4i\psi) = \frac{\psi \cdot l}{8}$（↓）；可见应选 D。

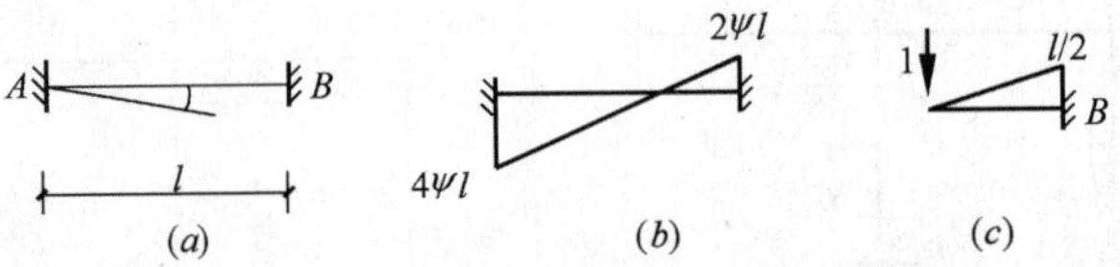

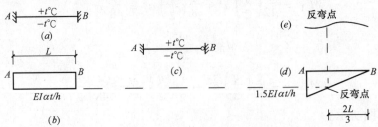

图 13-2-13

【提示】 选右半梁作基本结构时别忘了此时基础有转角位移。

【例 13-2-13】 已知单跨超静定梁在温度改变作用下弯矩图如图 13-2-14（b）所示，试完成图 13-2-14（c）的弯矩图，画出杆件弹性曲线的大致形状，并在图上标出反弯点的位置。（五邑大学）

【分析】 由图 13-2-14（a）可见，在内力弯矩 $EI\alpha t$ 与温度的共同作用下，杆轴保持直线。用力矩分配法放松 $B$ 支座的转动约束，得与图 13-2-14（c）相对应的弯矩图如图 13-2-14（d）。把 13-2-14（b）、（c）重叠得知交点离左边支座 $L/3$。反弯点以左下部受拉，以右上部受拉。杆件弹性曲线的大致形状如图 13-2-14（e）所示。

图 13-2-14

【例 13-2-14】 已知图 13-2-15（a）所示结构 $EI$ 为常量，$C$ 支座沉降量为 $\Delta$，采用适当方法求作 $M$ 图。（中南地区 2005 年"结构力学"竞赛试题）

【解】 可采用力矩分配法计算（只有 $B$ 点转动），如表 13-1 所示。

力矩分配法计算 表 13-1

| 杆端 | AB | BA | BC | BD |
|---|---|---|---|---|
| 线刚度 $i$ | $EI/5$ | $EI/5$ | $EI/4$ | $EI/4$ |
| 转动刚度 S | | $4EI/5$ | $3EI/4$ | 0 |
| $\mu$ 分配系数 | | 16/31 | 15/31 | 0 |
| $M^g$ 固端弯矩 | 0 | 0 | $3EI\Delta/16$ | 0 |
| 分配弯矩 | | $-48EI\Delta/496$ | $-45EI\Delta/496$ | 0 |
| 传递弯矩 | $-24EI\Delta/496$ | | | |
| 最终弯矩 | $-24EI\Delta/496$ | $-48EI\Delta/496$ | $48EI\Delta/496$ | 0 |

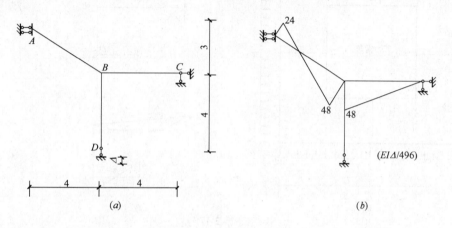

图 13-2-15

最终弯矩图见图 13-2-15（b）。

讨论：滑动支座 A 在支座位移时无反力，但在 B 节点转动时有反力。

【例 13-2-15】 已知图 13-2-16（a）所示结构，作 M 图。（五邑大学）

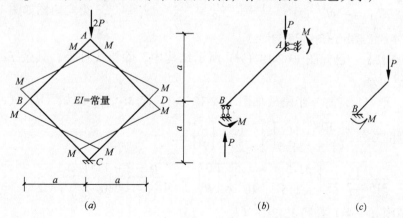

图 13-2-16

【解】 利用对称性取 1/4 结构如图 13-2-16（b）。由于 A、B 无转动，可知弯矩图过杆件中点且两端弯矩等值，设其大小为 M，作用方向与外力产生的力矩相反如图 13-2-16（b）。由平衡条件得：$Pa = 2M \Rightarrow M = \dfrac{Pa}{2}$；得弯矩图如图 13-2-16（a）。

若把 A 处的荷载移至 AB 的中点，则计算更为简单，见图 13-2-16（c）。

讨论：有些超静定结构的内力仅用静力平衡条件就可确定。

【例 13-2-16】 已知正方形沉井结构如图 13-2-17（a）所示，求作 $M$ 图。（五邑大学）

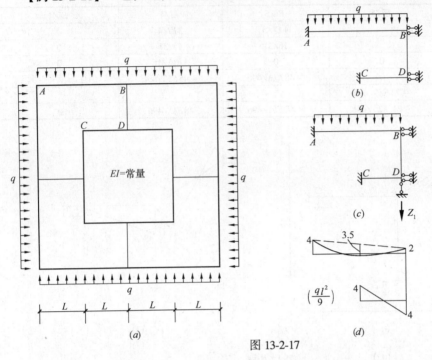

图 13-2-17

【分析】 本例宜用位移法求解，由于正方形有 8 条对称轴，取 1/8 结构分析如图 13-2-17（b），此时 $A$ 支座本应为定向约束，但滑动面与杆轴不垂直，在忽略轴向变形的情况下，无线位移，改为固定端。

【解】 $R_{1P} = -ql$  $r_{11} = \frac{12i}{l^2} + \frac{3i}{2l^2} = \frac{27i}{2l^2}$  $z_1 = \frac{2ql^3}{27i}$ 得弯矩图如图 13-2-17（d）。

【注】 本解法适用于任何正多边形。

【例 13-2-17】 已知图 13-2-18（a）所示结构中，除粗线杆外，其余 $EI$ 为常量，求作 $M$ 图。

【解】 取（反对称）半刚架如图 13-2-18（c），作 $M_1$、$M_2$ 图如（d）、（e）；

建立刚度方程：$\begin{bmatrix} 10 & 1.5 \\ 1.5 & 31.5 \end{bmatrix} \begin{Bmatrix} z_1 \\ z_2 \end{Bmatrix} = \begin{Bmatrix} 0 \\ P \end{Bmatrix} \Rightarrow$

$\begin{Bmatrix} z_1 \\ z_2 \end{Bmatrix} = \frac{1}{315 - 2.25} \begin{bmatrix} 31.5 & -1.5 \\ -1.5 & 10 \end{bmatrix} \begin{Bmatrix} 0 \\ P \end{Bmatrix} = \frac{P}{312.75} \begin{Bmatrix} -1.5 \\ 10 \end{Bmatrix}$

作弯矩图（一半）如图 13-2-18（b）。

【例 13-2-18】 请用反弯点法计算图 13-2-19（a）所示结构，画出弯矩图（标在杆件边上的数字是线刚度）（华中科技大学）

【解】 由于有贯通柱，下面两层各柱侧移量（层间侧移）不等，须算出该（相对）值方可利用反弯点法计算。由于右柱贯穿 1、2 层，其上并无荷载，剪力为常量，可知下面两层对应柱的剪力相等，并可立即计算这两层的楼层侧移相对值为 $\dfrac{12i_2}{3^2} \bigg/ \dfrac{12i_1}{3^2} = 5/6$，

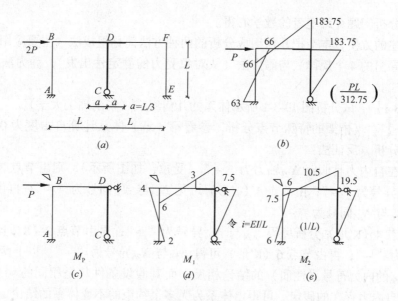

图 13-2-18

可见 2 层各柱的侧移比为 $6/6/(5+6) = 6/6/11$，而 1 层各柱的侧移比为 $5/5/11$；由此推算 2 层各柱的侧移刚度比为：

$$\frac{0.5 \cdot 6}{3^2} \Big/ \frac{0.5 \cdot 6}{3^2} \Big/ \frac{0.3 \cdot 11}{6^2} = 40/40/11$$

该层各柱的剪力分配系数：$\frac{40}{91} \Big/ \frac{40}{91} \Big/ \frac{11}{91}$

下面 2 层各柱上下端弯矩：$10 \cdot \frac{40}{91} \cdot 1.5 \approx 6.5934$、$6.5934$ 和 $10 \cdot \frac{11}{91} \cdot 3 \approx 3.6264$（1 层与 2 层对应柱的剪力相等，柱端弯矩自然也相等），作弯矩图如图 13-2-19（b）所示。

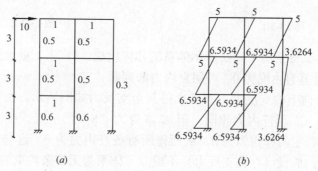

图 13-2-19

## §13.3 体系的几何组成分析

本书前 12 章并没有关于几何组成的专题技巧分析，考虑到几何分析与受力分析的密切关系以及各高校在研究生《结构力学》入学考题中亦占一席之地，特设本节，希望对读者有所帮助。

几何组成分析的难点集中在计算自由度 $W=0$ 的情况，下面结合实例就这一情况的体系几何组成分析问题介绍笔者的教学心得。

为了叙述的方便,本节把几何组成分析的两种方法简称组成法(主要应用从三角形的稳定性出发导出的 4 个规律)与静力法(从对象受力的静定性出发),静力法又可分自内力法与加载法。

**【例 13-3-1】** 试分析图 13-3-1 所示体系的几何组成(华南理工大学)。

**【解法一】** (桁架的特殊节点分析,参看第 4 章)体系计算自由度为 0,先用自内力法作几何分析,反证法:

假定存在自内力且假定 $N_{23}$ 轴力为 "+"(受拉,如图所示),则由节点 3 (K'形)可得 $N_{34}$ 与 $N_{23}$ 异号为 "−";由节点 4 ($\psi$ 形)可见 $N_{45}$ 与 $N_{34}$ 同号为 "−";再由节点 5 ($\psi'$ 形)可见 $N_{56}$ 与 $N_{45}$ 同号为 "−"。

现从节点 4 (K'形)分析可得 $N_{24}$ 与 $N_{34}$ 异号为 "+";再由节点 2 (K'形)可得 $N_{26}$ 与 $N_{24}$ 异号为 "−";再由节点 6 (K'形)可得 $N_{56}$ 与 $N_{26}$ 异号为 "+"。以上两种分析路径得到关于 $N_{56}$ 的内力符号(性质)的结论相反,而其假设条件却是相同的 − $N_{23}$ 为 "+"。因而推翻了自内力存在的假定。可得出体系为无多余约束的不变体系的结论。

**【解法二】** 把三角形 234,杆件 56 及大地看作 3 刚片,应用组成法分析请读者自行完成。

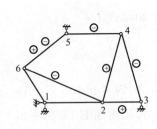

图 13-3-1

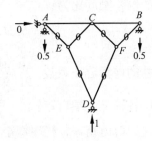

图 13-3-2

**【例 13-3-2】** 试分析图 13-3-2 所示体系的几何组成。(广东工业大学)

**【解法一】** 计算自由度为 0,可用自内力法判断:

设支座 D 有一向上的支反力,不难求得其余支反力如图所示。由于结构对称,外力亦对称,故有 CE、CF 两杆内力相同。但 C 本身为 "K" 形节点,有 CE、CF 两杆内力相反的规律,只能断定两杆内力为 0,从而得所有各杆内力为 0,这与支反力的存在情况相矛盾,说明原先的假设(存在支反力)不成立。体系为无多余约束的不变体系。

**【解法二】** 以三角形 BCF、杆 DE 和大地分别为 3 刚片,用组成法分析请读者自行完成。

**【例 13-3-3】** 试分析图 13-3-3 所示体系的几何组成。(选自文献 [5] P28)

**【分析】** 计算自由度为 0,可用自内力法判断:从节点 B 开始分析得 $N_{IB}=0$;利用特殊节点的内力关系(见第 4 章)可迅速判断所有杆件都为 0。体系不可能存在自内力,为无多余约束的不变体系。组成法请读者自行完成。

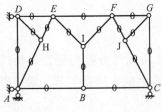

图 13-3-3

【例13-3-4】 试分析图13-3-4所示体系的几何组成。（华南理工大学）

【分析】 由于计算自由度 $W=0$，可采用静力法分析，现从 $E$ 节点分析起得 $N_{EF}=0$，余下分析及组成法请读者自行完成。

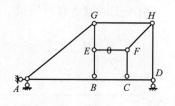

图13-3-4

【例13-3-5】 试分析图13-3-5（$a$）所示体系的几何组成（选自文献[5] P16）。

【分析】 体系计算自由度为0，可用组成法或自内力法作几何分析：

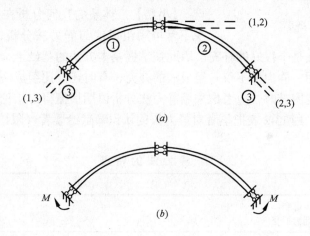

图13-3-5

【解法一】 （选自文献[5]）体系由3刚片组成：左边、右边与大地。每两刚片间都有一在无穷远的铰，由于各无穷远点都在同一支线上，因此体系是瞬变的。

【解法二】 如图13-3-5（$b$）所示，体系可能存在自内力，因此体系是瞬变的。

【例13-3-6】 试分析图13-3-6所示体系的几何组成。（北京航空航天大学，文献[23] P344）

【解】 因计算自由度为0，可用静力法分析：如在 $C$ 处加一竖向集中力如图，则可得杆 $CE$ 有内力。再分析 $E$ 节点时，无法实现静力平衡，可见体系为瞬变。

组成法请读者自行完成。

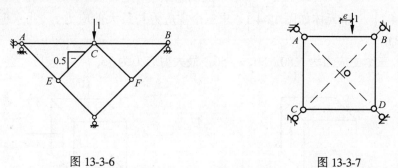

图13-3-6  图13-3-7

【例13-3-7】 试分析图13-3-7所示体系的几何组成。（文献[5] P27）

【分析】 加一集中力如图所示，对 $O$ 点取矩可得支反力为无穷大，可见体系为瞬变。

组成法请读者自行完成。

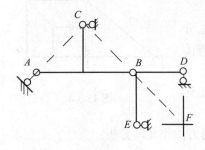

图 13-3-8

【例 13-3-8】 试分析图 13-3-8 所示体系的几何组成。

【分析】 本例关键在于分析刚片 BDE 与大地间的约束，E、D 两处的链杆相当于 F 处的瞬铰，从而可把刚片 BDE 看成刚片 ABC 与大地间的一沿 BF 直线方向的 1 个链杆约束，进而得出刚片 ABC 与大地 3 个链杆共点的判断，故体系为瞬变。

【小结】 体系的几何分析在计算自由度为 0 的情况下常可用组成法与静力法分析，组成法分析应该是基本的，但静力法是个很好的补充。因此在掌握基本方法的基础上，应努力把静力法也学好，以期不时之用。静力法不仅是组成法的补充，有时还会比组成法来的简单快捷，更有在组成法暂时感到困难时，应考虑采用静力法分析以期快捷得出结论。由于静力法可分自内力法与加载法，用 13-2 表把笔者对静力法的认识奉献给读者（限计算自由度 $W=0$ 的情况）。

静力法的特点　　　　　　　　　　　　表 13-2

| 方　法 | 说　　明 |
|---|---|
| 自内力法 | 存在则为可变<br>不存在则为不变 |
| 加载法 | 只要荷载有内力或反力出现不定值（含无穷大）时为可变<br>只要有荷载得到有限的惟一解答时为不变 |

【注】 因瞬变体系对于任何荷载只有两种可能，要么出现无穷大的情况，如图 13-3-9 中的 AB 杆，在竖向荷载作用下出现无穷大的反力；要么出现不定解，如在水平荷载作用下两端的反力虽可维持平衡，但出现不定值，即不能仅依据平衡方程确定。如果把无穷大视为不定值，则可认为只要出现不定值，即为可变。

图 13-3-9

## §13.4 其他

本节将把笔者能遇到的有难度的但又不属以上 3 节的例题献给读者。

【例 13-4-1】 单元体如图 13-4-1，求三个主应力与最大剪应力。（北京理工大学，文献［23］P23）

【解】 三个主应力为：80，50，-50，最大剪应力为 75。

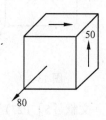

图 13-4-1

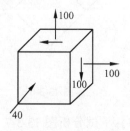

图 13-4-2

**【例 13-4-2】** 单元各面上的应力如图 13-4-2 所示,求最大剪应力。(中南大学,见文献 [23] P23)

**【解】** 令单元绕正应力为 40 的方向旋转至旋转面剪应力为 0,此时由式 (7-2-4) 得:

$$\begin{matrix} t_0 \\ t'_0 \end{matrix} = 0.5(t_{11} + t_{22}) \pm \sqrt{0.25(t_{11} - t_{22})^2 + t_{12}^2} = 100 \pm 100 = \begin{matrix} 200 \\ 0 \end{matrix}$$

即三个主应力分别为:–40,0,200,最大剪应力为:120。

**【例 13-4-3】** 图 13-4-3 所示体系横梁为刚性杆,单位长度质量为 $\overline{m}$,求体系的自震频率。(浙江大学,见文献 [23] P352)

**【解法一】** 利用单自由度(转动问题)的频率公式 $\omega = \sqrt{\dfrac{k_r}{J_m}}$,式中分子为抵抗刚度(力矩),而分母则为均质杆的转动惯量,即 $J_m = \dfrac{\overline{m}a^3}{3}$,$k_r = \dfrac{EA}{0.5L} \cdot L \cdot L = 2EAL$,从而得:$\omega = \sqrt{2EAL \cdot \dfrac{3}{\overline{m}a^3}} = \sqrt{\dfrac{6EAL}{\overline{m}(1.5L)^3}} = \sqrt{\dfrac{16EA}{9\overline{m}L^2}} = \dfrac{4}{3L}\sqrt{\dfrac{EA}{\overline{m}}}$。

**【解法二】** 由能量原理,即平衡位置的动能 = 振幅位置的位能,得:

$\dfrac{1}{2}J_m\varphi_{max}^2 = \dfrac{1}{2}J_m \cdot \left(\dfrac{\omega y_{max}}{L}\right)^2 = \dfrac{1}{2}ky_{max}^2$ 得:$\omega^2 = \dfrac{k \cdot L^2}{J_m} = \dfrac{EA}{0.5L} \cdot L^2 \times \dfrac{3}{\overline{m}(1.5L)^3} = \dfrac{16EA}{9\overline{m}L^2}$

**【解法三】** 由达朗伯(动平衡)原理得知,惯性力矩与抵抗力对 A 点取矩应平衡,即:

$\int_0^{1.5L}\ddot{\varphi}x^2\overline{m}\mathrm{d}x + \dfrac{EA}{0.5L} \cdot \varphi L \times L = 0$ 展开得:$\ddot{\varphi}\overline{m}\dfrac{(1.5L)^3}{3} + 2EA\varphi L = 0$ 即:$\ddot{\varphi}\overline{m}\dfrac{9L^3}{8} + 2EA\varphi L = 0$

令 $\varphi = \sin(\omega t + \alpha)$,即 $\ddot{\varphi} = -\omega^2\sin(\omega t + \alpha)$,代入上式得:$-\omega^2\overline{m}\dfrac{9L^3}{8} + 2EA\varphi L = 0$

解得:$\omega^2 = 2EAL \cdot \dfrac{8}{\overline{m} \cdot 9L^3} = \dfrac{16EA}{9\overline{m}L^2}$

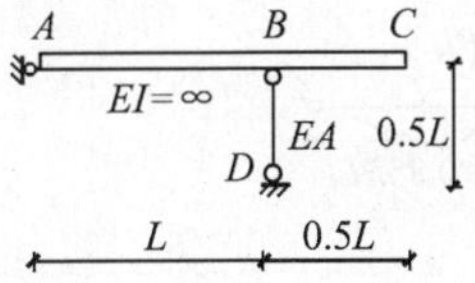

图 13-4-3

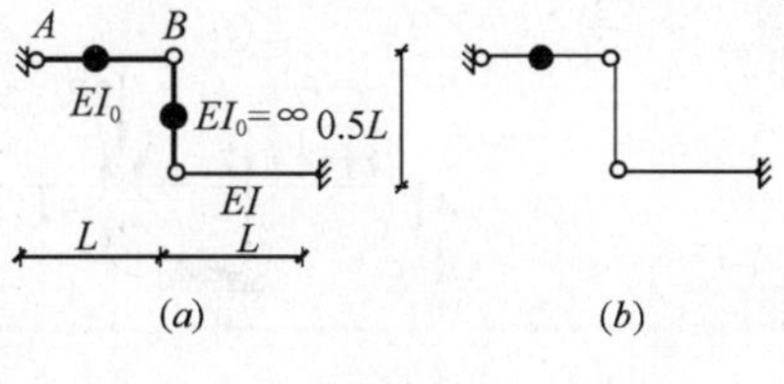

图 13-4-4

**【例 13-4-4】** 试求图 13-4-4(a)所示体系的自震频率。(华南理工大学)

**【解】** 由于质点所处的杆件抗弯刚度为无穷大,体系为一个自由度问题,竖杆各点的位移只有竖直方向,且各点在振动过程中位移保持相等,故可把其中点的质点移到顶点而对分析无影响,建立平衡方程(以 AB 杆的转角 θ 为参数)如下:

$$m\ddot{\theta}\left[\left(\dfrac{l}{2}\right)^2 + l^2\right] + \dfrac{3EI}{l^2} \cdot \theta \cdot l \quad 即 \quad \dfrac{5l^2}{4}m\ddot{\theta} + \dfrac{3EI}{l} \cdot \theta = 0$$

可得自震频率 $\omega^2 = \dfrac{3EI}{l^3} \times \dfrac{4}{5m} = \dfrac{12EI}{5ml^3}$。

【例 13-4-5】 图示体系得运动方程为：（浙江大学，选自文献［23］P349）

A. $m\ddot{y} + \dfrac{3EI}{l^3}y = \dfrac{5P\sin(\theta t)}{16}$  B. $y = \dfrac{P\sin(\theta t) - m\ddot{y}}{3EI}$

C. $m\ddot{y} + \dfrac{3EI}{l^3}y = P\sin(\theta t)$  D. $m\ddot{y} + \dfrac{3EI}{8l^3}y = \dfrac{5P\sin(\theta t)}{16}$

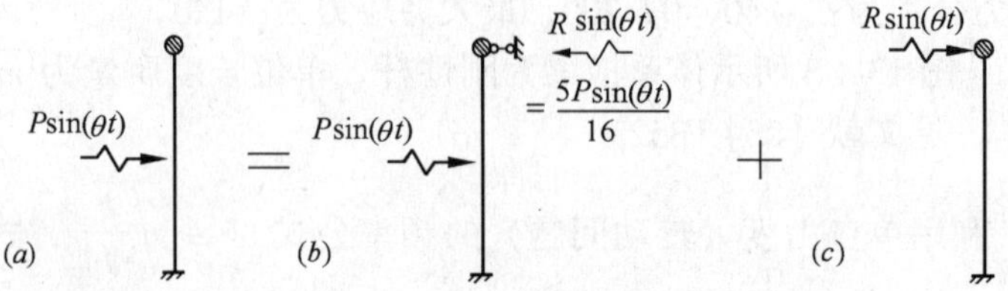

图 13-4-5

【分析】 由图 13-4-5 中（a）＝（b）＋（c）可见质点的运动相当于干扰力 $R\sin(\theta t)$ 作用于质点上的震动。故运动方程为：$m\ddot{y} + \dfrac{3EI}{l^3}y = \dfrac{5P\sin(\theta t)}{16}$，选择答案 A。

【例 13-4-6】 求图 13-4-6（a）所示结构的极限荷载 $P_u$ 并作出极限状态的弯矩图。已知各杆的极限弯矩 $M_u$。（浙江大学，选自文献［23］P353）

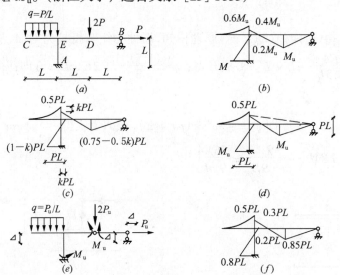

图 13-4-6

【解】 本结构为一次超静定，若塑铰出现在静定部分，结构立即变成机构，这问题很容易解决。若假定塑性铰出现在超静定部分，由于超静定次数为 1，临界荷载必定与出现的第二个塑铰的状态相对应。故关键要寻求第二个塑铰出现的状态。

由静定的左边悬臂分析得：$\dfrac{P_u L}{2} \le M_u$，即 $P_u L \le 2M_u$，现设 $P_u < \dfrac{2M_u}{L}$，假定此时未出现塑铰可算得 M 图如 13-4-6（c），同时可见随着 P 的增大，D、A 截面将可能最先出现塑铰（给 P 一个增量 $\Delta P$，可分析 D、A 截面弯矩增速较 EC 截面的弯矩增速快，故断

定头两个塑铰出现于 $D$、$A$ 截面)。此时可利用 $E$ 节点的力矩平衡 [见图 13-4-6 ($d$)] 计算 $P_u$：$PL - M_u + 2(PL - M_u) - 0.5PL = 0$，解之得：$P_u = 1.2\dfrac{M_u}{L}$（满足假定条件 $P_u < \dfrac{2M_u}{L}$，若不满足，则有 $P_u = \dfrac{2M_u}{L}$），作弯矩图如 13-4-6 ($f$)。

本题亦可利用虚位移原理计算极限荷载：首先设定临界状态时机构如图 13-4-6 ($e$)，又给定 $B$ 截面的水平位移参数 $\Delta$，则 $D$ 截面的竖向位移亦为 $\Delta$（向下）以及 $C$ 截面的竖向位移亦为 $\Delta$（向上），$A$、$D$ 两个塑铰两侧的相对转角分别为 $\Delta/L$ 和 $2\Delta/L$，且抵抗弯矩 $M_u$ 方向与之相反，由虚功方程得：$P_u \cdot \Delta + 2P_u \cdot \Delta - 0.5 P_u \Delta - M_u \cdot 3\dfrac{\Delta}{L} = 0$ 亦可解得：$P_u = 1.2\dfrac{M_u}{L}$。

**【例 13-4-7】** 已知图 13-4-7 ($b$) 和 ($c$) 所示压杆的临界力分别为 $\dfrac{\pi^2 EI}{l^2}$ 和 $kl$，试求图 13-4-7 ($a$) 所示压杆由于支座的刚度不足失稳与由于压杆自身的刚度不足失稳分界条件。

**【解】** 设 $B$ 点沿水平方向产生单位位移，右边刚架的弯矩图如图 13-4-7 ($d$)，可解得 $k = \dfrac{3EI_2}{l^3}$。

由已知条件得设 $P_{cr1} = kl = \dfrac{3EI_2}{l^2}$，$P_{cr2} = \dfrac{\pi^2 EI_1}{l^2}$

令 $P_{cr1} = P_{cr2}$ 得 $EI_2 = \dfrac{\pi^2}{3} EI_1$，这就是两种失稳的分界条件。

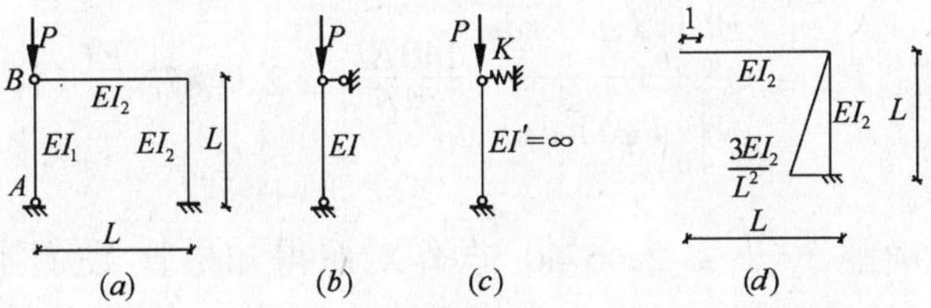

图 13-4-7

**【例 13-4-8】** 设计图 13-4-8 所示压杆的形函数并求临界力。

**【分析】** 采用数学法（见 12.2 节），令 $\varphi = x^2(x - kl) = x^3 - klx^2$

则： $\varphi' = 3x^2 - 2klx$

和： $\varphi'' = 6x - 2kl$

令 $\varphi''(l) = 0$ 即 $\varphi''(l) = 6l - 2kl = 0$

解之得： $k = 3$

故有 $\varphi = x^3 - 3lx^2$，及 $\varphi' = 3x^2 - 6lx$，$\varphi'' = 6x - 6l$

由式 (12-0-2) 得 $P_{cr} = \dfrac{EI \int_0^l (\varphi'')^2 dx}{\int_0^l (\varphi')^2 dx} = \dfrac{2.5EI}{l^2}$

与精确解 $\dfrac{\pi^2 EI}{4l^2} \approx 2.4674 \dfrac{EI}{l^2}$ 比，误差为 $1.3\%$。

讨论：若采用力学法，可选择更为合理的形函数，精度可进一步提高，见例 12-5 解法三。

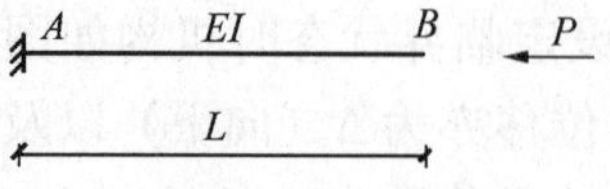

图 13-4-8

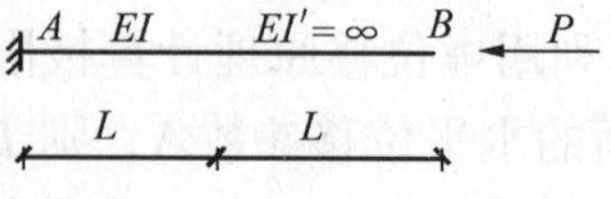

图 13-4-9

**【例 13-4-9】** 用数学法设计图 13-4-9 所示压杆的形函数并求临界力。

**【分析】** 约束情况，可令左段形函数 $\varphi = x^2(x - kl) = x^3 - klx^2$

则：
$$\varphi' = 3x^2 - 2klx$$
$$\varphi'' = 6x - 2kl$$

先假定杆件的刚度均匀，此时有静力边条可令 $\varphi''(l) = 0$ 即 $\varphi''(l) = 6l - 2kl = 0$

解之得： $k = 3$

故有 $\varphi = x^3 - 3lx^2$，此乃左段的形函数

即：$\varphi_1 = x^3 - 3lx^2$，$\varphi'_1 = 3x^2 - 6lx$，$\varphi''_1 = 6x - 6l$（$0 \leqslant x \leqslant l$）

并算得： $\varphi_1'(0.5l) = -\dfrac{9}{4}l^2 = \varphi'_2$

$\varphi'_2$ 为右段的形函数的一阶导数，定义域：（$l \leqslant x \leqslant 2l$）

由式（12-0-2）得：$P_{cr} = \dfrac{EI \int_0^l (\varphi'')^2 \mathrm{d}x}{\int_0^l (\varphi')^2 \mathrm{d}x} \dfrac{140 EI}{47 l^2} \approx 2.94872 \dfrac{EI}{l^2}$（详见例 12-5-1）

与例 12-4-2 的精确解 $\dfrac{\pi^2 EI}{4l^2} \approx 2.46740 \dfrac{EI}{l^2}$ 作对照得知尽管无穷刚区段在压杆的上部，对临界力的影响还是很明显的。

本例的力学法设计形函数见例 12-5-1。

**【例 13-4-10】** 结构如图 13-4-10（$a$）所示，求作 $ILM_C$。（华中科技大学，文献［23］P203）

**【分析】** 由机动法基本原理可知该 $IL$ 为一段直线（影响线的段数定理，见 6.1 节），可用混合法作图：由静力法分析得知 $M_C(1) = 0$ 以及 $M_C(3) = 3$，据此两点作一直线即为 $ILM_C$。

**【例 13-4-11】** 结构如图 13-4-11（$a$）所示，求作 $ILM_C$。

**【分析】** 本结构属三铰结构，去掉与 $M_C$ 相对应的约束后，机构由 3 个刚体组成。因此 $IL$ 由 3 段直线组成（影响线的段数定理，见 6.1 节），且 $A$、$D$、$C$、$B$ 全为铰接（见 6.1 节）；再由三瞬心定理［见第 6 章预备知识(4)］得知此时 $DC$ 段的瞬心在图 13-4-11($b$) 中的 $E$ 处，由此可判断 $ILM_D$ 的 3 个 0 点：两端的 $A$、$B$ 以及 $E$ 点。必须再确定一点才能确定该 $IL$。为此，可利用辅助刚臂帮助静力分析，选择单位移动荷载在 $A$ 处时的 $M_D$ 大小［见图($c$)］：

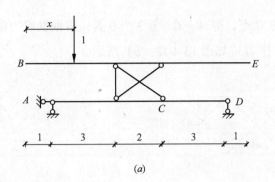

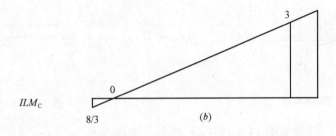

图 13-4-10

$$M_D(A) = \left(1 - \frac{\sqrt{2}}{2}\right)R \approx 0.2929R$$

作 $ILM_C$ 如图 13-4-11 ($d$)。

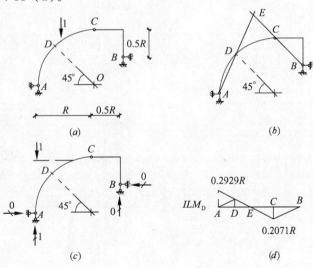

图 13-4-11

【例 13-4-12】 结构同上例,求作 $ILQ_D$。

【分析】 去掉与 $V_D$ 相对应的约束后,机构同样由 3 刚片组成且 $D$ 处为错接(见 6.1 节);利用三瞬心定理 [见第 6 章预备知识(4)] 对机构分析得知此时 $DC$ 段的瞬心在图

183

13-4-12（a）中的 $C$ 点，得 $A$、$C$、$B$ 3 个 0 点；再根据剪力落差为 $\cos\theta_D = \dfrac{\sqrt{2}}{2}$，左降右升（见 6.1 节），作 $ILV_D$ 如图 13-4-12（b）所示。

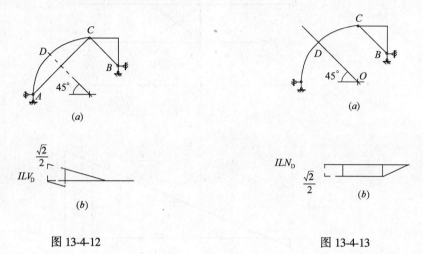

图 13-4-12　　　　　　　　　　图 13-4-13

【**例 13-4-13**】　结构如图 13-4-13（a）所示，求作 $ILN_D$。

【**分析**】　利用三瞬心定理［见第 6 章预备知识（4）］对机构分析得知此时 $DC$ 段的瞬心在图 13-4-11（a）中的 $OD$ 直线的无限远处，说明该段 IL 与基线平行；再根据轴力落差为 $\sin\theta_D = \dfrac{\sqrt{2}}{2}$，上降下升（见 6.1 节），作 $ILV_D$ 如图 13-4-13（b）。

# 第 14 章 力学分析程序 1（基本部分）与算例

**引言**

随着计算机的普及，年轻人（尤指学生）已几乎人手一台，它在不断改变着人们的学习和生活。相信大家都希望能更充分、更有效地利用它。希望在更广阔的领域获得更多的功效。那么在力学学习领域，您的计算机发挥的作用如何？还有潜力可挖吗？做作业、搞设计及作方案比较（即模拟结构试验）是否都用上它了？接下来两章的内容可能对您有帮助。当然，书中各程序还可为各种校核工作，如批改作业、判卷打分、审核设计等提供方便。

力学计算（结构分析）的软件已有多种成品面市多年，本书推出的分析程序希望更能适合学生（包括自学者）的需求，体现在如下四点：

一、对设备要求低。由于免费下载网站中所有程序均为 Fortran 的 exe 形式，对软件方面无要求。某些对内存要求较低的程序还可开发成 CASIO 计算器程序，更可在计算器上运行，参看文献 [26]。

二、输入简单。本书提供的程序，不追求功能全面（因为这类软件开发成本高，且市场供应充裕），但求使用方便。如框架结构只需输入节点坐标、截面尺寸、弹模或相对线刚度等，详见各源程序的示例。

三、方便学习。本章提供的程序，提供了必要的中间结果以帮助初学者了解数据的运算过程，为理解计算过程提供了一个了解的窗口。杆端内力输出亦采用不同形式：以节点为对象的形式方便通过节点平衡检验结果的正确性；以梁、柱单元为对象的形式方便绘制内力图。

四、经济实惠。网上免费下载。

为帮助读者独立开发程序，又不能占用太大篇幅，本章将提供部分简单的源程序，希望能给读者提供一些借鉴。

为节省篇幅，示例多略去中间显示，有需要者可利用从网站下载的 exe 形式重输数据，将可得到中间数据。

程序部分将分两章介绍，本章先介绍的是小程序——可开发 CASIO 程序；第 15 章将集中介绍框架分析程序。

预备知识：Fortran 语言基础

力学预备知识已分散于各节

## §14.1 直杆结构的位移计算程序与示例

说明：直杆在结构类型中所占份额极大，相关的位移计算法亦多种多样。本程序选择单位荷载法中的 Simpon 法（见第 8 章）开发，源程序只有 20 来句，便可计算生产实践以及力学训练中的绝大多数相应的问题，程序中各变量含义如表 14-1 所示，直杆位移计算程序流程图如图 14-1-1 所示。在荷载集度为常量的情况下，本法可代替大多教科书中介绍的直杆位移计算最主要的方法—图乘法。

要求：使用者必须有相应的力学知识，能画出相应的 $M$（实际弯矩）图与 $M_1$（单位力弯矩）图。

功能：提供位移计算的一种快捷手段以便验证自身的理论掌握情况，亦可用于生产实际中的刚度校核计算。

变 量 对 照 表　　　　　　　　　　表 14-1

| 程序中的符号 | 实际变量 | 注　释 |
| --- | --- | --- |
| $n$ | 段数 | 为满足 Simpson 法计算而须把结构分段， |
| $L(j)$ | 第 $j$ 段杆长 | |
| $EI(i)$ | 第 $i$ 段杆的抗弯刚度 | |
| $mll(i), mlr(i)$ | 第 $i$ 段杆的单位弯矩图左、右端数值 | |
| $mpl(i), mpr(i)$ | 第 $i$ 段杆的荷载弯矩图左、右端数值 | |
| $q(i)$ | 第 $i$ 段杆的均布荷载集度 | |
| $ds$ | 某段位移积分数值，临时变量 | 程序中积分已用 Simpson 法代替 |
| $tds$ | 各段叠加结果 | |

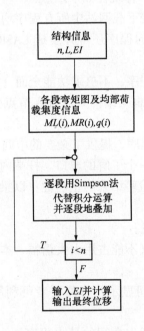

图 14-1-1　直杆位移计算程序流程图

源程序：
implicit integer（I－N）
　　real L（20），EI（20），mll（20），mlr（20），mpl（20），mpr（20），q（20），ds，tds
　　write（*,*）'本程序适用于平面直杆；结构需按应用条件分段＿＿＿'
　　write（*,*）'在集中力、集中力偶及荷载集度改变处（包括外荷与单位力）需分段'
　　write（*,*）'输入段数 n'

```
read*, n
write (*,*)'把每一杆件设想为水平方向，这样就有了上下左右；数据输入从左到右'
write (*,*)'输入各段杆长 L (i)'
read*, (l (i), i = 1, n)
write (*,*)'输入各段抗弯刚度 EI—可先输入相对值，最后再输入绝对值'
read*, (EI (i), i = 1, n)
write (*,*)'输入各段弯矩图两端竖标（上方受拉为正，下同）mpl, mpr'
read*, (mpl (i), mpr (i), i = 1, n)
write (*,*)'输入各段均布荷载集度 q'
read*, (q (i), i = 1, n)
write (*,*)'输入各段单位力弯矩图两端竖标 m1l, m1r'
read*, (m1l (i), m1r (i), i = 1, n)
tds = 0
do i = 1, n
  x = (m1l (i) + m1r (i))* (mpl (i) + mpr (i) - q (i)*l (i)**2/4)
ds = L (i)* (m1l (i)*mpl (i) + x + m1r (i)*mpr (i)) /6
  ds = ds/EI (i); tds = tds + ds
    write (*,*)'第', I,'段结果与叠加结果', ds, tds
enddo
write (*,*)'输入 EI 绝对值'
read*, EI1
tds = tds/EI1; write (*,*)'位移结果', tds
PAUSE'回车重算'
END
```

**【例 14-1-1】** 结构如图 14-1-2（a）所示，已知 $EI$ 为常量，求 $\Delta_C^V$。

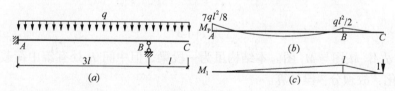

图 14-1-2

**【解】** $M$ 图与 $M_1$ 图如上右图，屏幕显示如下：
本程序适用于平面直杆；结构需按应用条件分段
在集中力、集中力偶及荷载集度改变处（包括外荷与单位力）需分段
输入段数 n
2
把每一杆件设想为水平方向，这样就有了上下左右；数据输入从左到右
输入各段杆长L(i)
3，1

输入各段抗弯刚度EI－可先输入相对值，最后再输入绝对值
1，1
输入各段弯矩图两端竖标（上方受拉为正－－下同）mpl，mpr
.875，.5，.5，0
输入各段均布荷载集度q
1，1
输入各段单位力弯矩图两端竖标m1l，m1r
0，1，1，0
第　　　1段的计算结果与叠加结果　　－1.875000E－01　　－1.875000E－01
第　　　2段的计算结果与叠加结果　　1.250000E－01　　－6.250000E－02
输入EI绝对值
1
位移结果　　－6.250000E－02
回车重算
位移叠加结果为"－"号表示方向与单位力相反；

本例杆长，均布荷载集度以及抗弯刚度分别均以 $L$，$q$ 及 $EI$ 为单位输入，故最后位移单位应为 $\dfrac{ql^4}{EI}$。

【例14-1-2】　结构如图14-1-3（a）所示，已知 $EI=384000\text{kN}\cdot\text{m}^2$，求 $\Delta_C^V$。

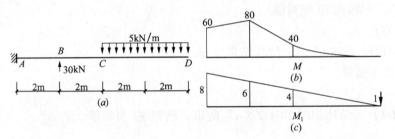

图14-1-3

【解】　先作 $M$ 图与 $M_1$ 图。本结构虽为一段梁，但中间 $B$ 处有集中荷载且均布荷载在 $C$ 处有变化，故须分3段计算。

屏幕显示如下：
…
第　　　1段结果与叠加结果　　973.333300　　973.333300
第　　　2段结果与叠加结果　　613.333300　　1586.667000
第　　　3段结果与叠加结果　　160.000000　　1746.667000
输入EI绝对值
384000
位移结果　　4.548611E－02
回车重算

## §14.2 低阶力法分析程序与示例

说明：力法是超静定结构分析的基础，初学者需通过多次实践才能牢固掌握其原理，本程序提供的是二次以内的超静定直杆结构的力法分析程序；只要输入各杆的杆长与刚度（顺序自定）以及荷载弯矩图 $M_P$ 与单位力弯矩图 $M_i$ 信息就可给出力法方程（系数和自由项）、未知量的解以及最后杆端弯矩。

要求：使用者必须有相应的力学知识，能画出相应的 $M_P$ 与 $M_i$ 图。

功能：提供数值计算工具以节省时间和精力，亦可用于生产实际中的简单超静定问题，对排架计算具有输入简单等突出优点。

【例 14-2-1】 结构如图 14-2-1（a），利用程序 2djlf 求作 $M$ 图。

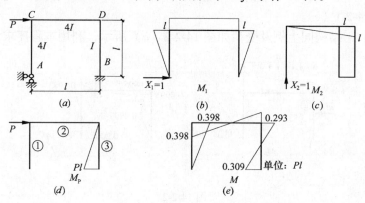

图 14-2-1

【解】 先作 $M_P$ 图与 $M_1$、$M_2$ 图。
屏幕显示如下：
输入超静定次数（不过 2）和杆件总数 n
2，3
把每一杆件设想为水平方向，这样就有了上下左右；数据输入从左到右
输入各段杆的杆长 L
1，1，1
输入各段杆的抗弯刚度 EI
4，4，1
输入 MP 图各段左右数值：MPl，MPr
0，0，0，0，1，0
输入各段杆的均布荷载集度：q
0，0，0
输入 M1 图各段左右数值：M1l，M1r
0，1，1，1，0，-1
输入 M2 图各段左右数值：M2l，M2r
0，0，0，-1，1，1
i，j，dtij    1  1  6.666667E-01

| i, j, dtij | 1 | 2 | -6.250000E-01 |
| i, j, dtij | 2 | 1 | -6.250000E-01 |
| i, j, dtij | 2 | 2 | 1.083333 |
| i, dd | 1 | -1.666667E-01 | |
| i, dd | 2 | 5.000000E-01 | |
| 未知量的解 | -3.979057E-01 | -6.910994E-01 | |
| 杆件号与左右弯矩 | 1 | 0.000000E+00 | -3.979057E-01 |
| 杆件号与左右弯矩 | 2 | -3.979057E-01 | 2.931937E-01 |
| 杆件号与左右弯矩 | 3 | 3.089006E-01 | -2.931937E-01 |

回车重算

作弯矩图 14-2-1 (e)。

【例 14-2-2】 结构同上例及受荷如图 14-2-2 (a) 所示,利用本程序求作 $M$ 图。

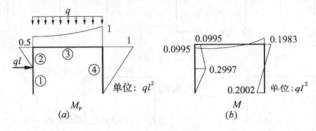

图 14-2-2

【解】 由于本例结构与上例相同,$M_1$、$M_2$ 图并不改变。荷载的改变只改变了 $M_P$ 图见 14-2-2 (a),但这一改变令计算杆件数目增至 4,原因是左柱中部有了集中荷载后,$M_P$ 图有折角,用 Sipson 法计算自由项时,左柱得分两段。其余计算与上例无异。

屏幕显示如下:

输入超静定次数(不过 2)和杆件总数 n

2, 4

……

| 杆件号与左右弯矩 | 1 | 0.000000E+00 | -2.997382E-01 |
| 杆件号与左右弯矩 | 2 | -2.997382E-01 | -9.947646E-02 |
| 杆件号与左右弯矩 | 3 | -9.947646E-02 | 1.982984E-01 |
| 杆件号与左右弯矩 | 4 | 2.022251E-01 | -1.982984E-01 |

回车重算

作弯矩图如图 14-2-2 (b) 所示。

【例 14-2-3】 结构如图 14-2-3 (a) 所示,下柱的刚度为上柱的 3 倍,利用本程序求作 $M$ 图(选自文献 [9] P152,原书结果有错)。

【解】 由于排架计算不计横梁的轴向变形,杆件数为 4(每柱需分 2 段,编号如图);体系为 1 次超静定,作相应的内力图如上。

屏幕显示如下:

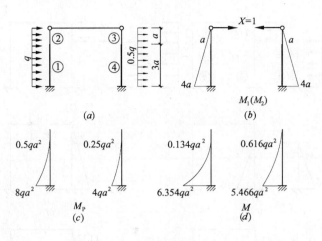

图 14-2-3

输入超静定次数 nu（不过 2）和杆件总数 n
1，4
…

| 杆件号与左右弯矩 | 1 | 6.534091 | 1.335227E-01 |
| 杆件号与左右弯矩 | 2 | 1.335227E-01 | 0.000000E+00 |
| 杆件号与左右弯矩 | 3 | 0.000000E+00 | -6.164773E-01 |
| 杆件号与左右弯矩 | 4 | -6.164773E-01 | -5.465909 |

回车重算

作弯矩图见上图 14-2-3（d）

【例 14-2-4】 结构如图 14-2-4（a）所示，利用程序求作 M 图（文献 [28] P104）。

【解】 由于排架计算不计横梁的轴向变形，故杆件数为 6（每柱需分 2 段，编号如图）；体系超静定次数为 2。

屏幕显示如下：

输入超静定次数（不过 2）和杆件总数 n
2，6
…

| 杆件号与左右弯矩 | 1 | 82.170550 | -1.598835 |
| 杆件号与左右弯矩 | 2 | -1.598835 | 0.000000E+00 |
| 杆件号与左右弯矩 | 3 | 118.755400 | 13.121700 |
| 杆件号与左右弯矩 | 4 | 13.121700 | 0.000000E+00 |
| 杆件号与左右弯矩 | 5 | 143.074100 | 10.878300 |
| 杆件号与左右弯矩 | 6 | 10.878300 | 0.000000E+00 |

回车重算

## §14.3 低阶位移法分析程序与示例

说明：位移法是超静定结构分析极为重要的手段，初学者需通过多次实践才能牢固掌

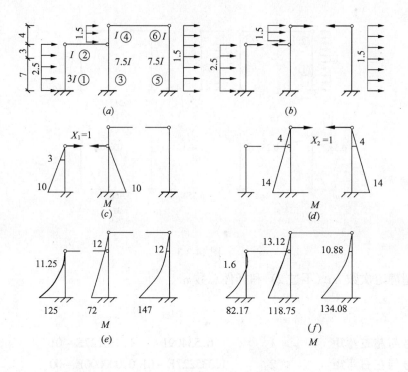

图 14-2-4

握其原理，本程序提供的是二阶以内的直杆结构的位移法分析程序；只要输入杆件数并按顺序（自定）输入 $M_P$（荷载弯矩）图与 $M_i$（单位力弯矩）图信息以及方程（系数和自由项）信息，立即给出未知量的解以及最后杆端弯矩。

要求：使用者必须有相应的力学知识，能画出相应的 $M_P$ 与 $M_i$ 图，并能迅速求出系数与自由项。

功能：可为在读人士提供位移法的数值计算工具以节省时间和精力。

【例 14-3-1】 结构如图 14-3-1(a) 所示，利用本程序作分析并求作 M 图。

【解】 作 3 个内力图，见图 14-3-1(a) 所示，屏幕显示及操作步骤如下：
本程序适用于用位移法求解平面杆系结构的内力计算
方程阶数不超过 2
输入未知量个数 nu 与杆件总数 n
2, 4
输入各杆 MP 图左右数值 MPl, MPr
0, 50, 60, 60
0, 0, 0, 0
输入各杆 M1 图左右数值 M1l, M1r
0, 4.8, -8, 4
-2, 4, 0, 0
输入各杆 M2 图左右数值 M2l, M2r
0, 0, -4, 8

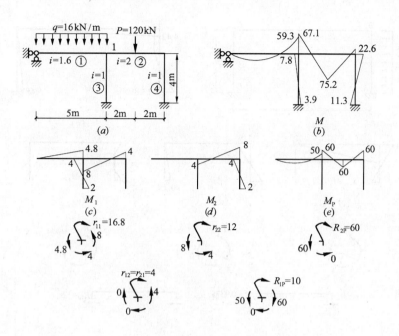

图 14-3-1

0, 0, -2, 4
输入刚度矩阵系数 k11, k12, k22
16.8, 4, 12
输入第一、二自由项
-10, 60
t   -185.600000
未知量的解      1.939655      -5.646552

| 杆件号与前后弯矩 | 1 | 0.000000E+00 | 59.310340 |
| 杆件号与前后弯矩 | 2 | 67.068960 | 22.586210 |
| 杆件号与前后弯矩 | 3 | -3.879311 | 7.758621 |
| 杆件号与前后弯矩 | 4 | 11.293100 | -22.586210 |

回车重算
作弯矩图如 14-3-1 (e)。

【例 14-3-2】 结构如图 14-3-2 (a) 所示，利用程序 3djwf 作分析并求作 $M$ 图。

【解】 作 3 个内力图，如图 14-3-2 (c) ~ (e) 所示
屏幕显示如下：
……

| 杆件号与前后弯矩 | 1 | 13.894740 | -4.421053 |
| 杆件号与前后弯矩 | 2 | -4.421052 | 0.000000E+00 |
| 杆件号与前后弯矩 | 3 | 5.684211 | 0.000000E+00 |

回车重算

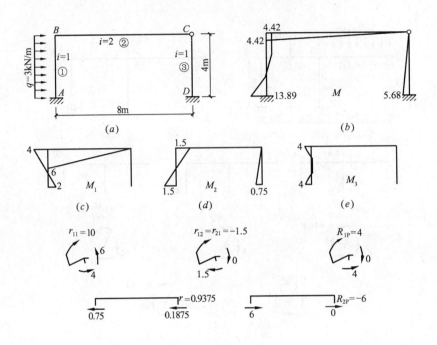

图 14-3-2

位移法的一阶情况一般计算简单，程序有此功能，但为节省篇幅，举例从略。

### §14.4 连续梁的力矩分配法计算程序与示例

说明：连续梁是工程中最常见的结构形式之一，其最常用的分析方法为力矩分配法，因而学生必须熟练掌握。尽管本法难度不大，但计算仍感费时，为此特提供本程序。荷载形式可以是均布或集中（集中荷载间的均布荷载集度可不同）。按提示输入就可给出各梁的杆端弯矩。

要求：熟练掌握力矩分配法的计算理论。

功能：既可减轻学生数值计算负担，亦可直接应用于工程实际；为后面的框架分析打下必要的基础。

【例 14-4-1】 荷载如图 14-4-1（a）所示，求作 $M$ 图（选自文献［5］P442，图中已将抗弯刚度换算成线刚度）。

屏幕显示如下：

本程序适用于连续梁的力矩分配法计算
输入跨数
3
输入各梁的线刚度—可用相对值
1，1，1
输入左端支座的约束情况：固端－1，铰接－2，有悬臂－3
1
输入右端约束情况：固端－1，铰接－2，有悬臂－3

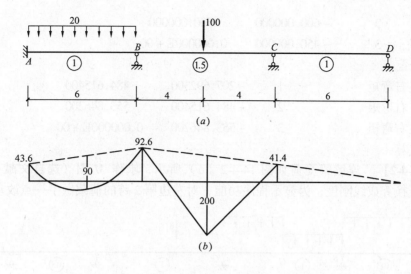

图 14-4-1

2
计算分配系数
显示分配系数
  2  $5.000000E-01$  $5.000000E-01$
  3  $5.714286E-01$  $4.285714E-01$
输入跨度—从左到右
12，12，12
输入    1 跨集中荷载个数
0
输入本跨均布荷载集度 q
25
输入    2 跨集中荷载个数
1
输入    2 跨  1.000000 个集中荷载位置
6
输入    2 跨  1.000000 个集中荷载大小
400
输入    2 跨  2.000000 个均布荷载集度 q
0，0
输入    3 跨集中荷载个数
0
输入本跨均布荷载集度 q
25
i 跨左右固端弯矩
  1  $-300.000000$  $300.000000$

|  |  |  |  |
|---|---|---|---|
|  | 2 | -600.000000 | 600.000000 |
|  | 3 | -450.000000 | 0.000000E+00 |

力矩分配

| 各跨左右弯矩 | 1 | -207.692300 | 484.615400 |
|---|---|---|---|
| 各跨左右弯矩 | 2 | -484.615400 | 553.846200 |
| 各跨左右弯矩 | 3 | -553.846200 | 0.000000E+00 |

回车重算

**【例 14-4-2】** 连续梁受荷如图 14-4-2（a）所示，求作 M 图（选自文献 [3] P226，抗弯刚度已换算成线刚度；为显示程序功能，对左边第 2 跨的荷载做了一点改动）。

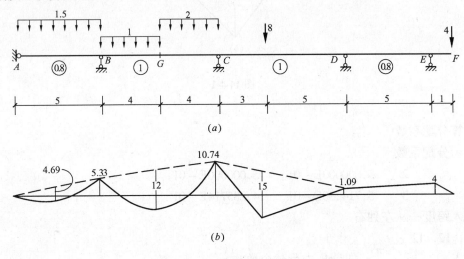

图 14-4-2

本例提示如何解决有伸臂的情况。

[注] 弯矩图跨中落差可采用落差法（见第 5 章）计算；如第 2 跨的弯矩落差计算：

$$M_{\mathrm{BC}}^{G} = \frac{(2 \times 1 + 2 \times 2) 4 \times 4}{8} = 12$$

屏幕显示如下：
...

| 各跨左右弯矩 | 1 | 0.000000E+00 | 5.328559 |
|---|---|---|---|
| 各跨左右弯矩 | 2 | -5.328559 | 10.740230 |
| 各跨左右弯矩 | 3 | -10.740230 | 1.085504 |
| 各跨左右弯矩 | 4 | -1.085504 | 4.000000 |

回车重算

### §14.5 单跨弹性约束的临界力计算程序与示例

说明：对于工程中最常见的单跨弹性压杆的临界力，采用静力法计算时，最大的困难是解超越方程；实用中通常采用试错法计算（文献 [22] P113），这在计算器已非常普及的今天，仍然并非易事。本程序提供的就是这种试错法的计算机程序。

要求：欲正确使用本程序，有必要了解如下预备知识（文献 [22] P113）：

如图 14-5-0 所示,压杆上部水平约束刚度为 $k$,下部弹性转动约束刚度为 $K$,则有临界力的表达式:

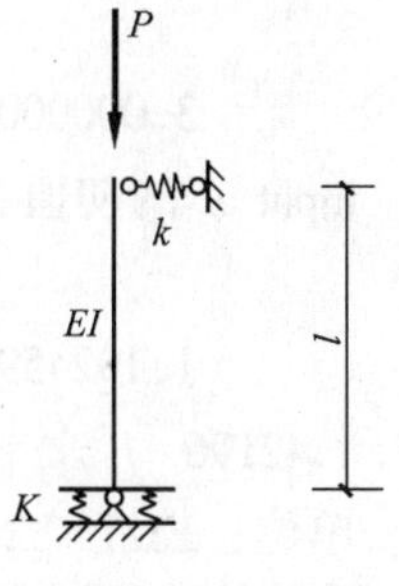

$$\tan(\alpha l) = \frac{\alpha l - \frac{(\alpha l)^3}{kl^3}EI}{1 + \frac{EI}{Kl}(\alpha l)^2 - \frac{(\alpha l)^4}{kKl^4}(EI)^2} \quad (14\text{-}5\text{-}1)$$

式中
$$\alpha^2 = \frac{P}{EI} \quad (14\text{-}5\text{-}2)$$

上式有四种特殊表达:

1) 当 $k \to 0$ 时,$\tan(\alpha l) = \dfrac{Kl}{\alpha l EI}$ \quad (14-5-3)

2) 当 $k \to \infty$ 时,$\tan(\alpha l) = \dfrac{\alpha l}{1 + \frac{EI}{Kl}(\alpha l)^2}$ \quad (14-5-4)

3) 当 $K \to \infty$ 时,$\tan(\alpha l) = \alpha l - \dfrac{EI}{kl^3}(\alpha l)^3$ \quad (14-5-5)

4) 当 $k, K \to \infty$ 时,$\tan(\alpha l) = \alpha l$ \quad (14-5-6)

能根据以上四种方程划出等号两边的大致图像从而正确估计、输入 $\alpha l$ 的初值。

功能:输入杆长、$EI$ 及上下约束情况就能得到临界力;倘若因初值估计不当引起计算结果不合理,比如结果为负值,可重输 $\alpha l$ 的初值,直到结果合理为止。

图 14-5-0

【例 14-5-1】 结构如图 14-5-1(a)所示,应用本程序计算临界力。

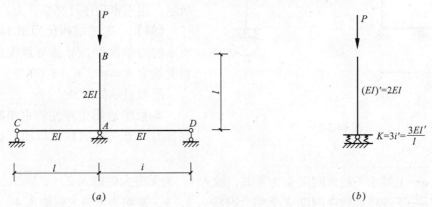

图 14-5-1

【解】 先把结构化为图 14-5-1(b)所示的力学模型,显然与该模型对应的相关量为 $k = 0$;$K = 3i' = \dfrac{3(EI)'}{l} = \dfrac{6EI}{l}$。

屏幕显示如下:

本程序适用于弹性约束单跨压杆的临界力计算—$K$ 的数值以压杆的线刚度为单位
input n—上端水平约束刚度 $k$ 为零时,输入1,为无穷大时输入2
input n—下端转动约束刚度 $K$ 无穷大时输入3,$k$,$K$ 均为无穷大时输入4
1
input K

3
  3.000000
input al 的初值：al
1
  1.192459  2.515810  -7.600240E-07  2.441406E-06   39
1.42196
单位：EI/l**2
选择单位，输入 1；否则输入 0
1
输入 EI 和 L
2，1
pcr =
  2.84392
键入回车继续

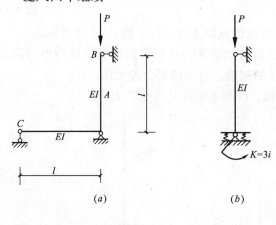

图 14-5-2

补充说明：原书本例结果为 $P_{cr} = (\alpha l)^2 \dfrac{EI}{l^2} = 1.4219 \dfrac{EI}{l^2}$ 中，把公式中本为压杆抗弯刚度的 $EI$ 误会成例题中的 $EI$。

【例 14-5-2】 结构如图 14-5-2（a）所示，应用本程序计算临界力。

【解】 先把结构化为图 14-5-2（b）所示的力学模型，显然与该模型对应的相关量为 $k = \infty$，$K = 3$（单位：i）。

屏幕显示如下：

本程序适用于弹性约束单跨压杆的临界力计算—$K$ 的数值以压杆的线刚度为单位

input n—上端水平约束刚度 $k$ 为零时，输入 1，为无穷大时输入 2
input n—下端转动约束刚度 $K$ 无穷大时输入 3，$k$，$K$ 均为无穷大时输入 4
2
input K
3
  3.000000
input al 的初值：al
3
al, tan（al）, dta, stp, i
  3.726384  6.620387E-01  1.220703E-06   71
13.88594
单位：EI/l**2

选择单位，输入1；否则输入0
0
键入回车继续

【**例 14-5-3**】 结构如图 14-5-3（a），应用本程序计算临界力。

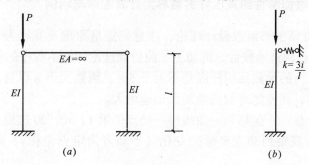

图 14-5-3

【**解**】 先把结构化为图 14-5-3（b）所示的力学模型，显然与该模型对应的相关量为 $k=3$（单位：$3i/l$），$K=\infty$（单位：$i$）。
屏幕显示如下：
input n——上端水平约束刚度 $k$ 为零时，输入1，为无穷大时输入2
input n——下端转动约束刚度 $K$ 无穷大时输入3，$k$，$K$ 均为无穷大时输入4
3
input k
3
  3.000000
input al 的初值：al
2
al, tan (al), dta, stp, i
 2.203644   －1.363354   3.983836E－07   3.051758E－07    51
 4.85605

单位：EI/l\*\*2

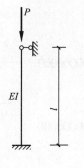

图 14-5-4

【**例 14-5-4**】 结构如图 14-5-4 所示，应用本程序计算临界力。
幕显示如下：
input n——上端水平约束刚度 k 为零时，输入1，为无穷大时输入2
input n——下端转动约束刚度 K 无穷大时输入3，$k$，$K$ 均为无穷大时输入4
4
input al 的初值：al
4
al, tan (al), dta, stp, i

4.493409　　　4.493403　　　3.548067E – 06　　　2.560000E – 07　　　1001
20.19073
单位：EI/l**2

### §14.6　多跨等截面刚性约束压杆的临界力计算程序与示例

说明：利用第12章的形函数设计理论，注意到能量原理及真解为下限的性质（文献[21] P322），设计动点调整承载力，再加上二曲协调理论即为本程序的依据。

本程序对7跨以内的等截面压杆误差不大于5%，跨数大于8以后，由于运算次数太大，计算误差的积累，误差随跨数的增加而迅速增大。

程序由中间结果显示，包括第一曲线每一动点的第1，10，20次逼近的结果显示以及对应的交点坐标，可观察到动点坐标的变化（不动者为定点坐标），以及曲线组合后的结果。

要求：理解能量原理的压杆稳定计算，正确输入约束情况。

功能：输入杆件的长度及约束情况，即可得到压杆临界力的高精度结果。

【例 14-6-1】　结构如图 14-6-1 所示（文献[33] P67），应用本程序计算临界力。

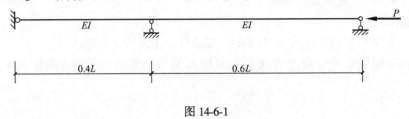

图 14-6-1

屏幕显示：
本程序可计算多跨刚性约束等直压杆的临界力
采用能量法中的广义2自由度法，第一曲线每端2动点，第二曲线改为1动点
键入杆长
1
键入定点个数
3
键入各定点坐标
0，.4，1
　　0.000000000000000E + 000　　4.000000000000000E – 001　　1.000000000000000
有定向约束支座键入1，否则键入0
0
　　0.000000000000000E + 000　　4.000000000000000E – 001　　1.000000000000000
…
pcr =
　　　36.843933290961940
回车重算

结果分析：本结果 $36.8439\frac{EI}{l^2}$ 与文献 [33] 中采用瑞利-李兹法的结果 $P_{cr} = 3.7452P_E$
$= 36.9636\frac{EI}{l^2}$ $\left(P_E = \frac{\pi^2 EI}{l^2}\right)$ 比较，精度显然有所提高。

【注】 书中提供结果为 $P_{cr} = 3.733P_E$，但笔者经过验算应为 $P_{cr} = 3.7452P_E$。

【例 14-6-2】 结构如图 14-6-2，应用本程序计算临界力。

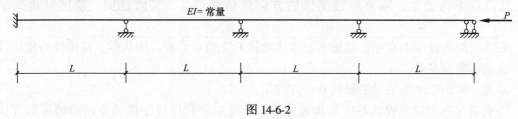

图 14-6-2

屏幕显示：
本程序可计算多跨刚性约束等直压杆的临界力
采用能量法中的广义 2 自由度法，第一曲线每端 2 动点，第二曲线改为 1 动点
键入杆长
4
键入定点个数
5
键入各定点坐标
0，1，2，3，4
  0.000000000000000E+000  1.000000000000000  2.000000000000000
    3.000000000000000  4.000000000000000
有定向约束支座键入 1，否则键入 0
1
键入定向约束坐标—由上到下，逐个回车
4
还有定向支座键入 1，否则键入 0
1
键入下一个定向约束坐标
0
还有定向支座键入 1，否则键入 0
0
 …
pcr =
  12.868528744023890
回车重算

## §14.7 三维张量的主值及主向计算程序与示例

说明：三维张量的主值与主向计算，在第 7 章已给出了对应的快捷计算法——转轴法

与三次旋转法,其实二者是紧密相连的。利用转轴法的头三次旋转角及公式(7-9)和(7-10)就可算出主轴方向角。转轴的渐近计算过程分顺循环与逆循环两个不同路径,即两种不同的逼近方法。二者完成3轮计算时,主元素的精度已非常高,但方向角的精度却仍存在差别,故须从两次运算中判断而取精度较高者。其方法是首先注意屏幕提供的每次转角数值:在两种循环的计算过程中,总有一种从第4次转轴起,转角已大幅度减小到1°~2°,且以后不再波动,则该路经提供的方向角精度很高,实践证明,精度可达到1°左右。

要求:能按提示的顺序正确输入三维张量的6个独立元素。能从顺、逆循环的角度计算中选出精度较高者。

功能:算出三个主值及主轴的9个方向角。

下例通过一个最一般状态下的张量计算,介绍如何利用程序提高方向角精度的方法(读者可通过复习例7-8-1回忆相关理论)。

【例14-7-1】 设实测三维应变花的6个分量为1,2,3,4,5,6,见图14-7-1(a),用本程序计算主值及主方向。

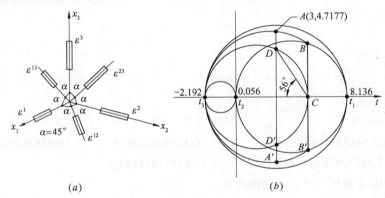

图14-7-1 三维应变花与方向角 $\gamma_{23}$

【解】 先利用应变花提供的数值求得应变张量 $\begin{bmatrix} 1 & 2.5 & 4 \\ 对 & 2 & 2.5 \\ & 称 & 3 \end{bmatrix}$,为取得精度较高的方向角,把绝对值最大的副元素4调至 $t_{23}$ 的位置,张量可表为 $\begin{bmatrix} 2 & 2.5 & 2.5 \\ 对 & 3 & 4 \\ & 称 & 1 \end{bmatrix}$,再利用程序计算。

屏幕显示和数据输入:

本程序可计算三维张量的主值与主轴的9个方向角,主值的精度很高,但方向角的精度有限

欲保证方向角的精度,必须做到:把绝对值最大的副元素调到 t23 的位置

还要从顺、逆两种循环中选出优者——从第4转角起,转角波动较小者——确定方向角

这样误差能控制在1°左右——注意空间二直线的夹角可用钝角或锐角表示

输入三维张量—上三角:t11,t12,t13,t22,t23,t33

2,2.5,2.5,3,4,1

| | |
|---|---|
| 1 | 37.981880 |
| 2 | −5.917336 |
| 3 | −29.852620 |
| 4 | −1.744165 |
| 5 | −4.607285 |
| 6 | 3.874043E−02 |
| 7 | 2.442398E−03 |
| 8 | −7.586952E−06 |
| 9 | −8.998288E−11 |

| | | |
|---|---|---|
| 5.607510E−02 | 0.000000E+00 | 2.638877E−30 |
| 0.000000E+00 | 8.135862 | −1.680281E−18 |
| 2.638877E−30 | −1.680281E−18 | −2.191937 |

$t(1,1) = 8.1359 \quad t(2,2) = .0561 \quad t(3,3) = -2.1919$

af(i,j)

| | | |
|---|---|---|
| 30.380330 | 116.575200 | 103.642200 |
| 62.384400 | 46.873030 | 54.956330 |
| 95.917340 | 127.743900 | 38.371200 |

| | |
|---|---|
| 1 | 37.981880 |
| 2 | −29.782950 |
| 3 | −9.761338 |
| 4 | 1.173503 |
| 5 | −2.579263E−01 |
| 6 | 1.898930E−02 |
| 7 | −1.860698E−05 |
| 8 | −7.882613E−09 |
| 9 | −9.200781E−15 |

| | | |
|---|---|---|
| 5.607510E−02 | 7.974790E−42 | 0.000000E+00 |
| 7.974790E−42 | 8.135862 | 4.966476E−26 |
| 0.000000E+00 | 4.966476E−26 | −2.191937 |

$t(1,1) = 8.1359 \quad t(2,2) = .0561 \quad t(3,3) = -2.1919$

bt(i,j)

| | | |
|---|---|---|
| 31.201780 | 119.352800 | 99.649670 |
| 60.217050 | 46.835600 | 57.715440 |
| 98.461790 | 56.227030 | 34.042620 |

下面列出本例两种循环顺序所算得的方向角：

$$\begin{bmatrix} \alpha_{11} & \alpha_{12} & \alpha_{13} \\ \alpha_{21} & \alpha_{22} & \alpha_{23} \\ \alpha_{31} & \alpha_{32} & \alpha_{33} \end{bmatrix} = \begin{bmatrix} 30.38 & 116.58 & 103.64 \\ 62.38 & 46.87 & 54.96 \\ -95.92 & 127.74 & 38.37 \end{bmatrix} (°)$$

$$\begin{bmatrix} \beta_{11} & \beta_{12} & \beta_{13} \\ \beta_{21} & \beta_{22} & \beta_{23} \\ \beta_{31} & \beta_{32} & \beta_{33} \end{bmatrix} = \begin{bmatrix} 31.20 & 119.35 & 99.65 \\ 60.22 & 46.84 & 57.72 \\ 98.46 & 56.23 & 34.04 \end{bmatrix} (°)$$

由以上两组数据算出的方向角差别最大者为 $\alpha_{33} - \beta_{33} = 4.33°$，可见两种循环虽在主值方面精度都很好（有六位以上的有效数字），方向角则不然。但二者中必有一精度较高。

从屏幕显示中可见，逆循环的转角（绝对值）递减波动较小，且第四次转角已降到 $1.17°$，而顺循环虽在第四次转轴时方向角亦已降至 $1.74°$，但第五次又有反弹达 $4.61°$，这一情况说明逆循环方向角精度较高，因而在该循环过程中，经三轮转轴，新轴已接近主轴，用前三次转角算得的方向角，其中最大误差（绝对值）也应该与第四转角（绝对值）$1.17°$接近。

其实，有了高精度的主值，主方向的问题还可用其他途径解决，如传统的公式法（见各类《弹性力学》教材）或图解法详见图 14-7-2。只是这两种方法工作量颇大；不过，这两种方法给出的方向余弦或方向角的精度却非常高，下面给出图解法确定的九个方向角：

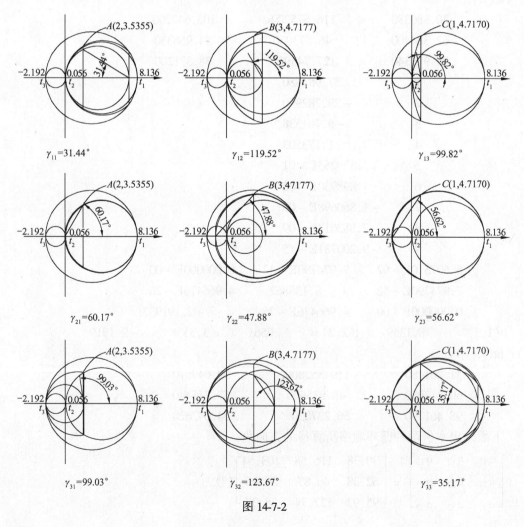

图 14-7-2

$$\begin{bmatrix} \gamma_{11} & \gamma_{12} & \gamma_{13} \\ \gamma_{21} & \gamma_{22} & \gamma_{23} \\ \gamma_{31} & \gamma_{32} & \gamma_{33} \end{bmatrix} = \begin{bmatrix} 31.44 & 119.52 & 99.82 \\ 60.17 & 47.88 & 56.62 \\ 99.03 & 123.67 & 35.17 \end{bmatrix} (°)$$

以上数据验证了逆循环计算的方向角精度较高且最大误差 $\gamma_{33} - \beta_{33} = 1.13°$，与第四转角 $1.17°$ 接近的预测。

图 14-7-2 除了给出三维应变花的布置外，还给出了由张量初值与主值确定某主轴（即新轴）与旧轴两直线的夹角 $\gamma_{32} = 123.67°$ 的图解法：建立 $t_{ii}$ 和 $t_{ij}$ 坐标系，在 $t_{ii}$ 轴上确定三个主值 $t_3$、$t_2$ 和 $t_1$ 的对应点并分别以其中任意两点为直径作三个圆；在调整后的张量 $\begin{bmatrix} 2 & 2.5 & 2.5 \\ 对 & 3 & 4 \\ & 称 & 1 \end{bmatrix}$ 中确定旧轴 2 对应的坐标（横向为 3，纵向为 $\sqrt{4^2 + 2.5^2} = 4.7177$），并在图中确定 $A$ 点及其对称点 $A'$；过 $t_3$、$A$ 及 $A'$ 三点作圆与 $t_1 - t_2$ 圆交于 $B$、$B'$ 两点；连接 $B$、$B'$ 与 $t$ 轴交于 $C$ 点；以 $t_3$、$C$ 为直径作圆与 $A$—$A$ 连线交于 $D$ 与 $D'$；$CD$ 与 $t$ 轴的交角即为所求的 $\gamma_{32}$；取锐角或钝角参看程序计算的结果确定。

其中新轴编号由 $t_3 = -2.192$ 对应于 $T33$（见屏幕显示）确定为 3，旧轴编号由图中 $A$ 点坐标（横向为 3，纵向为 $\sqrt{4^2 + 2.5^2} = 4.7177$）及其在调整后的张量 $\begin{bmatrix} 2 & 2.5 & 2.5 \\ 对 & 3 & 4 \\ & 称 & 1 \end{bmatrix}$ 中的位置确定为 2。因而由 $\alpha_{ij}$ 与 $\beta_{ij}$ 两式中查阅顺循环的 $\alpha_{32} = 127.74(°)$ 以及逆循环的 $\beta_{32} = 56.23(°)$，相当于 $123.77(°)$ 并得知图解法中 $\gamma_{32}$ 应取钝角为 $\gamma_{32} = 124(°)$，与逆循环的误差为 $0.23°$。由于原始张量为 $\begin{bmatrix} 1 & 2.5 & 4 \\ 对 & 2 & 2.5 \\ & 称 & 3 \end{bmatrix}$，旧轴 2 应该对应于图 14-13-2 中的 $x_3$ 轴。根据逆循环提供的九个方向角或改成方向余弦就可确定三个新轴（即主轴）的方向。

[小结]

(1) 本程序计算三维张量主值精度非常高，有六位以上的有效数字。

(2) 欲求方向角，应做到：

1) 把绝对值最大的辅元素调整到 $t_{23}$ 的位置，以求第一转角效果尽可能的明显，并据此确定旧轴的编号。

2) 从两种循环中选出转角（绝对值）递减波动较小（尤指从第 4 轮起）的一种（精度较高）作为方向角的近似值。

3) 误差估计：最大误差（绝对值）约为第四转角。

(3) 若对方向角精度有更高要求，可综合利用公式法或图解法。

## 习 题 14

14-1 请用第 3 章介绍的落差法验算图 14-4-2（b）中的第 2、3 跨落差值 12 与 15。

14-2 利用表 5-5 计算例 14-4-1 和例 14-4-2 各杆端的剪力。

14-3 例 14-2-3 的屏幕显示略去了输入 $M_1$ 图的信息，试把这部分内容补上。

14-4 例 14-7-3 提到将应变张量 $\begin{bmatrix} 1 & 2.5 & 4 \\ 对 & 2 & 2.5 \\ 称 & & 3 \end{bmatrix}$ 中绝对值最大的副元素 4 调至 $t_{23}$ 的位置，张量可表为 $\begin{bmatrix} 2 & 2.5 & 2.5 \\ 对 & 3 & 4 \\ 称 & & 1 \end{bmatrix}$。现欲将该值调整到 $t_{12}$ 的位置，请写出该张量的表达式。

14-5 三维张量的主值及主向计算程序介绍中提到为保证方向角的精度应把绝对值最大的辅元素调整到 $t_{23}$ 的位置，您能把程序改造一下，免除该步骤吗？

# 第 15 章  力学分析程序 2（框架部分）与算例

框架是土木建筑（尤指房屋建筑）中应用最为广泛的结构形式之一。关于其在各种荷载（包括广义荷载在内）作用下的内力、位移、临界力的计算构成整个结构设计的主要部分。本章除了介绍两个近似法程序外，还提供了多个快捷方便和高精度的计算程序。

## §15.1  多层多跨框架的内力分析程序入门 1 与示例

说明：只要有力矩分配法与剪力分配法的基础，再利用第 10 章介绍的约束系统，多层多跨框架的内力分析程序开发就不会有理论上的困难。对框架交替放松小刚臂（转动约束）与大刚臂（侧移约束），梁柱的内力依据力矩分配法与剪力分配法的规律修正从而使各杆杆端内力趋于平衡；该法理论上与连续侧移修正法（文献[19] P200）相近，只是力矩分配过程在手法上略有不同，以下统称修正法。作为框架分析入门程序，下面从上下完整（无缺跨）的规则框架入手，计算量值暂限于梁柱弯矩，介绍框架编程。

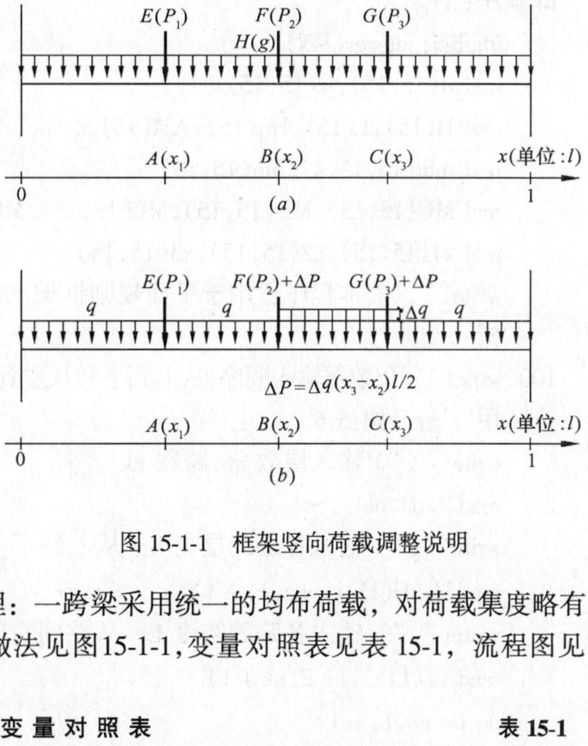

为了使输入尽量简单而又能保证精度，本程序竖向荷载作了如下处理：一跨梁采用统一的均布荷载，对荷载集度略有出入的情况，利用集中荷载调整，具体做法见图 15-1-1，变量对照表见表 15-1，流程图见图 15-1-2。

图 15-1-1  框架竖向荷载调整说明

变 量 对 照 表　　　　　　　　　表 15-1

| 程序中的符号 | 实际变量 | 注　释 |
|---|---|---|
| nc, nk | 框架总层数与纵跨数 | |
| il$(i,j)$, iz$(i,j)$ | 第 $i$ 层 $j$ 跨的梁、柱线刚度 | 梁单元的左节点与柱单元对应，所以右边柱无对应梁 |
| H$(i)$, L$(j)$ | 第 $i$ 层层高，第 $j$ 跨跨度 | |
| Hq$(i)$<br>AM$(i)$ | 第 $i$ 层的集中水平荷载<br>该层的楼层弯矩 | 楼层弯矩即该层以上的水平荷载总和与本层层高的乘积 |
| miu$(i,j,k)$ | 第 $i$ 层第 $j$ 节点的 4 个杆端中第 $k$ 端的分配系数 | $k$ 的秩序：上下左右 |

续表

| 程序中的符号 | 实 际 变 量 | 注 释 |
|---|---|---|
| niu($i,j$) | 第$i$层第$j$柱的剪力分配系数 | |
| MU($i,j$), MD($i,j$) | 第$i$层第$j$柱的上下端弯矩 | 固端弯矩⇒最终弯矩 |
| ML($i,j$), MR($i,j$) | 第$i$层第$j$梁的左右端弯矩 | 固端弯矩⇒最终弯矩 |
| x1($i,j$),x2($i,j$),x3($i,j$) | 第$i$层$j$梁的3个集中荷载坐标 | 不足3个时,用0代替,多于3个时,作等效变换成3个。这样做目的在于简化输入 |

要求:熟悉力矩分配法与剪力分配法(即反弯点法)。

功能:框架分析手算很烦,尤其对有侧移的情况,本程序首先可帮助学生验证自己对修正法的掌握情况;为进入实用程序编制打下基础。

源程序:

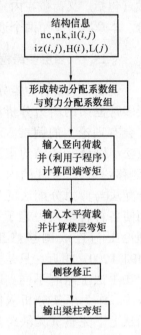

图15-1-2 规则框架侧移修正法流程图

```
        implicit integer(I-N)
        real il(15,15),iz(15,15)
        real H(15),L(15),Hq(15),AM(15)
        real miu(15,15,4),niu(15,15)
        real MU(15,15),MD(15,15),ML(15,15),MR(15,15)
        real x1(15,15),x2(15,15),x3(15,15)
        write(*,*)'本程序适用于平面规则框架的内力与位移分析'
100     write(*,*)'数据输入顺序:从上到下和从左到右——数据间用','分开如:5,6'
        write(*,*)'输入层数 nc,跨数 nk'
        read*,nc,nk
        write(*,*)'输入各层的层高 h——从上到下'
        read*,(H(i),i=nc,1,-1)
        write(*,*)'输入各跨的跨度 L——从左到右'
        read*,(L(i),i=2,nk+1)
        do i=nc,1,-1
        write(*,12) i
12      format(x'输入第',i2,'层各梁的线刚度 il——从左到右')
        read*,(il(i,j),j=2,nk+1)
        write(*,13)i
13      format(x'输入第',i2,'层各柱的线刚度 iz——从左到右')
        read*,(iz(i,j),j=2,nk+2)
        enddo
190     do i=nc,1,-1! 以下循环计算各节点的力矩分配系数以及每层的剪力分配系数
        z=0
```

```
        do j = 2, nk + 2
        xm = iz(i + 1, j) + iz(i, j) + il(i, j − 1) + il(i, j)
        miu(i, j, 1) = iz(i + 1, j)/xm; miu(i, j, 2) = iz(i, j)/xm
        miu(i, j, 3) = il(i, j − 1)/xm; miu(i, j, 4) = il(i, j)/xm; z = z + iz(i, j)
        enddo
        do j = 2, nk + 2
        niu(i, j) = iz(i, j)/z
        enddo
      enddo
!竖向荷载
215   do i = nc, 1, −1
        MU(i, nk + 2) = 0; MD(i, nk + 2) = 0
        do j = 2, nk + 1
        write( * , * )'输入第', i, '层', j − 1, '跨的荷载:'
        call makm (L(j), x1(i, j), x2(i, j), x3(i, j), ML(i, j), MR(i, j))
235     enddo
240   enddo

        write( * , * )'输入各层的水平节点荷载——Hq(i)'
        read * , (Hq(i), i = nc, 1, −1)
252   Hq(nc + 1) = 0
        do i = nc, 1, −1
        Hq(i) = Hq(i) + Hq(i + 1)
        AM(i) = Hq(i) * H(i)
        enddo
!     write( * , * )'侧移、分配计算'
350   do k = 1, 100
        do i = nc, 1, −1
        z = 0
        do j = 2, nk + 2
        z = z + MU(i, j) + MD(i, j)
        enddo
        y = −(z + AM(i))/2
        do j = 2, nk + 2
        x = y * niu(i, j); MU(i, j) = MU(i, j) + x; MD(i, j) = MD(i, j) + x
        enddo
        enddo
        do i = nc, 1, −1
        do j = 2, nk + 2
```

```
            z = - MD(i+1,j) - MU(i,j) - MR(i,j-1) - ML(i,j)
            x = z*miu(i,j,1); MD(i+1,j) = MD(i+1,j) + x; MU(i+1,j) = MU(i+1,j) + x/2
            x = z*miu(i,j,2); MU(i,j) = MU(i,j) + x;      MD(i,j) = MD(i,j) + x/2
            x = z*miu(i,j,3); MR(i,j-1) = MR(i,j-1) + x;  ML(i,j-1) = ML(i,j-1) + x/2
            x = z*miu(i,j,4); ML(i,j) = ML(i,j) + x;      MR(i,j) = MR(i,j) + x/2
          end do
         end do
        enddo
        do i = nc,1,-1
         do j = 2,nk+1
          write(*,60) i,j-1
60        format(1x,'第',i2,'层',i2,'梁(左、右)端弯矩')
          write(*,61)ML(i,j),MR(i,j)

61        format(2F9.3)
         end do
         do j = 2,nk+2
          write(*,62) i,j-1
62        format(1x,'第',i2,'层',i2,'柱(上、下)端弯矩')
          write(*,63)MU(i,j),MD(i,j)
63        format(2F9.3)
         enddo
        enddo
        END


        subroutine makm(L,x1,x2,x3,ML,MR)
        real a(3),P(3),L,ML,MR
        MU = 0; MD = 0
        write(*,*)'该梁的均布荷载值q,不均匀时用等效集中荷载调整'
        read *,q
        x = q*L**2/12; ML = -x; MR = x
        write(*,*)'集中荷载个数以3为限,距梁左端的相对距离设定为:0.3,0.5,0.7;
   默认输0,修改输1'
        read *, mn
        if(mn.eq.1)then
        write(*,*)'键入3个集中荷载作用点——距梁左端的距离x1,x2,x3'
        read *,x1,x2,x3
        a(1) = x1/L; a(2) = x2/L; a(3) = x3/L; goto 10
        else
```

```
        a(1) = 0.3; a(2) = 0.5; a(3) = 0.7
      endif
10  write( * , * )'该梁上',3,'个集中荷载的大小 P1,P2,P3(不足 3 时,荷载大小用 0 补齐)'
      read * ,(P(k),k = 1,3)
      do k = 1,3
      x = - p(k) * a(k) * (1 - a(k)) * * 2 * L
      y = p(k) * a(k) * * 2 * (1 - a(k)) * L
      ML = ML + x;      MR = MR + y
      end do
      write( * , * )'左右固端弯矩',ML,MR
      PAUSE'回车重算'
      end
```

举例说明程序的应用:

【例 15-1-1】 结构如图 15-1-3(a)所示(文献[19]P200),利用框架程序入门 1 作分析并求作 M 图。

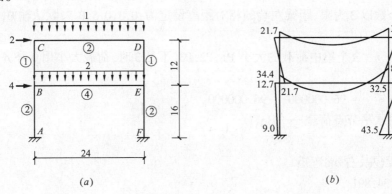

图 15-1-3

屏幕显示如下:

本程序适用于平面规则框架的内力与位移分析

数据输入顺序:从上到下和从左到右——数据间用 ',' 分开如:5,6

输入层数 nc,跨数 nk

2,1

输入各层的层高 h——从上到下

12,16

输入各跨的跨度 L——从左到右

24

输入第 2 层各梁的线刚度 il——从左到右

2

输入第 2 层各柱的线刚度 iz——从左到右

1,1
输入第 1 层各梁的线刚度 il——从左到右
4
输入第 1 层各柱的线刚度 iz——从左到右
2,2
输入第 2 层 1 跨的荷载:
该梁的均布荷载值 q,不均匀时用等效集中荷载调整
1
集中荷载个数以 3 为限,距梁左端的相对距离设定为:0.3,0.5,0.7;默认输 0,修改输 1
0
该梁上 3 个集中荷载的大小 P1,P2,P3(不足 3 时,荷载大小用 0 补齐)
0,0,0
左右固端弯矩 −48.000000 48.000000
输入第 1 层 1 跨的荷载:
该梁的均布荷载值 q,不均匀时用等效集中荷载调整
2
集中荷载个数以 3 为限,距梁左端的相对距离设定为:0.3,0.5,0.7;默认输 0,修改输 1
0
该梁上 3 个集中荷载的大小 P1,P2,P3(不足 3 时,荷载大小用 0 补齐)
0,0,0
左右固端弯矩 −96.000000 96.000000
输入各层的水平节点荷载——Hq(i)
2,4
第 2 层 1 梁(左、右)端弯矩
−21.725 34.891
第 2 层 1 柱(上、下)端弯矩
21.725 21.660
第 2 层 2 柱(上、下)端弯矩
−34.891 −32.494
第 1 层 1 梁(左、右)端弯矩
−34.384 88.693
第 1 层 1 柱(上、下)端弯矩
12.724 −9.032
第 1 层 2 柱(上、下)端弯矩
−56.199 −43.494
作弯矩图如图 15-1-3(b)

## §15.2 多层多跨框架的内力分析程序入门 2 与示例

说明:在框架分析程序入门 1 中,把框架的形状限制在上下完整的情况,且内力仅涉及

弯矩;显然这不能满足结构设计的需要。本程序将把框架的形状扩大到上部有缺跨、可利用标准层以及可带悬臂阳台的情况,还把垂直方向传来的偏心轴向压力做了处理。涉及的量值更扩大到结构设计中所必须的多种控制量值:梁的弯矩、剪力,跨中弯矩落差,柱的弯矩、剪力与轴力以及各层的侧移分析。本程序还把竖向荷载与水平荷载作用下的计算分离以便为荷载的组合提供方便。

要求:在规整框架分析的基础上再加附带悬臂阳台、上部缺跨及标准层以及垂直方向的附加轴力和偏心距等概念以及理解其传力方式与途径。

功能:独立给出带阳台、上部有缺层和有标准层的框架在竖直与水平荷载作用下的内力及侧移结果。

举例说明程序的应用:

【例 15-2】 结构如图 15-2(a)所示(为节省篇幅又保持图面清晰,水平荷载 10 与 20 及由其产生的内力图未画出),用程序框架入门 2 算内力。

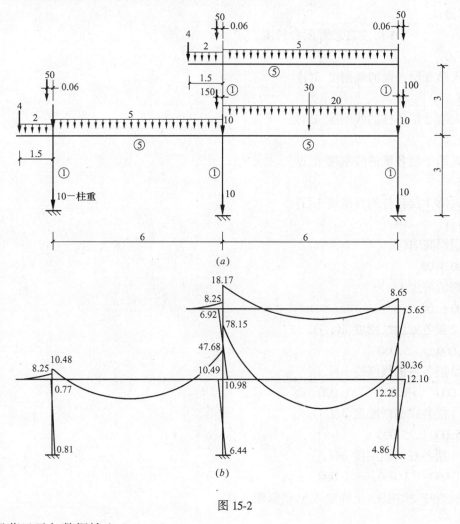

图 15-2

屏幕显示与数据输入:

本程序适用于平面规则框架(含上层少跨的情况)在多种因素作用下的内力分析

数据输入顺序:从上到下和从左到右——数据间用',' 分开如:5,6
键入层数,跨数 nc,nk
2,2
输入各跨的跨度——从左到右 L(j)
6,6
输入　　　　3个附加轴力的偏心距 dtL(i),偏左为+(如果只算水平荷载可输0)
.06,.06,-.06
是否有标准层?有键入1,无键入0
0
输入各层的层高 H(i)
3,3
输入　　　　2层左右悬臂阳台长度
1.5,0
输入　　　　1层左右悬臂阳台长度
1.5,0
输入第2层各梁的线刚度 il(i)
0,5
输入第2层各柱的线刚度 iz(i)
0,1,1
输入第1层各梁的线刚度 il(i)
5,5
输入第1层各柱的线刚度 iz(i)
1,1,1
各层层高 H(i)
3.00  3.00
各跨的跨度 L(j)
6.00  6.00
第2层各梁的线刚度 il(i,j)
　.000　　5.000
第2层各柱的线刚度 iz(i,j)
　.000　　1.000　　1.000
第1层各梁的线刚度 il(i,j)
　5.000　　5.000
第1层各柱的线刚度 iz(i,j)
　1.000　　1.000　　1.000
请检查柱、梁刚度:正确输入1,错误输入0
1
请键入:竖向荷载——1,水平荷载——2
1

输入第 2 层左悬臂集中力与均布荷载集度:P,q
4,2
输入第 2 层 2 跨的荷载
如果与前 n 跨情况相同,输入 n,否则输入 0
0
该梁的均布荷载值,不均匀时用等效集中荷载调整
5
集中荷载个数以 3 为限,距梁左端的相对距离设定为:0.3,0.5,0.7;默认输 0,修改输 1
0
该梁上 3 个集中荷载的大小(不足 3 时,荷载大小用 0 补齐)P1,P2,P3
0,0,0
左相当反力,竖标落差 i,右相当反力    10.500000    18.900000    22.500000
    18.900000    10.500000
左支反力    15.000000 右支反力    15.000000
第    2 层    2 柱的左右梁端剪力及纵向轴力增值:    7.000000
    15.000000    -22.000000
第    2 层    2 柱的 2 个附加值——横向传来的竖向力与柱重 dts1,dts2
50,10
第    2 层    3 柱的 2 个附加值——横向传来的竖向力与柱重 dts1,dts2
50,10
输入第    1 层左悬臂集中力与均布荷载集度:P,q
4,2
输入第    1 层    1 跨的荷载
该梁的均布荷载值,不均匀时用等效集中荷载调整
5
集中荷载个数以 3 为限,距梁左端的相对距离设定为:0.3,0.5,0.7;默认输 0,修改输 1
0
该梁上    3 个集中荷载的大小(不足 3 时,荷载大小用 0 补齐)P1,P2,P3
0,0,0
左相当反力,竖标落差 i,右相当反力    10.500000    18.900000    22.500000
    18.900000    10.500000
左支反力    15.000000 右支反力    15.000000
第    1 层    1 柱的左右梁端剪力及纵向轴力增值:    7.000000
    15.000000    -22.000000
第    1 层    1 柱的 2 个附加值——横向传来的竖向力与柱重 dts1,dts2
50,10
输入第    1 层    2 跨的荷载
如果与前 n 跨情况相同,输入 n,否则输入 0
0

该梁的均布荷载值,不均匀时用等效集中荷载调整
20
集中荷载个数以 3 为限,距梁左端的相对距离设定为:0.3,0.5,0.7;默认输 0,修改输 1
0
该梁上       3 个集中荷载的大小(不足 3 时,荷载大小用 0 补齐)P1,P2,P3
0,30,0
左相当反力,竖标落差 i,右相当反力    57.000000    102.600000    135.000000
         102.600000        57.000000
左支反力      75.000000  右支反力     75.000000
第        1 层      2 柱的左右梁端剪力及纵向轴力增值: 15.000000
         75.000000       −90.000000
第        1 层      2 柱的 2 个附加值——横向传来的竖向力与柱重 dts1,dts2
150,10
第        1 层      3 柱的 2 个附加值——横向传来的竖向力与柱重 dts1,dts2
100,10
第        2 层      1 跨左、右固端    0.000000E+00        8.250000
第        2 层      2 跨左、右固端    −15.000000        15.000000
第        1 层      1 跨左、右固端    −15.000000        15.000000
第        1 层      2 跨左、右固端    −82.500000        82.500000
检查:正确输入 1,否则输入 0
1
第        2 层      3 柱上层柱底本层柱顶、底轴力    0.000000E+00
         0.000000E+00    −73.412400
第        1 层      3 柱上层柱底本层柱顶、底轴力    −73.412400
         0.000000E+00    −250.446700
第        2 层(左、右)两侧悬臂根部弯矩——此值为 0 时表示无阳台或阳台内缩
     8.250000    0.000000E+00
第        2 层      1 梁(左、右)端弯矩    0.000000E+00        8.250000
第        2 层      2 梁(左、右)端弯矩    −18.172880        8.647265
第        1 层(左、右)两侧悬臂根部弯矩——此值为 0 时表示无阳台或阳台内缩
     8.250000    0.000000E+00
第        1 层      1 梁(左、右)端弯矩    −10.479280        47.680130
第        1 层      2 梁(左、右)端弯矩    −78.151540        30.357400
节点弯矩——上、下、左、右及附加不平衡量
第 2 层 1 节点的弯矩        .00      .00      .00      .00      .00
第 2 层 2 节点的弯矩        .00     6.92     8.25    −18.17     3.00
第 2 层 3 节点的弯矩        .00    −5.65     8.65      .00    −3.00
第 1 层 1 节点的弯矩        .00     −.77     8.25    −10.48     3.00

| | | | | | |
|---|---|---|---|---|---|
| 第 1 层 2 节点的弯矩 | 10.98 | 10.49 | 47.68 | −78.15 | 9.00 |
| 第 1 层 3 节点的弯矩 | −12.25 | −12.10 | 30.36 | .00 | −6.00 |
| 1 层 1 柱下端弯矩 | .81 | | | | |
| 1 层 2 柱下端弯矩 | 6.44 | | | | |
| 1 层 3 柱下端弯矩 | −4.86 | | | | |

节点投影力——上、下、左、右及附加荷载

| | | | | | |
|---|---|---|---|---|---|
| 第 2 层 1 点 Y 向 | .00 | .00 | .00 | .00 | .00 |
| 第 2 层 1 点上、下剪力 | | .00 | .00 | | |
| 第 2 层 2 点 Y 向 | .00 | −73.59 | 7.00 | 16.59 | 50.00 |
| 第 2 层 2 点上、下剪力 | | .00 | −5.97 | | |
| 第 2 层 3 点 Y 向 | .00 | −63.41 | 13.41 | .00 | 50.00 |
| 第 2 层 3 点上、下剪力 | | .00 | 5.97 | | |
| 第 1 层 1 点 Y 向 | .00 | −65.80 | 7.00 | 8.80 | 50.00 |
| 第 1 层 1 点上、下剪力 | | .00 | −.01 | | |
| 第 1 层 2 点 Y 向 | 83.59 | −337.75 | 21.20 | 82.97 | 150.00 |
| 第 1 层 2 点上、下剪力 | | 5.97 | −5.64 | | |
| 第 1 层 3 点 Y 向 | 73.41 | −240.45 | 67.03 | .00 | 100.00 |
| 第 1 层 3 点上、下剪力 | | −5.97 | 5.65 | | |
| 第 1 层 1 柱下端轴力 | −75.80 | | | | |
| 第 1 层 2 柱下端轴力 | −347.75 | | | | |
| 第 1 层 3 柱下端轴力 | −250.45 | | | | |

竖向荷载引起的弯矩图如图 15-2($b$)。

### §15.3 多层多跨框架地震荷载计算程序与示例

说明：框架结构的地震荷载计算，关键之一就是自振周期的计算；纯理论分析往往由于力学模型的误差使得结果偏大而未被地震工作者的广泛采纳。文献 [21] 提供了近似公式 $T_1 = 2\pi\sqrt{\dfrac{\Delta_n}{g}}$（文献 [21] P289），若采用工程中常用的牛顿米秒制，则 $g = 9.8$，上式可改写成：$T_1 \approx 2\sqrt{\Delta_n}$。然而该式计算结果仍然偏大而被建筑规范（JZ 102—79）修正为 $T_1 = 1.7\alpha_0\sqrt{\Delta_n}$（文献 [29] P100——该书称之为顶点位移法），式中系数 $\alpha_0$ 可根据是否有填充墙的情况作了进一步的削减：取值：0.5～0.6（文献 [29] P100），本程序取 0.5。程序中可供选择的另一方法为经验公式法，该法在世界各国算法略有不同，程序中采用了在我国受多位学者推荐的有填充墙的均匀的多层钢筋混凝土框架结构的经验公式：$T_1 = 0.33 + 0.00069 \times \dfrac{H^2}{\sqrt[3]{B}}$（式中 $H$ 为建筑物的高度，$B$ 为振动方向的长度，以米为单位，见文献 [31] P126）。

要求：熟悉相关的力学知识：框架基本周期的顶点位移法与地震荷载的底部剪力法。

功能：本程序，提供了顶点侧移法与经验公式法两种结果供设计者选择。

举例说明应用：

**【例 15-3】** 结构如（文献［30］P165～171）所示，利用本程序计算各层地震力，结构相关数据见表 15-2。

结构有关数据表（本表已把楼层总重代表值化成单榀刚架相应的量值） 表 15-2

| 楼　层 | 1 | 2 | 3 | 4 | 5 |
|---|---|---|---|---|---|
| 自重（kN） | 795.45 | 727.27 | 727.27 | 727.27 | 604.55 |

屏幕显示与数据输入：

本程序(框架)适用于平面规则框架的地震荷载计算

数据输入顺序:从上到下和从左到右——数据间用','分开如:5,6

层数,跨数

5,3

输入各跨的跨度——从左到右

5.7,3,5.7

是否有标准层？有健入 1,无健入 0

1

输入标准层的区间:上,下

4,2

输入标准层的层高

3.6,

输入标准层中各梁的线刚度

.709,1.348,.709

输入标准层中各柱的线刚度

1,1,1,1

输入非标准层的层高,上段:从　　　5 层到　　　5.000000 层

3.6

输入第 5 层各梁的线刚度

.709,1.348,.709

输入第 5 层各柱的线刚度

1,1,1,1

输入非标准层的层高,下段:从　　　1.000000 层到　　　1 层

4.55

输入第 1 层各梁的线刚度

.709,1.348,.709

输入第 1 层各柱的线刚度——从左到右

.791,.791,.791,.791

↓

选择自震周期计算方案:顶层侧移法——1;经验公式法——2

1

输入各楼层的自重 G(i)——kN 为单位
604.55,727.27,727.27,727.27,795.45
选择最高柱
1
输入线刚度 i 的代表值——kN·m(即相对值为 1 的绝对值)
17480
各层的侧移值
顶层侧移 3.774216E-01
理想刚架输入 1,无填充墙输入 2,有填充墙输入 3
3
T    5.744140E-01
对于多遇地震,根据设防烈度输入 afm 值
设防烈度与 afm 值对应于:6-0.04,7-0.08,8-0.16,9-0.32
.08
选择场地类别确定特征周期 Tg:
近震时场地类别与 Tg 的对应:1-0.2,2-0.3,3-0.4,4-0.65
远震时场地类别与 Tg 的对应:1-0.25,2-0.4,3-0.55,4-0.85
.3
af    4.458581E-02
基底总剪力         135.743200
键入顶部附加地震作用系数,参考下表
当场地特征周期 Tg 分别为:《0.25, 0.3~0.4, 和 》0.55 时
若 T>1.4Tg,则对应系数为:0.08T+0.07;0.08T+0.01 和 0.08T-0.02,分别键入 1,2,3
若 T≤1.4Tg,则不考虑附加系数,键入 0
T 与 1.4Tg 的数值为: 5.744140E-01    4.200000E-01
2
顶部附加地震作用系数      5.595312E-02
顶部附加地震作用力        7.595256
层次,高度和地震力     5    18.950000    43.655860
层次,高度和地震力     4    15.350000    35.139500
层次,高度和地震力     3    11.750000    26.898320
层次,高度和地震力     2     8.150000    18.657130
层次,高度和地震力     1     4.550000    11.392420
选择自震周期计算方案:顶层侧移法——1;经验公式法——2
2
HaH**2,B**(1/3)    359.102500    2.432881
高,宽及周期 T    18.950000    14.400000    4.318466E-01
对于多遇地震,根据设防烈度输入 afm 值
设防烈度与 afm 值对应于:6-0.04,7-0.08,8-0.16,9-0.32

.08
选择场地类别确定特征周期 Tg:
近震时场地类别与 Tg 的对应:1 – 0.2,2 – 0.3,3 – 0.4,4 – 0.65
远震时场地类别与 Tg 的对应:1 – 0.25,2 – 0.4,3 – 0.55,4 – 0.85
.3
af　　5.763716E – 02
基底总剪力　　　175.478500
键入顶部附加地震作用系数,参考下表
当场地特征周期 Tg 分别为:《0.25,0.3 ~ 0.4,和 》0.55 时
若 T > 1.4Tg,则对应系数为:0.08T + 0.07;0.08T + 0.01 和 0.08T – 0.02,分别键入 1,2,3
若 T ≤ 1.4Tg,则不考虑附加系数,键入 0
T 与 1.4Tg 的数值为:4.318466E – 01　　　4.200000E – 01
2
顶部附加地震作用系数　　4.454773E – 02
顶部附加地震作用力　　　7.817171
层次,高度和地震力　　　5　　　18.950000　　　54.996770
层次,高度和地震力　　　4　　　15.350000　　　45.974490
层次,高度和地震力　　　3　　　11.750000　　　35.192200
层次,高度和地震力　　　2　　　8.150000　　　24.409910
层次,高度和地震力　　　1　　　4.550000　　　14.905180

### §15.4　多层多跨框架结构在基础沉降的内力分析程序与示例

说明:基础沉降是土木工程常遇到的情况,本程序能帮助您迅速算出结果。

要求:使用者必须有相应的力学知识,按提示输入数据就能马上得出结果(若选择相对线刚度输入,需输入所选的相对线刚度为1的杆件的绝对线刚度)。

功能:显示支座沉降引起的内力。

【例 15-4】　结构如图 15-4(a)所示,已知 $i = 1700 \text{kN·m}$。求由于支座沉降引起的内

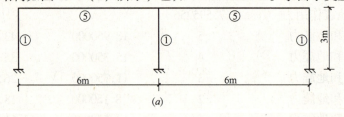

(a)

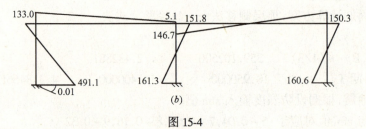

(b)

图 15-4

力。

**【解】** 按提示输入相关数据即可得到梁柱的各种内力结果。图15-4（b）为支座转动引起的弯矩图。

屏幕显及数据输入：
本程序适用于平面规则框架（含上层少跨的情况）的内力与位移分析
荷载包括外力与非外力因素如基础沉降、温度改变以及有限破损等
数据输入顺序:从上到下和从左到右——数据间用','分开如:5,6
建议采用单位:力——kN,长度——m,转角——弧度
键入层数,跨数
1,2
结构尺寸可选择2种输入方式:截面尺寸——1,相对线刚度——2
温度改变计算需选择1,此时需预先确定与标准线刚度相对应的杆件
及其杆长、截面情况和弹性模量,再依次确定各杆的数据;弹模可先输入相对值
2
输入各跨的跨度——从左到右
6,6
是否有标准层？有键入1,无键入0
0
输入各层的层高 $H(i)$ ——从上到下
3
输入第1层各梁的线刚度 $il(i,j)$
5,5
输入第1层各柱的线刚度 $iz(i,j)$
1,1,1
各层层高 $H(i)$
3.00
各跨的跨度 $L(j)$
6.00 6.00
第1层各梁的线刚度 $il(i,j)$
    5.000    5.000
第1层各柱的线刚度 $iz(i,j)$
    1.000   1.000    1.000
请检查柱、梁刚度:正确输入1,错误输入0
1
...
输入线刚度 $i$ 的代表值——kN·m(即相对值为1的绝对值,仅算竖向荷载可输1)
17000
输入产生支座移动的基础序号
1

输入相关量值,沉降——向下为正,侧移——向右为正,倾斜——顺时针为正
0,0,.01
ml(1,nzz + 1,kk)0.000000E + 00
mu,md        340.000000           680.000000
支座移动产生的内力
第       1层(左、右)两侧悬臂根部弯矩——此值为0时表示无阳台或阳台内缩
  0.000000E + 00      0.000000E + 00

| 第 | 1层 | 1梁(左、右)端弯矩 | − 132.993200 | 5.059540 |
| 第 | 1层 | 2梁(左、右)端弯矩 | 146.726200 | 150.340100 |
| 第 | 1柱 | 1层(上、下)端弯矩 | 132.993200 | 491.062900 |
| 第 | 2柱 | 1层(上、下)端弯矩 | − 151.785700 | − 161.326500 |
| 第 | 3柱 | 1层(上、下)端弯矩 | − 150.340100 | − 160.603700 |
| 第 | 1层 | 1梁(左、右)端剪力 | 21.322280 | 21.322280 |
| 第 | 1层 | 2梁(左、右)端剪力 | − 49.511050 | − 49.511050 |
| 第 | 1柱 | 1层(上、下)端轴力 | − 21.322280 | − 21.322280 |
| 第 | 2柱 | 1层(上、下)端轴力 | 70.833330 | 70.833330 |
| 第 | 3柱 | 1层(上、下)端轴力 | − 49.511050 | − 49.511050 |
| 第 | 1柱 | 1层剪力 | − 208.018700 | |
| 第 | 2柱 | 1层剪力 | 104.370800 | |
| 第 | 3柱 | 1层剪力 | 103.647900 | |

## §15.5　多层多跨框架温度内力的计算程序入门与示例

说明:作为框架温度内力计算的入门,下面介绍一种最为简单的温度内力计算程序——规则框架(上部无缺跨)的温度内力分析程序。

要求:使用者必须有相应的力学知识,即要熟练掌握有关温度改变对基本单元的影响(见各种版本的《结构力学》教材)以及框架的一种新的约束系统(见第8章)才能读懂程序并检验中间和最终结果。

功能:提供温度内力的一种快捷手段以便为结构设计提供参考以及为伸缩缝的设置提供依据。

【例 15-5】　结构及温度改变见图 15-5 (a),求作 M 图。(文献 [5] P388)
本程序适用于平面规则框架的温度内力分析
数据输入顺序:从上到下和从左到右——数据间用',' 分开如:5,6
建议采用单位:力——kN,长度——m
键入层数,跨数
1,2
预先确定与标准线刚度相对应的杆件及其截面情况 b,h、弹性模 Ec 量(可先输入相对值)以及杆长 L
选择标准线刚度并依次输入 b,h,E 和 L
.4,.6,1,4

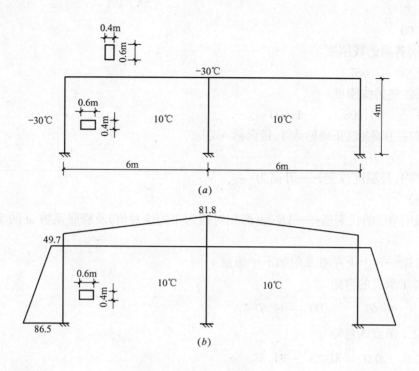

图 15-5 （αEI）

输入各跨的跨度——从左到右
6,6
输入各层的层高——从上到下
4
输入第 1 层各梁的 b
.4, .4
输入第 1 层各梁 h
.6, .6
输入第 1 层各梁的相对弹模 Eb
1
输入第 1 层各柱的 b
.4, .4, .4
输入第 1 层各柱的 h
.6, .6, .6
输入第 1 层各柱的相对弹模 Ec
1
iz(i, nk + 2)　　　1.000000
各层层高
4.00
各跨的跨度

6.00 6.00
 第1层各梁的线刚度
    .667    .667
第1层各柱的线刚度
 1.000    1.000    1.000
请检查柱、梁刚度：正确输入1,错误输入0
1
输入室内、外温度改变——升高为 +
10,−30
输入线刚度 i 的代表值——kN·m(即相对值为1的绝对值)及膨胀系数 af 的实际值
.25,1
节点弯矩——上下左右及附加不平衡量
第1层1节点的弯矩
    .00    49.67    .00    −49.67
第1层2节点的弯矩
    .00    .00    81.83    −81.83
第1层3节点的弯矩
    .00    −49.67    49.67    .00
节点投影力——上下左右及附加荷载
第1层1点 Y 向
    .00    5.36    .00    −5.36
第1层1点上下剪力
    .00    −9.19
第1层2点 Y 向
    .00    −10.72    5.36    5.36
第1层2点上下剪力
    .00    .00
第1层3点 Y 向
    .00    5.36    −5.36    .00
第1层3点上下剪力
    .00    9.19
第1层1下端轴力
 5.36
第1层2下端轴力
−10.72

第 1 层 3 下端轴力

5.36

弯矩图见图 15-5(b)

### §15.6 多层多跨框架温度内力的计算程序与示例

说明：上一节的程序，温度内力计算入门，把框架的形状限制在上下完整的情况；下面将把框架的形状扩大到上部有缺跨（左右限制一次内缩）以及可利用标准层的情况。涉及的量值更扩大到结构设计中所必须的多种控制量值：梁的弯矩、剪力，跨中弯矩落差，柱的弯矩、剪力与轴力。

为了节省篇幅，本程序只在网站中提供 exe 形式，但示例将给出输入输出的屏幕显示。

要求：只要按提示输入相关数据，就能很快得到结果，但要熟练掌握有关温度改变对基本单元的影响（见各种版本的《结构力学》教材）以及框架的一种新的约束系统（见第 8 章）才能检验中间和最终结果。

功能：按提示输入有关数据即可得到梁柱杆端内力。

举例说明程序的应用。

【例 15-6】 结构如图 15-6 所示；假定温度改变与梁柱长度、截面情况与例 15-5 完全相同，用程序（框架温度内力分析）计算内力图。

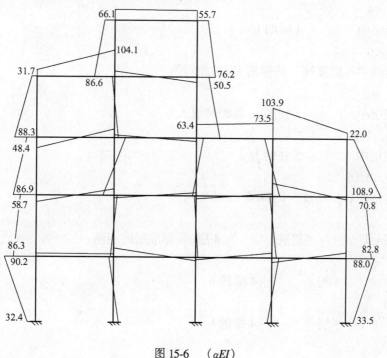

图 15-6　（αEI）

为节省篇幅及保持画面的简洁，本例只提供弯矩图且只标出外围构件的弯矩数值，其余内力参看屏幕的结果显示。

屏幕显示与数据输入：

本程序适用于平面规则框架（含上部少跨的情况）的温度内力分析
数据输入顺序:从上到下和从左到右——数据间用',' 分开如:5,6
建议采用单位:力——kN,长度——m
键入层数,跨数
5,4
预先确定与标准线刚度相对应的杆件及其截面情况 b,h、弹性模 $E_c$ 量(可先输入相对值)以及杆长 L
选择标准线刚度并依次输入 b,h,E 和 L
.4,.6,1,4
输入　　　　　4个跨度——从左到右
6,6,6,6
是否有标准层？有健入1,无健入0
1
输入标准层的区间:上,下
3,1
输入标准层的层高
4
输入标准层中　　　4梁的b,缺跨时输入0
.4,.4,.4,.4
输入标准层中　　　4梁的h
.6,.6,.6,.6
输入标准层中各层梁统一的弹模 $E_b$ 的相对值
1
输入标准层中　　　5柱的b,缺跨时输入0
.4,.4,.4,.4,.4
输入标准层中　　　5柱的h
.6,.6,.6,.6,.6
输入标准层中各层柱统一的弹模 $E_c$ 的相对值
1
输入上段:从　　　5层到　　　4层,非标准层的层高
4,4
输入第　　　5层　　　　4梁的b
0,.4,0,0
输入第　　　5层　　　　4梁的h
0,.6,0,0
输入第　　　5层各梁统一的相对 $E_b$
1
输入第　　　5层　　　　5柱的b
0,.4,.4,0,0

输入第 5 层 5 柱的 h
0,.6,.6,0,0
输入第 5 层各柱统一的相对 Ec
1
输入第 4 层 4 梁的 b
.4,.4,0,0
输入第 4 层 4 梁的 h
.6,.6,0,0
输入第 4 层各梁统一的相对 Eb
1
输入第 4 层 5 柱的 b
.4,.4,.4,0,0
输入第 4 层 5 柱的 h
.6,.6,.6,0,0
输入第 4 层各柱统一的相对 Ec
1
各层层高
4.00 4.00 4.00 4.00 4.00
各跨的跨度
6.00 6.00 6.00 6.00
第 5 层各梁的线刚度
   .000       .667       .000       .000
第 5 层各柱的线刚度
   .000    1.000    1.000     .000     .000
第 4 层各梁的线刚度
   .667       .667       .000       .000
第 4 层各柱的线刚度
  1.000    1.000    1.000     .000     .000
第 3 层各梁的线刚度
   .667       .667       .667       .667
第 3 层各柱的线刚度
  1.000    1.000    1.000    1.000   1.000
第 2 层各梁的线刚度
   .667       .667       .667       .667
第 2 层各柱的线刚度
  1.000    1.000    1.000    1.000   1.000
第 1 层各梁的线刚度
   .667       .667       .667       .667
第 1 层各柱的线刚度

```
              1.000      1.000      1.000      1.000      1.000
```
请检查柱、梁刚度：正确输入1,错误输入0
1
nil,njl,nir,njr        4       3       3       4
输入室内、外温度改变——升高为 +
10, -30
无少跨键入1,有少跨键入2
2
有少跨
nil.ne.nir 不等高
nc.ne.1 左高右低
…
输入线刚度 i 的代表值——kN·m(即相对值为1的绝对值)及膨胀系数 af 的实际值
.25,1
节点弯矩——上下左右及附加不平衡量

| 节点 | 上 | 下 | 左 | 右 |
|---|---|---|---|---|
| 第5层1节点的弯矩 | .00 | .00 | .00 | .00 |
| 第5层2节点的弯矩 | .00 | 66.14 | .00 | -66.14 |
| 第5层3节点的弯矩 | .00 | -55.74 | 55.74 | .00 |
| 第5层4节点的弯矩 | .00 | .00 | .00 | .00 |
| 第5层5节点的弯矩 | .00 | .00 | .00 | .00 |
| 第4层1节点的弯矩 | .00 | 31.73 | .00 | -31.73 |
| 第4层2节点的弯矩 | -86.59 | 8.77 | 104.07 | -26.25 |
| 第4层3节点的弯矩 | 76.19 | -50.49 | -25.71 | .00 |
| 第4层4节点的弯矩 | .00 | .00 | .00 | .00 |
| 第4层5节点的弯矩 | .00 | .00 | .00 | .00 |
| 第3层1节点的弯矩 | -88.32 | 48.44 | .00 | 39.88 |
| 第3层2节点的弯矩 | 9.63 | -35.82 | 34.07 | -7.88 |
| 第3层3节点的弯矩 | 88.68 | -21.30 | -4.02 | -63.36 |
| 第3层4节点的弯矩 | .00 | 30.41 | 73.45 | -103.86 |
| 第3层5节点的弯矩 | .00 | -22.02 | 22.02 | .00 |
| 第2层1节点的弯矩 | -86.89 | 58.65 | .00 | 28.24 |
| 第2层2节点的弯矩 | -29.28 | -2.14 | 28.12 | 3.30 |
| 第2层3节点的弯矩 | -17.61 | 7.58 | 5.27 | 4.76 |
| 第2层4节点的弯矩 | 25.20 | 4.96 | 2.29 | -32.45 |
| 第2层5节点的弯矩 | 108.87 | -70.82 | -38.05 | .00 |
| 第1层1节点的弯矩 | -86.25 | 90.20 | .00 | -3.95 |
| 第1层2节点的弯矩 | -7.29 | 13.50 | .21 | -6.41 |
| 第1层3节点的弯矩 | 3.32 | -1.33 | -3.86 | 1.88 |
| 第1层4节点的弯矩 | 9.17 | -14.28 | 5.06 | .05 |

| | | | | |
|---|---|---|---|---|
| 第1层5节点的弯矩 | 82.84 | −88.03 | 5.19 | .00 |
| 底层1柱下端弯矩 | −32.42 | | | |
| 底层2柱下端弯矩 | 17.99 | | | |
| 底层3柱下端弯矩 | −.68 | | | |
| 底层4柱下端弯矩 | −18.41 | | | |
| 底层5柱下端弯矩 | 33.47 | | | |

节点投影力——上下左右及附加荷载

| | | | | |
|---|---|---|---|---|
| 第5层1点Y向 | .00 | .00 | .00 | .00 |
| 第5层1点上下剪力 | | .00 | .00 | |
| 第5层2点Y向 | .00 | −1.73 | .00 | 1.73 |
| 第5层2点上下剪力 | | .00 | −5.11 | |
| 第5层3点Y向 | .00 | 1.73 | −1.73 | .00 |
| 第5层3点上下剪力 | | .00 | 5.11 | |
| 第5层4点Y向 | .00 | .00 | .00 | .00 |
| 第5层4点上下剪力 | | .00 | .00 | |
| 第5层5点Y向 | .00 | .00 | .00 | .00 |
| 第5层5点上下剪力 | | .00 | .00 | |
| 第4层1点Y向 | .00 | 12.06 | .00 | −12.06 |
| 第4层1点上下剪力 | | .00 | −14.15 | |
| 第4层2点Y向 | 1.73 | −22.45 | 12.06 | 8.66 |
| 第4层2点上下剪力 | | 5.11 | 4.60 | |
| 第4层3点Y向 | −1.73 | 10.39 | −8.66 | .00 |
| 第4层3点上下剪力 | | −5.11 | 9.55 | |
| 第4层4点Y向 | .00 | .00 | .00 | .00 |
| 第4层4点上下剪力 | | .00 | .00 | |
| 第4层5点Y向 | .00 | .00 | .00 | .00 |
| 第4层5点上下剪力 | | .00 | .00 | |
| 第3层1点Y向 | −12.06 | 24.38 | .00 | −12.33 |
| 第3层1点上下剪力 | | 14.15 | −9.61 | |
| 第3层2点Y向 | 22.45 | −36.76 | 12.33 | 1.98 |
| 第3层2点上下剪力 | | −4.60 | −16.28 | |
| 第3层3点Y向 | −10.39 | 14.06 | −1.98 | −1.68 |
| 第3层3点上下剪力 | | −9.55 | −9.73 | |
| 第3层4点Y向 | .00 | −15.32 | 1.68 | 13.64 |
| 第3层4点上下剪力 | | .00 | 13.90 | |
| 第3层5点Y向 | .00 | 13.64 | −13.64 | .00 |
| 第3层5点上下剪力 | | .00 | 21.71 | |
| 第2层1点Y向 | −24.38 | 33.78 | .00 | −9.39 |
| 第2层1点上下剪力 | | 9.61 | −6.90 | |

| | | | | |
|---|---|---|---|---|
| 第 2 层 2 点 Y 向 | 36.76 | -44.72 | 9.39 | -1.43 |
| 第 2 层 2 点上下剪力 | 16.28 | -2.36 | | |
| 第 2 层 3 点 Y 向 | -14.06 | 13.80 | 1.43 | -1.18 |
| 第 2 层 3 点上下剪力 | 9.73 | 2.72 | | |
| 第 2 层 4 点 Y 向 | 15.32 | -28.25 | 1.18 | 11.75 |
| 第 2 层 4 点上下剪力 | -13.90 | 3.53 | | |
| 第 2 层 5 点 Y 向 | -13.64 | 25.39 | -11.75 | .00 |
| 第 2 层 5 点上下剪力 | -21.71 | 3.01 | | |
| 第 1 层 1 点 Y 向 | -33.78 | 33.15 | .00 | .62 |
| 第 1 层 1 点上下剪力 | 6.90 | 14.45 | | |
| 第 1 层 2 点 Y 向 | 44.72 | -45.81 | -.62 | 1.71 |
| 第 1 层 2 点上下剪力 | 2.36 | 7.87 | | |
| 第 1 层 3 点 Y 向 | -13.80 | 16.67 | -1.71 | -1.16 |
| 第 1 层 3 点上下剪力 | -2.72 | -.50 | | |
| 第 1 层 4 点 Y 向 | 28.25 | -28.53 | 1.16 | -.87 |
| 第 1 层 4 点上下剪力 | -3.53 | -8.17 | | |
| 第 1 层 5 点 Y 向 | -25.39 | 24.52 | .87 | .00 |
| 第 1 层 5 点上下剪力 | -3.01 | -13.64 | | |
| 第 1 层 1 下端轴力 | 33.15 | | | |
| 第 1 层 2 下端轴力 | -45.81 | | | |
| 第 1 层 3 下端轴力 | 16.67 | | | |
| 第 1 层 4 下端轴力 | -28.53 | | | |
| 第 1 层 5 下端轴力 | 24.52 | | | |

### §15.7 多层多跨框架的内力分析程序与示例

说明：关于框架的计算程序，前面已介绍各种情况的计算，本程序是把前面的程序结合在一起以便进行各种组合得出截面设计所必需的内力包络值。

要求：只要按提示输入相关数据，就能很快得到结果，但要熟练掌握有关温度计算以及框架的一种新的约束系统（见第8章）才能检验中间和最终结果。

功能：按提示输入有关数据即可得到梁柱杆端内力。

举例说明程序的应用。

**【例 15-7】** 结构如图 15-7-1 所示（文献［30］P146～195），利用程序（框架内力分析）分别作恒载、活载、风载和震载的分析，最后根据最不利原则作跨中配筋计算的两种内力组合。

**【注】** 本例（选自文献［30］P 164～197）为一实际设计。

图上恒载与活载的数值为设计值（为了与原著对应），风载与震载为标准值（为了侧移刚度的验算）——地震荷载的计算还用本程序的两种方法验证过。

屏幕显示：

本程序适用于平面规则框架（含上层少跨的情况）的内力与位移分析

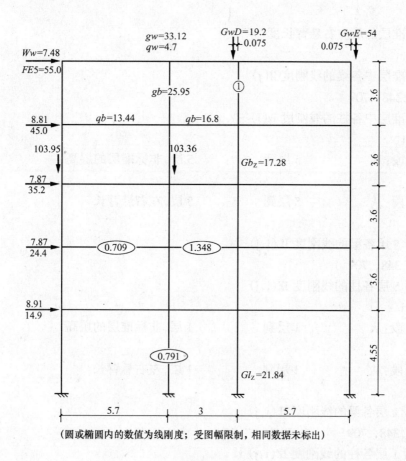

图 15-7-1

荷载包括外力与非外力因素如基础沉降、温度改变以及有限破损等
数据输入顺序:从上到下和从左到右——数据间用',' 分开如:5,6
建议采用单位:力——kN,长度——m,转角——弧度
键入层数,跨数
5,3
结构尺寸可选择 2 种输入方式:截面尺寸——1,相对线刚度——2
温度改变计算需选择 1,此时需预先确定与标准线刚度相对应的杆件
及其杆长、截面情况和弹性模量,再依次确定各杆的数据;弹模可先输入相对值
2
输入各跨的跨度——从左到右
5.7,3,5.7
是否有标准层? 有键入 1,无键入 0
1
输入标准层的区间:上,下
4,2
输入标准层的层高
3.6

输入标准层的层左右悬臂长度
0,0
输入标准层中各梁的线刚度 il(j)
.709,1.348,.709
输入标准层中各柱的线刚度 iz(i)
1,1,1,1
输入上段:从　　　　5层到　　　　5层,非标准层的层高
3.6
输入上段:从　　　　5层到　　　　5层,左右悬臂长
0,0
输入第5层各梁的线刚度 IL(i,j)
.709,1.348,.709
输入第5层各柱的线刚度 IZ(i,j)
1,1,1,1
输入下段:从　　　　1层到　　　　1层,非标准层的层高
4.55
输入下段:从　　　　1层到　　　　1层,左右悬臂长
0,0
输入第1层各梁的线刚度 IL(i,j)
.709,1.348,.709
输入第1层各柱的线刚度 IZ(i,j)
.791,.791,.791,.791
各层层高 H(i)
3.60 3.60 3.60 3.60 4.55
各跨的跨度 L(j)
5.70 3.00 5.70
第5层各梁的线刚度 IL(i,j)
　　　　.709　　　　1.348　　　　.709
第5层各柱的线刚度 IZ(i,j)
　　　1.000　　　1.000　　　1.000　　　1.000
第4层各梁的线刚度 IL(i,j)
　　　　.709　　　　1.348　　　　.709
第4层各柱的线刚度 IZ(i,j)
　　　1.000　　　1.000　　　1.000　　　1.000
第3层各梁的线刚度 IL(i,j)
　　　　.709　　　　1.348　　　　.709
第3层各柱的线刚度 IZ(i,j)
　　　1.000　　　1.000　　　1.000　　　1.000
第2层各梁的线刚度 IL(i,j)

.709　　　1.348　　　.709
第 2 层各柱的线刚度 IZ(i,j)
　　1.000　　　1.000　　　1.000　　　1.000
第 1 层各梁的线刚度 IL(i,j)
　　　.709　　　1.348　　　.709
第 1 层各柱的线刚度 IZ(i,j)
　　　.791　　　.791　　　.791　　　.791
请检查柱、梁刚度:正确输入 1,错误输入 0
1
…
输入　　　　4 个附加轴力的偏心距 dtL(i),偏左为 +(如果只算水平荷载可输 0)
.075, −.075, .075, −.075
选择最高柱
1
输入线刚度 i 的代表值——kN·m(即相对值为 1 的绝对值,仅算竖向荷载可输 1)
17480

### §15.7.1　恒载计算

键入:恒载 −1,活载 −2,风载 −3,震载 −4
支座位移 −5,温度改变 −6,组合 −0
1
输入第　　　5 层　　　1 跨的荷载
该梁的均布荷载值,不均匀时用等效集中荷载调整
33.12
集中荷载个数以 3 为限,距梁左端的相对距离设定为:0.3,0.5,0.7;默认输 0,修改输 1
0
该梁上　3 个集中荷载的大小(不足 3 时,荷载大小用 0 补齐)P1,P2,P3
0,0,0
左相当反力,竖标落差 i,右相当反力　　　66.074390　　　112.987200
134.508600　　112.987200　　66.074390
左支反力　　　94.391990 右支反力　　　94.391980
输入第　　　5 层　　　1 柱的 2 个附加值——横向传来的竖向力与柱重 dts1,dts2
54,17.28
输入第　　　5 层　　　2 跨的荷载
如果与前 n 跨情况相同,输入 n,否则输入 0
0
该梁的均布荷载值,不均匀时用等效集中荷载调整
33.12
集中荷载个数以 3 为限,距梁左端的相对距离设定为:0.3,0.5,0.7;默认输 0,修改输 1
0

该梁上　　　3个集中荷载的大小(不足3时,荷载大小用0补齐)P1,P2,P3
0,0,0
左相当反力,竖标落差i,右相当反力　　　34.776000　　　31.298400　　　37.260000
　　　　31.298400　　　34.776000
左支反力　　　49.680000　右支反力　　　49.680000
输入第　　　5层　　　2柱的2个附加值——横向传来的竖向力与柱重dts1,dts2
19.2,17.28
输入第　　　5层　　　3跨的荷载
如果与前n跨情况相同,输入n,否则输入0
2
输入第　　　5层　　　3柱的2个附加值——横向传来的竖向力与柱重dts1,dts2
19.2,17.28
输入第　　　5层　　　4柱的2个附加值——横向传来的竖向力与柱重dts1,dts2
54,17.28
输入第　　　4层　　　1跨的荷载
该梁的均布荷载值,不均匀时用等效集中荷载调整
25.95
集中荷载个数以3为限,距梁左端的相对距离设定为:0.3,0.5,0.7;默认输0,修改输1
0
该梁上　　　3个集中荷载的大小(不足3时,荷载大小用0补齐)P1,P2,P3
0,0,0
左相当反力,竖标落差i,右相当反力　　　51.770250　　　88.527130　　　105.389400
　　　　88.527130　　　51.770250
左支反力　　　73.957500　右支反力　　　73.957500
输入第　　　4层　　　1柱的2个附加值——横向传来的竖向力与柱重dts1,dts2
103.95,17.28
输入第　　　4层　　　2跨的荷载
如果与前n跨情况相同,输入n,否则输入0
0
该梁的均布荷载值,不均匀时用等效集中荷载调整
25.95
集中荷载个数以3为限,距梁左端的相对距离设定为:0.3,0.5,0.7;默认输0,修改输1
0
该梁上　　　3个集中荷载的大小(不足3时,荷载大小用0补齐)P1,P2,P3
0,0,0
左相当反力,竖标落差i,右相当反力　　　27.247500　　　24.522750　　　29.193750
　　　　24.522750　　　27.247500
左支反力　　　38.925000　右支反力　　　38.925000
输入第　　　4层　　　2柱的2个附加值——横向传来的竖向力与柱重dts1,dts2

103.36,17.28
输入第　　　　4层　　　　3跨的荷载
如果与前n跨情况相同,输入n,否则输入0
2
输入第　　　　4层　　　　3柱的2个附加值——横向传来的竖向力与柱重dts1,dts2
103.36,17.28
输入第　　　　4层　　　　4柱的2个附加值——横向传来的竖向力与柱重dts1,dts2
103.95,17.28
输入第　　　　3层　　　　1柱的横向传来的附加值dts1
103.95
输入第　　　　3层　　　　2柱的横向传来的附加值dts1
103.36
输入第　　　　3层　　　　3柱的横向传来的附加值dts1
103.36
输入第　　　　3层　　　　4柱的横向传来的附加值dts1
103.95
输入第　　　　1层　　　　1跨的荷载
该梁的均布荷载值,不均匀时用等效集中荷载调整
25.95
集中荷载个数以3为限,距梁左端的相对距离设定为:0.3,0.5,0.7;默认输0,修改输1
0
该梁上　　　　3个集中荷载的大小(不足3时,荷载大小用0补齐)P1,P2,P3
0,0,0
左相当反力,竖标落差i,右相当反力　　　　51.770250　　　88.527130　　　105.389400
　　　88.527130　　　51.770250
左支反力　　73.957500 右支反力　　73.957500
输入第　　　　1层　　　　1柱的2个附加值——横向传来的竖向力与柱重dts1,dts2
103.95,21.84
输入第　　　　1层　　　　2跨的荷载
如果与前n跨情况相同,输入n,否则输入0
0
该梁的均布荷载值,不均匀时用等效集中荷载调整
25.95
集中荷载个数以3为限,距梁左端的相对距离设定为:0.3,0.5,0.7;默认输0,修改输1
0
该梁上　　　　3个集中荷载的大小(不足3时,荷载大小用0补齐)P1,P2,P3
0,0,0
左相当反力,竖标落差i,右相当反力　　　　27.247500　　　24.522750　　　29.193750
　　　24.522750　　　27.247500

左支反力　　　　　38.925000 右支反力　　　　38.925000
第　　　　1层　　　2柱的左右梁端剪力及纵向轴力增值：　　73.957500
　　　　38.925000　　-112.882500
第　　　　1层　　　2柱的2个附加值——横向传来的竖向力与柱重 dts1,dts2
103.36,21.84
输入第　　　1层　　　3跨的荷载
如果与前 n 跨情况相同,输入 n,否则输入 0
2
输入第　　　1层　　　3柱的2个附加值——横向传来的竖向力与柱重 dts1,dts2
103.36,21.84
输入第　　　1层　　　4柱的2个附加值——横向传来的竖向力与柱重 dts1,dts2
103.95,21.84
…
检查:正确输入1,否则输入0
1
第　　　　5层(左、右)两侧悬臂根部弯矩——此值为0时表示无阳台或阳台内缩
　　　0.000000E+00　　　0.000000E+00
第　　　5层　　　1梁(左、右)端弯矩　　-63.180270　　　85.300550
第　　　5层　　　2梁(左、右)端弯矩　　-47.170890　　　47.170910
第　　　5层　　　3梁(左、右)端弯矩　　-85.300580　　　63.180280
第　　　4层(左、右)两侧悬臂根部弯矩——此值为0时表示无阳台或阳台内缩
　　　0.000000E+00　　　0.000000E+00
第　　　4层　　　1梁(左、右)端弯矩　　-65.410070　　　68.900710
第　　　4层　　　2梁(左、右)端弯矩　　-24.258330　　　24.258360
第　　　4层　　　3梁(左、右)端弯矩　　-68.900750　　　65.410070
第　　　3层(左、右)两侧悬臂根部弯矩——此值为0时表示无阳台或阳台内缩
　　　0.000000E+00　　　0.000000E+00
第　　　3层　　　1梁(左、右)端弯矩　　-60.608820　　　68.604650
第　　　3层　　　2梁(左、右)端弯矩　　-27.676450　　　27.676460
第　　　3层　　　3梁(左、右)端弯矩　　-68.604660　　　60.608820
第　　　2层(左、右)两侧悬臂根部弯矩——此值为0时表示无阳台或阳台内缩
　　　0.000000E+00　　　0.000000E+00
第　　　2层　　　1梁(左、右)端弯矩　　-62.346070　　　68.638660
第　　　2层　　　2梁(左、右)端弯矩　　-26.532340　　　26.532360
第　　　2层　　　3梁(左、右)端弯矩　　-68.638670　　　62.346070
第　　　1层(左、右)两侧悬臂根部弯矩——此值为0时表示无阳台或阳台内缩
　　　0.000000E+00　　　0.000000E+00
第　　　1层　　　1梁(左、右)端弯矩　　-58.570180　　　68.359850
第　　　1层　　　2梁(左、右)端弯矩　　-29.278740　　　29.278750

| | | | | |
|---|---|---|---|---|
| 第1层 | 3梁(左、右)端弯矩 | | -68.359860 | 58.570180 |
| 第1柱 | 5层(上、下)端弯矩 | | 59.130270 | 37.363440 |
| 第1柱 | 4层(上、下)端弯矩 | | 20.250380 | 24.904150 |
| 第1柱 | 3层(上、下)端弯矩 | | 27.908420 | 26.258910 |
| 第1柱 | 2层(上、下)端弯矩 | | 28.290910 | 31.972420 |
| 第1柱 | 1层(上、下)端弯矩 | | 18.801500 | 9.400755 |
| 第2柱 | 5层(上、下)端弯矩 | | -36.689660 | -23.681440 |
| 第2柱 | 4层(上、下)端弯矩 | | -13.208930 | -15.744630 |
| 第2柱 | 3层(上、下)端弯矩 | | -17.431570 | -16.582840 |
| 第2柱 | 2层(上、下)端弯矩 | | -17.771470 | -19.808860 |
| 第2柱 | 1层(上、下)端弯矩 | | -11.520250 | -5.760125 |
| 第3柱 | 5层(上、下)端弯矩 | | 36.689670 | 23.681450 |
| 第3柱 | 4层(上、下)端弯矩 | | 13.208940 | 15.744630 |
| 第3柱 | 3层(上、下)端弯矩 | | 17.431570 | 16.582830 |
| 第3柱 | 2层(上、下)端弯矩 | | 17.771480 | 19.808850 |
| 第3柱 | 1层(上、下)端弯矩 | | 11.520260 | 5.760127 |
| 第4柱 | 5层(上、下)端弯矩 | | -59.130280 | -37.363450 |
| 第4柱 | 4层(上、下)端弯矩 | | -20.250380 | -24.904160 |
| 第4柱 | 3层(上、下)端弯矩 | | -27.908420 | -26.258900 |
| 第4柱 | 2层(上、下)端弯矩 | | -28.290910 | -31.972420 |
| 第4柱 | 1层(上、下)端弯矩 | | -18.801510 | -9.400753 |
| 第5层 | 1梁(左、右)端剪力 | | 90.511240 | -98.272740 |
| 第5层 | 2梁(左、右)端剪力 | | 49.680000 | -49.680000 |
| 第5层 | 3梁(左、右)端剪力 | | 98.272740 | -90.511230 |
| 第4层 | 1梁(左、右)端剪力 | | 73.345100 | -74.569890 |
| 第4层 | 2梁(左、右)端剪力 | | 38.925000 | -38.925010 |
| 第4层 | 3梁(左、右)端剪力 | | 74.569890 | -73.345100 |
| 第3层 | 1梁(左、右)端剪力 | | 72.554720 | -75.360280 |
| 第3层 | 2梁(左、右)端剪力 | | 38.925000 | -38.925000 |
| 第3层 | 3梁(左、右)端剪力 | | 75.360280 | -72.554720 |
| 第2层 | 1梁(左、右)端剪力 | | 72.853530 | -75.061460 |
| 第2层 | 2梁(左、右)端剪力 | | 38.925000 | -38.925010 |
| 第2层 | 3梁(左、右)端剪力 | | 75.061460 | -72.853530 |
| 第1层 | 1梁(左、右)端剪力 | | 72.240010 | -75.674980 |
| 第1层 | 2梁(左、右)端剪力 | | 38.925000 | -38.925000 |
| 第1层 | 3梁(左、右)端剪力 | | 75.674980 | -72.240010 |
| 第1柱 | 5层(上、下)端轴力 | | -144.511200 | -161.791200 |
| 第1柱 | 4层(上、下)端轴力 | | -339.086400 | -356.366400 |
| 第1柱 | 3层(上、下)端轴力 | | -532.871100 | -550.151100 |

| | | | | |
|---|---|---|---|---|
| 第 | 1 柱 | 2层(上、下)端轴力 | -726.954600 | -744.234600 |
| 第 | 1 柱 | 1层(上、下)端轴力 | -920.424600 | -942.264600 |
| 第 | 2 柱 | 5层(上、下)端轴力 | -167.152700 | -184.432700 |
| 第 | 2 柱 | 4层(上、下)端轴力 | -401.287600 | -418.567600 |
| 第 | 2 柱 | 3层(上、下)端轴力 | -636.212900 | -653.492900 |
| 第 | 2 柱 | 2层(上、下)端轴力 | -870.839300 | -888.119300 |
| 第 | 2 柱 | 1层(上、下)端轴力 | -1106.079000 | -1127.919000 |
| 第 | 3 柱 | 5层(上、下)端轴力 | -167.152700 | -184.432700 |
| 第 | 3 柱 | 4层(上、下)端轴力 | -401.287700 | -418.567700 |
| 第 | 3 柱 | 3层(上、下)端轴力 | -636.213000 | -653.492900 |
| 第 | 3 柱 | 2层(上、下)端轴力 | -870.839400 | -888.119400 |
| 第 | 3 柱 | 1层(上、下)端轴力 | -1106.079000 | -1127.919000 |
| 第 | 4 柱 | 5层(上、下)端轴力 | -144.511200 | -161.791200 |
| 第 | 4 柱 | 4层(上、下)端轴力 | -339.086300 | -356.366300 |
| 第 | 4 柱 | 3层(上、下)端轴力 | -532.871100 | -550.151100 |
| 第 | 4 柱 | 2层(上、下)端轴力 | -726.954600 | -744.234600 |
| 第 | 4 柱 | 1层(上、下)端轴力 | -920.424600 | -942.264600 |
| 第 | 1 柱 | 5层剪力 | -26.803810 | |
| 第 | 1 柱 | 4层剪力 | -12.542930 | |
| 第 | 1 柱 | 3层剪力 | -15.046480 | |
| 第 | 1 柱 | 2层剪力 | -16.739810 | |
| 第 | 1 柱 | 1层剪力 | -6.198298 | |
| 第 | 2 柱 | 5层剪力 | 16.769750 | |
| 第 | 2 柱 | 4层剪力 | 8.042657 | |
| 第 | 2 柱 | 3层剪力 | 9.448448 | |
| 第 | 2 柱 | 2层剪力 | 10.438980 | |
| 第 | 2 柱 | 1层剪力 | 3.797884 | |
| 第 | 3 柱 | 5层剪力 | -16.769760 | |
| 第 | 3 柱 | 4层剪力 | -8.042658 | |
| 第 | 3 柱 | 3层剪力 | -9.448446 | |
| 第 | 3 柱 | 2层剪力 | -10.438980 | |
| 第 | 3 柱 | 1层剪力 | -3.797886 | |
| 第 | 4 柱 | 5层剪力 | 26.803810 | |
| 第 | 4 柱 | 4层剪力 | 12.542930 | |
| 第 | 4 柱 | 3层剪力 | 15.046480 | |
| 第 | 4 柱 | 2层剪力 | 16.739810 | |
| 第 | 4 柱 | 1层剪力 | 6.198300 | |

(以上显示待续)

下面提供一组原著的内力图以便读者对照,见图15-7-2、图15-7-3及图15-7-4。

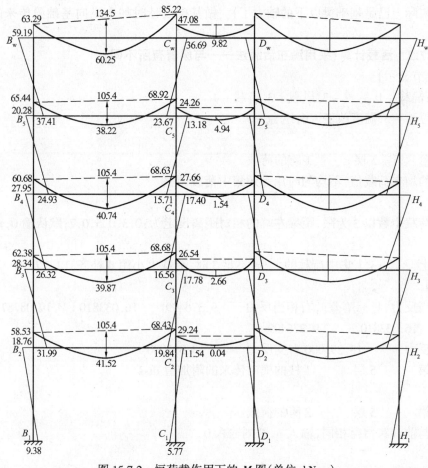

图 15-7-2 恒荷载作用下的 $M$ 图(单位:kN·m)
注:节点弯矩不平衡,只因为节点有等代力矩的缘故。

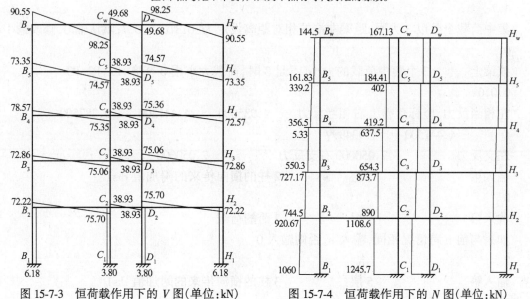

图 15-7-3 恒荷载作用下的 $V$ 图(单位:kN)　　图 15-7-4 恒荷载作用下的 $N$ 图(单位:kN)

程序计算结果与图 15-7-2 数值在基础梁以上完全吻合(图 15-7-3、图 15-7-4 中的底层柱的下端轴实际上已是基础梁以下的轴力了)。做基础设计时加上纵向基础梁传来的竖向荷载即可。

### §15.7.2 活载计算(采用满布活载法——与原著有所不同)

(接上节显示)

键入:恒载-1,活载-2,风载-3,震载-4

支座位移-5,温度改变-6,组合-0

2

输入第　　5层　　1跨的荷载

该梁的均布荷载值,不均匀时用等效集中荷载调整

4.7

集中荷载个数以3为限,距梁左端的相对距离设定为:0.3,0.5,0.7;默认输0,修改输1

0

该梁上　　3个集中荷载的大小(不足3时,荷载大小用0补齐)P1,P2,P3

0,0,0

左相当反力,竖标落差i,右相当反力　　9.376499　　16.033810　　19.087870
　　　16.033810　　9.376499

左支反力　　13.395000 右支反力　　13.395000

输入第　　5层　　1柱的横向传来的附加值 dts1

0

输入第　　5层　　2跨的荷载

如果与前n跨情况相同,输入n,否则输入0

0

该梁的均布荷载值,不均匀时用等效集中荷载调整

4.7

集中荷载个数以3为限,距梁左端的相对距离设定为:0.3,0.5,0.7;默认输0,修改输1

0

该梁上　　3个集中荷载的大小(不足3时,荷载大小用0补齐)P1,P2,P3

0,0,0

左相当反力,竖标落差i,右相当反力　　4.935000　　4.441500　　5.287500
　　　4.441500　　4.934999

左支反力　　7.050000 右支反力　　7.050000

输入第　　5层　　2柱的横向传来的附加值 dts1

0

输入第　　5层　　3跨的荷载

如果与前n跨情况相同,输入n,否则输入0

2

输入第　　5层　　3柱的横向传来的附加值 dts1

0

第　　5层　　4柱的横向传来的附加值 dts1

0

输入第　　　4层　　　　1跨的荷载

该梁的均布荷载值，不均匀时用等效集中荷载调整

13.44

集中荷载个数以3为限，距梁左端的相对距离设定为：0.3，0.5，0.7；默认输0，修改输1

0

该梁上　　　3个集中荷载的大小（不足3时，荷载大小用0补齐）P1，P2，P3

0，0，0

左相当反力，竖标落差i，右相当反力　　26.812800　　45.849880　　54.583190

　　　45.849880　　　26.812800

左支反力　　38.304000 右支反力　　38.304000

第　　　4层　　　1柱的左右梁端剪力及纵向轴力增值：0.000000E+00

　　38.304000　　　-38.304000

第　　　4层　　　1柱的横向传来的附加值 dts1

0

输入第　　　4层　　　　2跨的荷载

如果与前n跨情况相同，输入n，否则输入0

0

该梁的均布荷载值，不均匀时用等效集中荷载调整

16.8

集中荷载个数以3为限，距梁左端的相对距离设定为：0.3，0.5，0.7；默认输0，修改输1

0

该梁上　　　3个集中荷载的大小（不足3时，荷载大小用0补齐）P1，P2，P3

0，0，0

左相当反力，竖标落差i，右相当反力　　17.640000　　15.876000　　18.900000

　　　15.876000　　　17.640000

左支反力　　25.200000 右支反力　　25.200000

输入第　　　4层　　　　2柱的横向传来的附加值 dts1

0

输入第　　　4层　　　　3跨的荷载

如果与前n跨情况相同，输入n，否则输入0

2

第　　　4层　　　3柱的左右梁端剪力及纵向轴力增值：　25.200000

　　38.304000　　　-63.504000

第　　　4层　　　3柱的横向传来的附加值 dts1

0

第　　　4层　　　4柱的横向传来的附加值 dts1

0
　　第　　　3层　　　　1柱的横向传来的附加值dts1
0
　　第　　　3层　　　　2柱的横向传来的附加值dts1
0
　　第　　　3层　　　　3柱的横向传来的附加值dts1
0
　　第　　　3层　　　　4柱的横向传来的附加值dts1
0
　　输入第　　　1层　　　　1跨的荷载
　　该梁的均布荷载值，不均匀时用等效集中荷载调整
　　13.44
　　集中荷载个数以3为限，距梁左端的相对距离设定为：0.3，0.5，0.7；默认输0，修改输1
0
　　该梁上　　3个集中荷载的大小（不足3时，荷载大小用0补齐）P1，P2，P3
0，0，0
　　左相当反力，竖标落差i，右相当反力　　26.812800　　45.849880　　54.583190
　　　45.849880　　26.812800
　　左支反力　　38.304000 右支反力　　38.304000
　　输入第　　　1层　　　　1柱的横向传来的附加值dts1
0
　　输入第　　　1层　　　　2跨的荷载
　　如果与前n跨情况相同，输入n，否则输入0
0
　　该梁的均布荷载值，不均匀时用等效集中荷载调整
　　16.8
　　集中荷载个数以3为限，距梁左端的相对距离设定为：0.3，0.5，0.7；默认输0，修改输1
0
　　该梁上　　3个集中荷载的大小（不足3时，荷载大小用0补齐）P1，P2，P3
0，0，0
　　左相当反力，竖标落差i，右相当反力　　17.640000　　15.876000　　18.900000
　　　15.876000　　17.640000
　　左支反力　　25.200000 右支反力　　25.200000
　　第　　　1层　　　　2柱的左右梁端剪力及纵向轴力增值：　　38.304000
　　　25.200000　　−63.504000
　　第　　　1层　　　　2柱的横向传来的附加值dts1
0

输入第　　　　1层　　　　　　3跨的荷载
如果与前n跨情况相同，输入n，否则输入0
2
输入第　　　　1层　　　　　　3柱的横向传来的附加值dts1
0
输入第　　　　1层　　　　　　4柱的横向传来的附加值dts1
0

| | | | | |
|---|---|---|---|---|
| 第 | 5层 | 1跨左、右固端 | -12.725250 | 12.725250 |
| 第 | 5层 | 2跨左、右固端 | -3.525000 | 3.525000 |
| 第 | 5层 | 3跨左、右固端 | -12.725250 | 12.725250 |
| 第 | 4层 | 1跨左、右固端 | -36.388800 | 36.388800 |
| 第 | 4层 | 2跨左、右固端 | -12.600000 | 12.600000 |
| 第 | 4层 | 3跨左、右固端 | -36.388800 | 36.388800 |
| 第 | 3层 | 1跨左、右固端 | -36.388800 | 36.388800 |
| 第 | 3层 | 2跨左、右固端 | -12.600000 | 12.600000 |
| 第 | 3层 | 3跨左、右固端 | -36.388800 | 36.388800 |
| 第 | 2层 | 1跨左、右固端 | -36.388800 | 36.388800 |
| 第 | 2层 | 2跨左、右固端 | -12.600000 | 12.600000 |
| 第 | 2层 | 3跨左、右固端 | -36.388800 | 36.388800 |
| 第 | 1层 | 1跨左、右固端 | -36.388800 | 36.388800 |
| 第 | 1层 | 2跨左、右固端 | -12.600000 | 12.600000 |
| 第 | 1层 | 3跨左、右固端 | -36.388800 | 36.388800 |

检查：正确输入1，否则输入0
1

第　　　5层（左、右）两侧悬臂根部弯矩——此值为0时表示无阳台或阳台内缩
　0.000000E+00　　0.000000E+00

| | | | | |
|---|---|---|---|---|
| 第 | 5层 | 1梁（左、右）端弯矩 | -10.491070 | 12.182240 |
| 第 | 5层 | 2梁（左、右）端弯矩 | -5.629183 | 5.629183 |
| 第 | 5层 | 3梁（左、右）端弯矩 | -12.182250 | 10.491070 |

第　　　4层（左、右）两侧悬臂根部弯矩——此值为0时表示无阳台或阳台内缩
　0.000000E+00　　0.000000E+00

| | | | | |
|---|---|---|---|---|
| 第 | 4层 | 1梁（左、右）端弯矩 | -30.626930 | 35.620720 |
| 第 | 4层 | 2梁（左、右）端弯矩 | -17.225160 | 17.225160 |
| 第 | 4层 | 3梁（左、右）端弯矩 | -35.620720 | 30.626930 |

第　　　3层（左、右）两侧悬臂根部弯矩——此值为0时表示无阳台或阳台内缩
　0.000000E+00　　0.000000E+00

| | | | | |
|---|---|---|---|---|
| 第 | 3层 | 1梁（左、右）端弯矩 | -31.283910 | 35.633690 |
| 第 | 3层 | 2梁（左、右）端弯矩 | -16.792370 | 16.792370 |
| 第 | 3层 | 3梁（左、右）端弯矩 | -35.633700 | 31.283900 |

第　　2层（左、右）两侧悬臂根部弯矩——此值为0时表示无阳台或阳台内缩
　　0.000000E+00　　　0.000000E+00
| 第 | 2层 | 1梁（左、右）端弯矩 | -31.568150 | 35.640600 |
| 第 | 2层 | 2梁（左、右）端弯矩 | -16.603440 | 16.603450 |
| 第 | 2层 | 3梁（左、右）端弯矩 | -35.640610 | 31.568150 |

第　　1层（左、右）两侧悬臂根部弯矩——此值为0时表示无阳台或阳台内缩
　　0.000000E+00　　　0.000000E+00
| 第 | 1层 | 1梁（左、右）端弯矩 | -29.510000 | 35.523740 |
| 第 | 1层 | 2梁（左、右）端弯矩 | -18.055940 | 18.055940 |
| 第 | 1层 | 3梁（左、右）端弯矩 | -35.523750 | 29.510010 |
| 第 | 1柱 | 5层（上、下）端弯矩 | 10.491070 | 13.913950 |
| 第 | 1柱 | 4层（上、下）端弯矩 | 16.712990 | 16.089140 |
| 第 | 1柱 | 3层（上、下）端弯矩 | 15.194760 | 14.924240 |
| 第 | 1柱 | 2层（上、下）端弯矩 | 16.643910 | 18.634110 |
| 第 | 1柱 | 1层（上、下）端弯矩 | 10.875890 | 5.437945 |
| 第 | 2柱 | 5层（上、下）端弯矩 | -6.553061 | -8.423226 |
| 第 | 2柱 | 4层（上、下）端弯矩 | -9.972331 | -9.651263 |
| 第 | 2柱 | 3层（上、下）端弯矩 | -9.190050 | -9.049898 |
| 第 | 2柱 | 2层（上、下）端弯矩 | -9.987258 | -11.064770 |
| 第 | 2柱 | 1层（上、下）端弯矩 | -6.403030 | -3.201517 |
| 第 | 3柱 | 5层（上、下）端弯矩 | 6.553065 | 8.423231 |
| 第 | 3柱 | 4层（上、下）端弯矩 | 9.972328 | 9.651268 |
| 第 | 3柱 | 3层（上、下）端弯矩 | 9.190054 | 9.049900 |
| 第 | 3柱 | 2层（上、下）端弯矩 | 9.987263 | 11.064780 |
| 第 | 3柱 | 1层（上、下）端弯矩 | 6.403033 | 3.201515 |
| 第 | 4柱 | 5层（上、下）端弯矩 | -10.491070 | -13.913950 |
| 第 | 4柱 | 4层（上、下）端弯矩 | -16.712980 | -16.089140 |
| 第 | 4柱 | 3层（上、下）端弯矩 | -15.194770 | -14.924240 |
| 第 | 4柱 | 2层（上、下）端弯矩 | -16.643910 | -18.634120 |
| 第 | 4柱 | 1层（上、下）端弯矩 | -10.875890 | -5.437945 |
| 第 | 5层 | 1梁（左、右）端剪力 | 13.098300 | -13.691700 |
| 第 | 5层 | 2梁（左、右）端剪力 | 7.050000 | -7.050000 |
| 第 | 5层 | 3梁（左、右）端剪力 | 13.691700 | -13.098300 |
| 第 | 4层 | 1梁（左、右）端剪力 | 37.427890 | -39.180100 |
| 第 | 4层 | 2梁（左、右）端剪力 | 25.200000 | -25.200000 |
| 第 | 4层 | 3梁（左、右）端剪力 | 39.180100 | -37.427890 |
| 第 | 3层 | 1梁（左、右）端剪力 | 37.540880 | -39.067120 |
| 第 | 3层 | 2梁（左、右）端剪力 | 25.200000 | -25.200000 |
| 第 | 3层 | 3梁（左、右）端剪力 | 39.067120 | -37.540870 |

| | | | | |
|---|---|---|---|---|
| 第 2 层 | 1 梁（左、右）端剪力 | 37.589530 | -39.018460 |
| 第 2 层 | 2 梁（左、右）端剪力 | 25.200000 | -25.200000 |
| 第 2 层 | 3 梁（左、右）端剪力 | 39.018460 | -37.589530 |
| 第 1 层 | 1 梁（左、右）端剪力 | 37.248950 | -39.359040 |
| 第 1 层 | 2 梁（左、右）端剪力 | 25.200000 | -25.200000 |
| 第 1 层 | 3 梁（左、右）端剪力 | 39.359040 | -37.248950 |
| 第 1 柱 | 5 层（上、下）端轴力 | -13.098300 | -13.098300 |
| 第 1 柱 | 4 层（上、下）端轴力 | -50.526200 | -50.526200 |
| 第 1 柱 | 3 层（上、下）端轴力 | -88.067080 | -88.067080 |
| 第 1 柱 | 2 层（上、下）端轴力 | -125.656600 | -125.656600 |
| 第 1 柱 | 1 层（上、下）端轴力 | -162.905600 | -162.905600 |
| 第 2 柱 | 5 层（上、下）端轴力 | -20.741700 | -20.741700 |
| 第 2 柱 | 4 层（上、下）端轴力 | -85.121800 | -85.121800 |
| 第 2 柱 | 3 层（上、下）端轴力 | -149.388900 | -149.388900 |
| 第 2 柱 | 2 层（上、下）端轴力 | -213.607400 | -213.607400 |
| 第 2 柱 | 1 层（上、下）端轴力 | -278.166400 | -278.166400 |
| 第 3 柱 | 5 层（上、下）端轴力 | -20.741700 | -20.741700 |
| 第 3 柱 | 4 层（上、下）端轴力 | -85.121800 | -85.121800 |
| 第 3 柱 | 3 层（上、下）端轴力 | -149.388900 | -149.388900 |
| 第 3 柱 | 2 层（上、下）端轴力 | -213.607400 | -213.607400 |
| 第 3 柱 | 1 层（上、下）端轴力 | -278.166400 | -278.166400 |
| 第 4 柱 | 5 层（上、下）端轴力 | -13.098300 | -13.098300 |
| 第 4 柱 | 4 层（上、下）端轴力 | -50.526200 | -50.526200 |
| 第 4 柱 | 3 层（上、下）端轴力 | -88.067070 | -88.067070 |
| 第 4 柱 | 2 层（上、下）端轴力 | -125.656600 | -125.656600 |
| 第 4 柱 | 1 层（上、下）端轴力 | -162.905500 | -162.905500 |
| 第 1 柱 | 5 层剪力 | -6.779172 | |
| 第 1 柱 | 4 层剪力 | -9.111702 | |
| 第 1 柱 | 3 层剪力 | -8.366389 | |
| 第 1 柱 | 2 层剪力 | -9.799450 | |
| 第 1 柱 | 1 层剪力 | -3.585458 | |
| 第 2 柱 | 5 层剪力 | 4.160080 | |
| 第 2 柱 | 4 层剪力 | 5.450999 | |
| 第 2 柱 | 3 层剪力 | 5.066652 | |
| 第 2 柱 | 2 层剪力 | 5.847786 | |
| 第 2 柱 | 1 层剪力 | 2.110889 | |
| 第 3 柱 | 5 层剪力 | -4.160082 | |
| 第 3 柱 | 4 层剪力 | -5.450999 | |
| 第 3 柱 | 3 层剪力 | -5.066654 | |

| 第 | 3柱 | 2层剪力 | -5.847790 |
| --- | --- | --- | --- |
| 第 | 3柱 | 1层剪力 | -2.110890 |
| 第 | 4柱 | 5层剪力 | 6.779173 |
| 第 | 4柱 | 4层剪力 | 9.111701 |
| 第 | 4柱 | 3层剪力 | 8.366390 |
| 第 | 4柱 | 2层剪力 | 9.799453 |
| 第 | 4柱 | 1层剪力 | 3.585458 |

(以上显示待续)

尽管本程序与原著在对待活载上在手法上存有差异，仍不难验证其准确性，如顶层一梁左右端弯矩：程序结果为

$$-10.491070 \quad 和 \quad 12.182240$$

而由图 15-7-5 及图 15-7-6 可算得：$-10.6 - 0.143 + 0.25 = -10.49$ 和 $12.0 - 0.36 + 0.56 = 12.2$

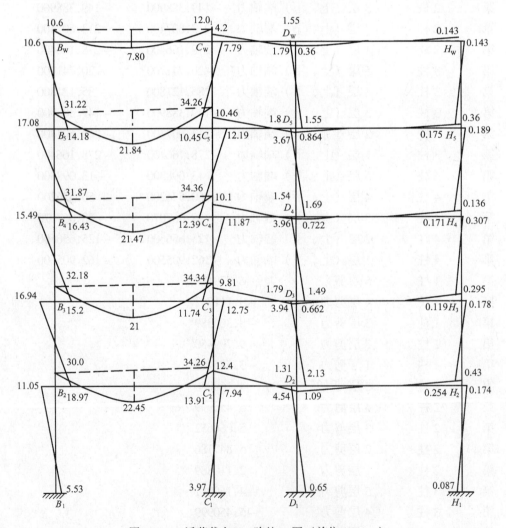

图 15-7-5 活荷载在 BC 跨的 M 图（单位：kN·m）

可见吻合精准。

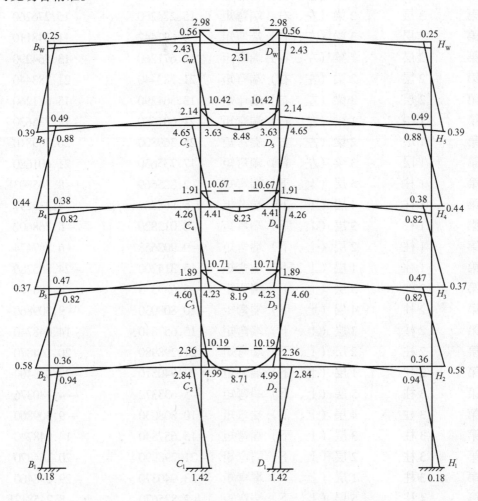

图 15-7-6 活荷载在 CD 跨的 M 图（单位：kN·m）

### §15.7.3 风载计算

（接上节显示）

键入：恒载 – 1，活载 – 2，风载 – 3，震载 – 4
支座位移 – 5，温度改变 – 6，组合 – 0
3
输入各层的水平风荷载 Hq（i）——kN 为单位
7.48，8.81，7.87，7.87，8.91

| 第 | 5 层 | 1 梁（左、右）端弯矩 | 2.825669 | 2.291649 |
| 第 | 5 层 | 2 梁（左、右）端弯矩 | 3.341724 | 3.341723 |
| 第 | 5 层 | 3 梁（左、右）端弯矩 | 2.291649 | 2.825670 |
| 第 | 4 层 | 1 梁（左、右）端弯矩 | 6.693389 | 5.770769 |
| 第 | 4 层 | 2 梁（左、右）端弯矩 | 9.217640 | 9.217640 |
| 第 | 4 层 | 3 梁（左、右）端弯矩 | 5.770771 | 6.693390 |

| | | | | |
|---|---|---|---|---|
| 第 | 3层 | 1梁（左、右）端弯矩 | 11.348120 | 9.691442 |
| 第 | 3层 | 2梁（左、右）端弯矩 | 15.276260 | 15.276260 |
| 第 | 3层 | 3梁（左、右）端弯矩 | 9.691442 | 11.348110 |
| 第 | 2层 | 1梁（左、右）端弯矩 | 15.671260 | 13.564290 |
| 第 | 2层 | 2梁（左、右）端弯矩 | 21.783440 | 21.783440 |
| 第 | 2层 | 3梁（左、右）端弯矩 | 13.564290 | 15.671260 |
| 第 | 1层 | 1梁（左、右）端弯矩 | 21.601680 | 17.735630 |
| 第 | 1层 | 2梁（左、右）端弯矩 | 26.369800 | 26.369810 |
| 第 | 1层 | 3梁（左、右）端弯矩 | 17.735630 | 21.601680 |
| 第 | 1柱 | 5层（上、下）端弯矩 | $-2.825669$ | $-8.245803E-01$ |
| 第 | 1柱 | 4层（上、下）端弯矩 | $-5.868809$ | $-3.335297$ |
| 第 | 1柱 | 3层（上、下）端弯矩 | $-8.012820$ | $-5.768602$ |
| 第 | 1柱 | 2层（上、下）端弯矩 | $-9.902658$ | $-6.287474$ |
| 第 | 1柱 | 1层（上、下）端弯矩 | $-15.314200$ | $-24.785280$ |
| 第 | 2柱 | 5层（上、下）端弯矩 | $-5.633373$ | $-4.180377$ |
| 第 | 2柱 | 4层（上、下）端弯矩 | $-10.808030$ | $-9.309860$ |
| 第 | 2柱 | 3层（上、下）端弯矩 | $-15.657840$ | $-14.048740$ |
| 第 | 2柱 | 2层（上、下）端弯矩 | $-21.298980$ | $-20.164870$ |
| 第 | 2柱 | 1层（上、下）端弯矩 | $-23.940570$ | $-29.098460$ |
| 第 | 3柱 | 5层（上、下）端弯矩 | $-5.633372$ | $-4.180376$ |
| 第 | 3柱 | 4层（上、下）端弯矩 | $-10.808030$ | $-9.309860$ |
| 第 | 3柱 | 3层（上、下）端弯矩 | $-15.657840$ | $-14.048740$ |
| 第 | 3柱 | 2层（上、下）端弯矩 | $-21.298990$ | $-20.164870$ |
| 第 | 3柱 | 1层（上、下）端弯矩 | $-23.940570$ | $-29.098460$ |
| 第 | 4柱 | 5层（上、下）端弯矩 | $-2.825670$ | $-8.245812E-01$ |
| 第 | 4柱 | 4层（上、下）端弯矩 | $-5.868809$ | $-3.335295$ |
| 第 | 4柱 | 3层（上、下）端弯矩 | $-8.012817$ | $-5.768602$ |
| 第 | 4柱 | 2层（上、下）端弯矩 | $-9.902659$ | $-6.287475$ |
| 第 | 4柱 | 1层（上、下）端弯矩 | $-15.314200$ | $-24.785280$ |
| 第 | 5层 | 1梁（左、右）端剪力 | $-8.977751E-01$ | $-8.977751E-01$ |
| 第 | 5层 | 2梁（左、右）端剪力 | $-2.227816$ | $-2.227816$ |
| 第 | 5层 | 3梁（左、右）端剪力 | $-8.977753E-01$ | $-8.977753E-01$ |
| 第 | 4层 | 1梁（左、右）端剪力 | $-2.186694$ | $-2.186694$ |
| 第 | 4层 | 2梁（左、右）端剪力 | $-6.145093$ | $-6.145093$ |
| 第 | 4层 | 3梁（左、右）端剪力 | $-2.186695$ | $-2.186695$ |
| 第 | 3层 | 1梁（左、右）端剪力 | $-3.691151$ | $-3.691151$ |
| 第 | 3层 | 2梁（左、右）端剪力 | $-10.184170$ | $-10.184170$ |
| 第 | 3层 | 3梁（左、右）端剪力 | $-3.691150$ | $-3.691150$ |
| 第 | 2层 | 1梁（左、右）端剪力 | $-5.129044$ | $-5.129044$ |

| | | | | |
|---|---|---|---|---|
| 第 | 2层 | 2梁（左、右）端剪力 | -14.522290 | -14.522290 |
| 第 | 2层 | 3梁（左、右）端剪力 | -5.129045 | -5.129045 |
| 第 | 1层 | 1梁（左、右）端剪力 | -6.901282 | -6.901282 |
| 第 | 1层 | 2梁（左、右）端剪力 | -17.579870 | -17.579870 |
| 第 | 1层 | 3梁（左、右）端剪力 | -6.901282 | -6.901282 |
| 第 | 1柱 | 5层（上、下）端轴力 | 8.977751E-01 | 8.977751E-01 |
| 第 | 1柱 | 4层（上、下）端轴力 | 3.084470 | 3.084470 |
| 第 | 1柱 | 3层（上、下）端轴力 | 6.775620 | 6.775620 |
| 第 | 1柱 | 2层（上、下）端轴力 | 11.904660 | 11.904660 |
| 第 | 1柱 | 1层（上、下）端轴力 | 18.805950 | 18.805950 |
| 第 | 2柱 | 5层（上、下）端轴力 | 1.330041 | 1.330041 |
| 第 | 2柱 | 4层（上、下）端轴力 | 5.288440 | 5.288440 |
| 第 | 2柱 | 3层（上、下）端轴力 | 11.781460 | 11.781460 |
| 第 | 2柱 | 2层（上、下）端轴力 | 21.174710 | 21.174710 |
| 第 | 2柱 | 1层（上、下）端轴力 | 31.853300 | 31.853300 |
| 第 | 3柱 | 5层（上、下）端轴力 | -1.330041 | -1.330041 |
| 第 | 3柱 | 4层（上、下）端轴力 | -5.288439 | -5.288439 |
| 第 | 3柱 | 3层（上、下）端轴力 | -11.781460 | -11.781460 |
| 第 | 3柱 | 2层（上、下）端轴力 | -21.174710 | -21.174710 |
| 第 | 3柱 | 1层（上、下）端轴力 | -31.853300 | -31.853300 |
| 第 | 4柱 | 5层（上、下）端轴力 | -8.977753E-01 | -8.977753E-01 |
| 第 | 4柱 | 4层（上、下）端轴力 | -3.084470 | -3.084470 |
| 第 | 4柱 | 3层（上、下）端轴力 | -6.775620 | -6.775620 |
| 第 | 4柱 | 2层（上、下）端轴力 | -11.904660 | -11.904660 |
| 第 | 4柱 | 1层（上、下）端轴力 | -18.805950 | -18.805950 |
| 第 | 1柱 | 5层剪力 | 1.013958 | |
| 第 | 1柱 | 4层剪力 | 2.556696 | |
| 第 | 1柱 | 3层剪力 | 3.828173 | |
| 第 | 1柱 | 2层剪力 | 4.497259 | |
| 第 | 1柱 | 1层剪力 | 8.813072 | |
| 第 | 2柱 | 5层剪力 | 2.726042 | |
| 第 | 2柱 | 4层剪力 | 5.588304 | |
| 第 | 2柱 | 3层剪力 | 8.251828 | |
| 第 | 2柱 | 2层剪力 | 11.517740 | |
| 第 | 2柱 | 1层剪力 | 11.656930 | |
| 第 | 3柱 | 5层剪力 | 2.726041 | |
| 第 | 3柱 | 4层剪力 | 5.588305 | |
| 第 | 3柱 | 3层剪力 | 8.251827 | |
| 第 | 3柱 | 2层剪力 | 11.517740 | |

| | | | |
|---|---|---|---|
| 第 3柱 | 1层剪力 | 11.656930 | |
| 第 4柱 | 5层剪力 | 1.013959 | |
| 第 4柱 | 4层剪力 | 2.556695 | |
| 第 4柱 | 3层剪力 | 3.828172 | |
| 第 4柱 | 2层剪力 | 4.497260 | |
| 第 4柱 | 1层剪力 | 8.813072 | |

风载侧移

各层的侧移值

第 5层绝对、层间及层间允许值　　5.170644E－03　　3.283322E－04
　7.999999E－03

第 4层绝对、层间及层间允许值　　4.842312E－03　　6.571244E－04
　7.999999E－03

第 3层绝对、层间及层间允许值　　4.185187E－03　　9.816750E－04
　7.999999E－03

第 2层绝对、层间及层间允许值　　3.203512E－03　　1.324700E－03
　7.999999E－03

第 1层绝对、层间及层间允许值　　1.878812E－03　　1.878812E－03
　1.011111E－02

顶层侧移及允许值　　　5.170644E－03　　3.445455E－02

（以上显示待续）

关于风载的计算，原著采用了设计值而程序中采用了标准值，目的是为了便于作侧移刚度验算，这是造成两种结果差异的原因之一（把程序的结果扩大1.4倍，即可消除该差异）；原因之二是原著采用的是 $D$ 值法计算，这自然会带来一定误差。不过有以下计算仍然可验证 $D$ 值法的误差还是可以接受的，如：

一层一柱上下端原著弯矩为 －18.98 和 －36.25，见图15-7-7，程序结果（－15.314200 和 －24.785280）扩大1.4倍后为： －21.44 和 －34.70。一层一梁左右端弯矩，原著为：32.75 和 20.47，程序的结果（21.601680 和 17.735630）扩大1.4倍后为30.24 和 24.83

可见 $D$ 值法虽在剪力分配上精度不错，但转换成弯矩后，误差还是不小，尤其是梁端的弯矩方面，因而在有电算条件时仍该摒弃 $D$ 值法。

### §15.7.4  震载计算

本程序对地震荷载的计算提供了两套方法：经验公式法与顶点侧移法，为了与原著对应，本例先采用经验公式法，再用顶点侧移法验证。

（接上节显示）
键入：恒载－1，活载－2，风载－3，震载－4
　　　支座位移－5，温度改变－6，组合－0
4
选择自震周期计算方案：顶层侧移法——1；经验公式法——2
2
输入各楼层的自重代表值G(i)——kN 为单位

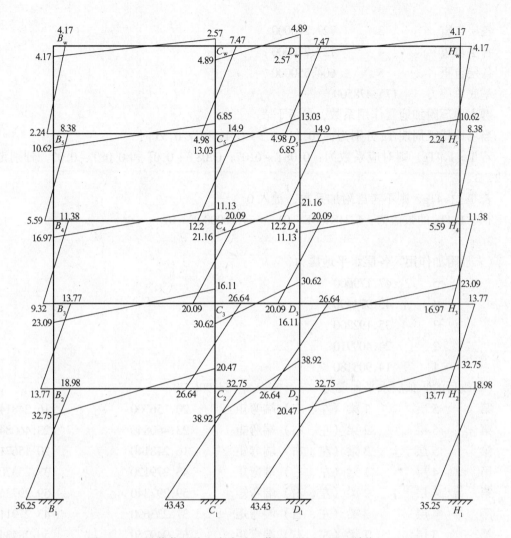

图 15-7-7 风荷载（从左向右吹）作用下的 M 图（单位：kN·m）

604.55, 727.27, 727.27, 727.27, 795.45
HaH**2，B**（1/3）　　　　12.960000　　　　　2.432881
高，宽及周期 T　　　　　　18.950000　　　　　14.400000　　　　4.318466E-01
对于多遇地震，根据设防烈度输入 afm 值
设防烈度与 afm 的对应于：6-0.04, 7-0.08, 8-0.16, 9-0.32
.08
选择场地类别确定特征周期 Tg：
近震时场地类别与 Tg 的对应：1-0.2, 2-0.3, 3-0.4, 4-0.65
远震时场地类别与 Tg 的对应：1-0.25, 2-0.4, 3-0.55, 4-0.85
.3
　　af　　5.763716E-02
各层自重　　　　1　　　795.450000
各层自重　　　　2　　　727.270000

| 各层自重 | 3 | 727.270000 |
| 各层自重 | 4 | 727.270000 |
| 各层自重 | 5 | 604.550000 |

基底总剪力　　175.478500

键入顶部附加地震作用系数，参考下表

当场地特征周期 $T_g$ 分别为：《0.25，0.3~0.4，和》0.55 时

若 $T > 1.4T_g$，则对应系数为：$0.08T + 0.07$；$0.08T + 0.01$ 和 $0.08T - 0.02$，分别键入 1，2，3

若 $T \leq 1.4T_g$，则不考虑附加系数，键入 0

$T$ 与 $1.4T_g$ 的数值为：$4.318466E - 01$　　$4.200000E - 01$

2

（未加附加作用）各层水平地震力

| 5 | 47.179600 |
| 4 | 45.974490 |
| 3 | 35.192200 |
| 2 | 24.409910 |
| 1 | 14.905180 |

（修改后的）顶层水平地震力　　5　　54.996770

| 第 5 层 | 1 梁（左、右）端弯矩 | 20.156700 | 16.248140 |
| 第 5 层 | 2 梁（左、右）端弯矩 | 23.460840 | 23.460840 |
| 第 5 层 | 3 梁（左、右）端弯矩 | 16.248140 | 20.156710 |
| 第 4 层 | 1 梁（左、右）端弯矩 | 43.279120 | 37.233700 |
| 第 4 层 | 2 梁（左、右）端弯矩 | 59.297340 | 59.297360 |
| 第 4 层 | 3 梁（左、右）端弯矩 | 37.233690 | 43.279110 |
| 第 3 层 | 1 梁（左、右）端弯矩 | 65.949750 | 56.284340 |
| 第 3 层 | 2 梁（左、右）端弯矩 | 88.635100 | 88.635110 |
| 第 3 层 | 3 梁（左、右）端弯矩 | 56.284340 | 65.949750 |
| 第 2 层 | 1 梁（左、右）端弯矩 | 82.190700 | 70.908310 |
| 第 2 层 | 2 梁（左、右）端弯矩 | 113.364900 | 113.364800 |
| 第 2 层 | 3 梁（左、右）端弯矩 | 70.908300 | 82.190730 |
| 第 1 层 | 1 梁（左、右）端弯矩 | 99.498130 | 81.916770 |
| 第 1 层 | 2 梁（左、右）端弯矩 | 122.318900 | 122.318900 |
| 第 1 层 | 3 梁（左、右）端弯矩 | 81.916760 | 99.498150 |
| 第 1 柱 | 5 层（上、下）端弯矩 | -20.156700 | -8.281186 |
| 第 1 柱 | 4 层（上、下）端弯矩 | -34.997930 | -22.637480 |
| 第 1 柱 | 3 层（上、下）端弯矩 | -43.312270 | -34.916420 |
| 第 1 柱 | 2 层（上、下）端弯矩 | -47.274280 | -36.175870 |
| 第 1 柱 | 1 层（上、下）端弯矩 | -63.322260 | -106.862400 |
| 第 2 柱 | 5 层（上、下）端弯矩 | -39.708980 | -30.847320 |

| | | | | |
|---|---|---|---|---|
| 第 | 2柱 | 4层（上、下）端弯矩 | -65.683730 | -58.429110 |
| 第 | 2柱 | 3层（上、下）端弯矩 | -86.490340 | -80.375180 |
| 第 | 2柱 | 2层（上、下）端弯矩 | -103.898000 | -101.683800 |
| 第 | 2柱 | 1层（上、下）端弯矩 | -102.551800 | -126.477200 |
| 第 | 3柱 | 5层（上、下）端弯矩 | -39.708980 | -30.847310 |
| 第 | 3柱 | 4层（上、下）端弯矩 | -65.683750 | -58.429110 |
| 第 | 3柱 | 3层（上、下）端弯矩 | -86.490340 | -80.375180 |
| 第 | 3柱 | 2层（上、下）端弯矩 | -103.898000 | -101.683900 |
| 第 | 3柱 | 1层（上、下）端弯矩 | -102.551800 | -126.477200 |
| 第 | 4柱 | 5层（上、下）端弯矩 | -20.156710 | -8.281186 |
| 第 | 4柱 | 4层（上、下）端弯矩 | -34.997930 | -22.637480 |
| 第 | 4柱 | 3层（上、下）端弯矩 | -43.312260 | -34.916420 |
| 第 | 4柱 | 2层（上、下）端弯矩 | -47.274310 | -36.175870 |
| 第 | 4柱 | 1层（上、下）端弯矩 | -63.322280 | -106.862400 |
| 第 | 5层 | 1梁（左、右）端剪力 | -6.386814 | -6.386814 |
| 第 | 5层 | 2梁（左、右）端剪力 | -15.640560 | -15.640560 |
| 第 | 5层 | 3梁（左、右）端剪力 | -6.386815 | -6.386815 |
| 第 | 4层 | 1梁（左、右）端剪力 | -14.125060 | -14.125060 |
| 第 | 4层 | 2梁（左、右）端剪力 | -39.531570 | -39.531570 |
| 第 | 4层 | 3梁（左、右）端剪力 | -14.125050 | -14.125050 |
| 第 | 3层 | 1梁（左、右）端剪力 | -21.444580 | -21.444580 |
| 第 | 3层 | 2梁（左、右）端剪力 | -59.090070 | -59.090070 |
| 第 | 3层 | 3梁（左、右）端剪力 | -21.444580 | -21.444580 |
| 第 | 2层 | 1梁（左、右）端剪力 | -26.859480 | -26.859480 |
| 第 | 2层 | 2梁（左、右）端剪力 | -75.576580 | -75.576580 |
| 第 | 2层 | 3梁（左、右）端剪力 | -26.859480 | -26.859480 |
| 第 | 1层 | 1梁（左、右）端剪力 | -31.827180 | -31.827180 |
| 第 | 1层 | 2梁（左、右）端剪力 | -81.545930 | -81.545930 |
| 第 | 1层 | 3梁（左、右）端剪力 | -31.827180 | -31.827180 |
| 第 | 1柱 | 5层（上、下）端轴力 | 6.386814 | 6.386814 |
| 第 | 1柱 | 4层（上、下）端轴力 | 20.511870 | 20.511870 |
| 第 | 1柱 | 3层（上、下）端轴力 | 41.956450 | 41.956450 |
| 第 | 1柱 | 2层（上、下）端轴力 | 68.815930 | 68.815930 |
| 第 | 1柱 | 1层（上、下）端轴力 | 100.643100 | 100.643100 |
| 第 | 2柱 | 5层（上、下）端轴力 | 9.253748 | 9.253748 |
| 第 | 2柱 | 4层（上、下）端轴力 | 34.660260 | 34.660260 |
| 第 | 2柱 | 3层（上、下）端轴力 | 72.305760 | 72.305760 |
| 第 | 2柱 | 2层（上、下）端轴力 | 121.022900 | 121.022900 |
| 第 | 2柱 | 1层（上、下）端轴力 | 170.741600 | 170.741600 |

| | | | | |
|---|---|---|---|---|
| 第 3 柱 | 5层（上、下）端轴力 | -9.253748 | -9.253748 |
| 第 3 柱 | 4层（上、下）端轴力 | -34.660260 | -34.660260 |
| 第 3 柱 | 3层（上、下）端轴力 | -72.305760 | -72.305760 |
| 第 3 柱 | 2层（上、下）端轴力 | -121.022900 | -121.022900 |
| 第 3 柱 | 1层（上、下）端轴力 | -170.741600 | -170.741600 |
| 第 4 柱 | 5层（上、下）端轴力 | -6.386815 | -6.386815 |
| 第 4 柱 | 4层（上、下）端轴力 | -20.511870 | -20.511870 |
| 第 4 柱 | 3层（上、下）端轴力 | -41.956440 | -41.956440 |
| 第 4 柱 | 2层（上、下）端轴力 | -68.815930 | -68.815930 |
| 第 4 柱 | 1层（上、下）端轴力 | -100.643100 | -100.643100 |
| 第 1 柱 | 5层剪力 | 7.899414 | |
| 第 1 柱 | 4层剪力 | 16.009840 | |
| 第 1 柱 | 3层剪力 | 21.730190 | |
| 第 1 柱 | 2层剪力 | 23.180600 | |
| 第 1 柱 | 1层剪力 | 37.403230 | |
| 第 2 柱 | 5层剪力 | 19.598970 | |
| 第 2 柱 | 4层剪力 | 34.475790 | |
| 第 2 柱 | 3层剪力 | 46.351540 | |
| 第 2 柱 | 2层剪力 | 57.106080 | |
| 第 2 柱 | 1层剪力 | 50.336040 | |
| 第 3 柱 | 5层剪力 | 19.598970 | |
| 第 3 柱 | 4层剪力 | 34.475790 | |
| 第 3 柱 | 3层剪力 | 46.351540 | |
| 第 3 柱 | 2层剪力 | 57.106070 | |
| 第 3 柱 | 1层剪力 | 50.336040 | |
| 第 4 柱 | 5层剪力 | 7.899415 | |
| 第 4 柱 | 4层剪力 | 16.009840 | |
| 第 4 柱 | 3层剪力 | 21.730190 | |
| 第 4 柱 | 2层剪力 | 23.180600 | |
| 第 4 柱 | 1层剪力 | 37.403230 | |

震载侧移

各层的侧移值

第 5 层绝对、层间及层间允许值　　2.649168E-02　　2.264585E-03　　7.999999E-03

第 4 层绝对、层间及层间允许值　　2.422710E-02　　4.013535E-03　　7.999999E-03

第 3 层绝对、层间及层间允许值　　2.021356E-02　　5.435654E-03　　7.999999E-03

第 2 层绝对、层间及层间允许值　　1.477791E-02　　6.528977E-03

       7.999999E-03
第   1层绝对、层间及层间允许值  8.248930E-03  8.248930E-03
1.011111E-02
顶层侧移及允许值  2.649168E-02  3.445455E-02
（以上显示待续）

下面提供两组数据（一层一梁左右弯矩及一层一柱上下弯矩）作对比：

原著数据：108.1   67.81    和    -58.48   -108.6

程序数据：99.498130  81.916770  和   -63.322260  -106.862400

造成误差的原因除了计算工具的差别外，原著（P170）中采用式（8-8）时少减了 $\delta_n$。请读者认真校核。

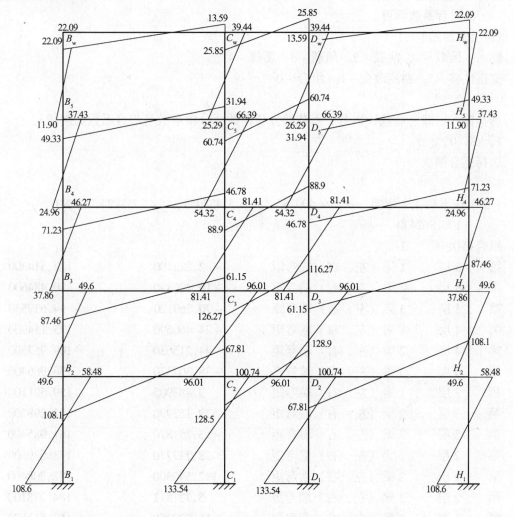

图 15-7-8 横向水平地震作用（从左向右）作用下的 $M$ 图（单位：kN·m）

震载计算小结：两种方法比较可见经验公式法偏于安全。

### §15.7.5 组合

荷载组合的原则为最不利又有可能（文献［29］P189），不同构件的不同部位有不同的要求（程序能满足这种组合功能），这里给出梁的跨中正弯矩截面设计要求的两种组合：

$$M_{中} = \gamma_{RE}(1.3M_{EK} + 1.2M_{GE}) \text{ 和 } M_{中} = \gamma_0(1.2M_{GK} + 1.4M_{QK})$$

式中：$M_{EK}$、$M_{GE}$、$M_{GK}$ 和 $M_{QK}$ 分别表示：震载标准值、重力荷载代表值——结构自重（设计值）+50%活载或屋面雪载（设计值）、恒载标准值及活载标准值。

由于竖向荷载输入已采用了设计值，而水平荷载采用的是标准值，故叠加时恒载、活载、风载和震载的两次组合系数分别为：1、0.5、0、1.3 和 1、1.167、0、0。$\gamma_{RE}$ 和 $\gamma_0$ 留到截面设计考虑。

【注】

(1) 为了与原著取得一致，本节组合时震载内力采用了经验公式法的结果。

(2) 本例仅提供考虑梁的跨中截面设计所需的两种组合，其他部位的设计可输入不同的组合系数即可。

(接上节显示)

键入：恒载–1，活载–2，风载–3，震载–4

支座位移–5，温度改变–6，组合–0

0

选择输入恒载、活载、风载、震载的分项系数（分项系数与组合系数的乘积）：

1，.5，0，1.3

选择组合第次

1

1层1柱下端4个弯矩　　　9.400755　　　5.437945　　　–24.785280

　　–106.862400

组合第次　　　　1

第　5层　1梁（左、右）端弯矩　　–42.222100　　　112.514300
第　5层　2梁（左、右）端弯矩　　–19.486390　　　 80.484600
第　5层　3梁（左、右）端弯矩　　–70.269120　　　 94.629530
第　4层　1梁（左、右）端弯矩　　–24.460690　　　135.114900
第　4层　2梁（左、右）端弯矩　　 44.215630　　　109.957500
第　4层　3梁（左、右）端弯矩　　–38.307320　　　136.986400
第　3层　1梁（左、右）端弯矩　　  9.483905　　　159.591100
第　3层　2梁（左、右）端弯矩　　 79.152990　　　151.298300
第　3层　3梁（左、右）端弯矩　　–13.251870　　　161.985400
第　2层　1梁（左、右）端弯矩　　 28.717770　　　178.639800
第　2层　2梁（左、右）端弯矩　　112.540300　　　182.208400
第　2层　3梁（左、右）端弯矩　　  5.721811　　　184.978100
第　1层　1梁（左、右）端弯矩　　 56.022380　　　192.613500
第　1层　2梁（左、右）端弯矩　　120.707800　　　197.321300
第　1层　3梁（左、右）端弯矩　　 20.370060　　　202.672800
第　5层　1梁（左、右）端剪力　　 88.757530　　　–113.421400
第　5层　2梁（左、右）端剪力　　 32.872260　　　 –73.537730

| | | | | |
|---|---|---|---|---|
| 第 5 层 | 3 梁（左、右）端剪力 | | 96.815730 | -105.363200 |
| 第 4 层 | 1 梁（左、右）端剪力 | | 73.696470 | -112.522500 |
| 第 4 层 | 2 梁（左、右）端剪力 | | 1.339552E-01 | -102.916000 |
| 第 4 层 | 3 梁（左、右）端剪力 | | 75.797370 | -110.421600 |
| 第 3 层 | 1 梁（左、右）端剪力 | | 63.447210 | -122.771800 |
| 第 3 层 | 2 梁（左、右）端剪力 | | -25.292080 | -128.342100 |
| 第 3 层 | 3 梁（左、右）端剪力 | | 67.015880 | -119.203100 |
| 第 2 层 | 1 梁（左、右）端剪力 | | 56.730980 | -129.488000 |
| 第 2 层 | 2 梁（左、右）端剪力 | | -46.724560 | -149.774600 |
| 第 2 层 | 3 梁（左、右）端剪力 | | 59.653370 | -126.565600 |
| 第 1 层 | 1 梁（左、右）端剪力 | | 49.489160 | -136.729800 |
| 第 1 层 | 2 梁（左、右）端剪力 | | -54.484700 | -157.534700 |
| 第 1 层 | 3 梁（左、右）端剪力 | | 53.979170 | -132.239800 |
| 第 5 层 | 1 柱（上、下）端弯矩 | | 38.172090 | 33.554870 |
| 第 5 层 | 2 柱（上、下）端弯矩 | | -91.587860 | -67.994570 |
| 第 5 层 | 3 柱（上、下）端弯矩 | | -11.655470 | -12.208430 |
| 第 5 层 | 4 柱（上、下）端弯矩 | | -90.579530 | -55.085960 |
| 第 4 层 | 1 柱（上、下）端弯矩 | | -16.890430 | 3.519999 |
| 第 4 层 | 2 柱（上、下）端弯矩 | | -103.583900 | -96.528110 |
| 第 4 层 | 3 柱（上、下）端弯矩 | | -67.193760 | -55.387570 |
| 第 4 层 | 4 柱（上、下）端弯矩 | | -74.104170 | -62.377450 |
| 第 3 层 | 1 柱（上、下）端弯矩 | | -20.800160 | -11.670320 |
| 第 3 层 | 2 柱（上、下）端弯矩 | | -134.464000 | -125.595500 |
| 第 3 层 | 3 柱（上、下）端弯矩 | | -90.410840 | -83.379950 |
| 第 3 层 | 4 柱（上、下）端弯矩 | | -91.811740 | -79.112370 |
| 第 2 层 | 1 柱（上、下）端弯矩 | | -24.843700 | -5.739150 |
| 第 2 层 | 2 柱（上、下）端弯矩 | | -157.832500 | -157.530200 |
| 第 2 层 | 3 柱（上、下）端弯矩 | | -112.302200 | -106.847800 |
| 第 2 层 | 4 柱（上、下）端弯矩 | | -98.069470 | -88.318100 |
| 第 1 层 | 1 柱（上、下）端弯矩 | | -58.079480 | -126.801400 |
| 第 1 层 | 2 柱（上、下）端弯矩 | | -148.039100 | -171.781200 |
| 第 1 层 | 3 柱（上、下）端弯矩 | | -118.595600 | -157.059500 |
| 第 1 层 | 4 柱（上、下）端弯矩 | | -106.558400 | -151.040900 |

第 5 层　　1 柱剪力与(上、下)端轴力　　-19.924160
　　-142.757500　　-160.037500
第 5 层　　2 柱剪力与（上、下）端轴力　　44.328450
　　-165.493700　　-182.773700
第 5 层　　3 柱剪力与（上、下）端轴力　　6.628863
　　-189.553500　　-206.833500

第 5 层　4柱剪力与（上、下）端轴力　　40.462640
－159.363200　　－176.643200
第 4 层　1柱剪力与（上、下）端轴力　　3.714011
－337.684000　　－354.964000
第 4 层　2柱剪力与（上、下）端轴力　　55.586690
－398.790200　　－416.070200
第 4 层　3柱剪力与（上、下）端轴力　　34.050370
－488.906900　　－506.186900
第 4 层　4柱剪力与（上、下）端轴力　　37.911560
－391.014900　　－408.294900
第 3 层　1柱剪力与（上、下）端轴力　　9.019576
－522.361300　　－539.641200
第 3 层　2柱剪力与（上、下）端轴力　　72.238770
－616.909900　　－634.189800
第 3 层　3柱剪力与（上、下）端轴力　　48.275220
－804.904900　　－822.184900
第 3 层　4柱剪力与（上、下）端轴力　　47.478920
－631.448000　　－648.728000
第 2 层　1柱剪力与（上、下）端轴力　　8.495238
－700.322200　　－717.602200
第 2 层　2柱剪力与（上、下）端轴力　　87.600780
－820.313300　　－837.593300
第 2 层　3柱剪力与（上、下）端轴力　　60.875010
－1134.973000　　－1152.253000
第 2 层　4柱剪力与（上、下）端轴力　　51.774330
－879.243600　　－896.523600
第 1 层　1柱剪力与（上、下）端轴力　　40.633170
－871.041400　　－892.881400
第 1 层　2柱剪力与（上、下）端轴力　　70.290180
－1023.198000　　－1045.038000
第 1 层　3柱剪力与（上、下）端轴力　　60.583520
－1467.127000　　－1488.967000
第 1 层　4柱剪力与（上、下）端轴力　　56.615230
－1132.713000　　－1154.553000
第 5 层　1梁（左、右）端弯矩　　－42.222100　　112.514300
跨中三截面　1.710000　　2.850000　　3.990000
直线竖标　－63.309740　　－77.368170　　－91.426610
竖标下落　121.004100　　144.052500　　121.004100
3 截面的弯矩

|   |   |   |
|---|---|---|
| 57.694380 | 66.684350 | 29.577510 |

第 5 层　2梁（左、右）端弯矩　　　－19.486390　　80.484600
跨中三截面　　9.000000E－01　　1.500000　　2.100000
直线竖标　　　－37.785850　　－49.985500　　－62.185130
竖标下落　　　33.519150　　39.903750　　33.519150
3 截面的弯矩
　　　　－4.266701　　－10.081740　　－28.665980

第 5 层　3梁（左、右）端弯矩　　　－70.269120　　94.629530
跨中三截面　　1.710000　　2.850000　　3.990000
直线竖标　　　－77.577240　　－82.449330　　－87.321410
竖标下落　　　121.004100　　144.052500　　121.004100
3 截面的弯矩
　　　　43.426880　　61.603200　　33.682700

第 4 层　1梁（左、右）端弯矩　　　－24.460690　　135.114900
跨中三截面　　1.710000　　2.850000　　3.990000
直线竖标　　　－57.656950　　－79.787790　　－101.918600
竖标下落　　　111.452100　　132.681000　　111.452100
3 截面的弯矩
　　　　53.795120　　52.893250　　9.533449

第 4 层　2梁（左、右）端弯矩　　　44.215630　　109.957500
跨中三截面　　9.000000E－01　　1.500000　　2.100000
直线竖标　　　－2.036315　　－32.870940　　－63.705570
竖标下落　　　32.460750　　38.643750　　32.460750
3 截面的弯矩
　　　　30.424440　　5.772812　　－31.244810

第 4 层　3梁（左、右）端弯矩　　　－38.307320　　136.986400
跨中三截面　　1.710000　　2.850000　　3.990000
直线竖标　　　－67.911040　　－87.646850　　－107.382700
竖标下落　　　111.452100　　132.681000　　111.452100
3 截面的弯矩
　　　　43.541030　　45.034180　　4.069406

第 3 层　1梁（左、右）端弯矩　　　9.483905　　159.591100
跨中三截面　　1.710000　　2.850000　　3.990000
直线竖标　　　－41.238610　　－75.053620　　－108.868600
竖标下落　　　111.452100　　132.681000　　111.452100
3 截面的弯矩
　　　　70.213460　　57.627410　　2.583448

第 3 层　2梁（左、右）端弯矩　　　79.152990　　151.298300
跨中三截面　　9.000000E－01　　1.500000　　2.100000

| 直线竖标 | 10.017610 | －36.072640 | －82.162890 |
| 竖标下落 | 32.460750 | 38.643750 | 32.460750 |

3 截面的弯矩
    42.478360   2.571110   －49.702140

第 3 层 3 梁（左、右）端弯矩  －13.251870   161.985400
| 跨中三截面 | 1.710000 | 2.850000 | 3.990000 |
| 直线竖标 | －57.871950 | －87.618660 | －117.365400 |
| 竖标下落 | 111.452100 | 132.681000 | 111.452100 |

3 截面的弯矩
    53.580120   45.062370   －5.913298

第 2 层 1 梁（左、右）端弯矩  28.717770   178.639800
| 跨中三截面 | 1.710000 | 2.850000 | 3.990000 |
| 直线竖标 | －33.489490 | －74.961000 | －116.432500 |
| 竖标下落 | 111.452100 | 132.681000 | 111.452100 |

3 截面的弯矩
    77.962580   57.720040   －4.980423

第 2 层 2 梁（左、右）端弯矩  112.540300   182.208400
| 跨中三截面 | 9.000000E－01 | 1.500000 | 2.100000 |
| 直线竖标 | 24.115690 | －34.834040 | －93.783760 |
| 竖标下落 | 32.460750 | 38.643750 | 32.460750 |

3 截面的弯矩
    56.576450   3.809715   －61.323010

第 2 层 3 梁（左、右）端弯矩  5.721811   184.978100
| 跨中三截面 | 1.710000 | 2.850000 | 3.990000 |
| 直线竖标 | －51.488160 | －89.628140 | －127.768100 |
| 竖标下落 | 111.452100 | 132.681000 | 111.452100 |

3 截面的弯矩
    59.963910   43.052890   －16.316040

第 1 层 1 梁（左、右）端弯矩  56.022380   192.613500
| 跨中三截面 | 1.710000 | 2.850000 | 3.990000 |
| 直线竖标 | －18.568390 | －68.295560 | －118.022700 |
| 竖标下落 | 111.452100 | 132.681000 | 111.452100 |

3 截面的弯矩
    92.883680   64.385470   －6.570665

第 1 层 2 梁（左、右）端弯矩  120.707800   197.321300
| 跨中三截面 | 9.000000E－01 | 1.500000 | 2.100000 |
| 直线竖标 | 25.299090 | －38.306730 | －101.912500 |
| 竖标下落 | 32.460750 | 38.643750 | 32.460750 |

3 截面的弯矩

|  |  |  |  |
|---|---|---|---|
| | 57.759850 | 3.370247E－01 | －69.451790 |
| 第　1层　3梁（左、右）端弯矩 | | 20.370060 | 202.672800 |

跨中三截面　　　1.710000　　　　　2.850000　　　　3.990000
直线竖标　　　－46.542790　　　－91.151350　　　－135.759900
竖标下落　　　111.452100　　　　132.681000　　　111.452100
3截面的弯矩
　　　　　　　64.909280　　　　41.529680　　　－24.307840
选择输入恒载、活载、风载、震载的分项系数（分项系数与组合系数的乘积）：
1，1.167，0，0
选择组合第次
2
1层1柱下端4个弯矩　　9.400755　　　5.437945　　　－24.785280
　　－106.862400
组合第次　　2

| | | | | |
|---|---|---|---|---|
| 第 | 5层 | 1梁（左、右）端弯矩 | －75.423360 | 99.517230 |
| 第 | 5层 | 2梁（左、右）端弯矩 | －53.740150 | 53.740160 |
| 第 | 5层 | 3梁（左、右）端弯矩 | －99.517260 | 75.423360 |
| 第 | 4层 | 1梁（左、右）端弯矩 | －101.151700 | 110.470100 |
| 第 | 4层 | 2梁（左、右）端弯矩 | －44.360100 | 44.360120 |
| 第 | 4层 | 3梁（左、右）端弯矩 | －110.470100 | 101.151700 |
| 第 | 3层 | 1梁（左、右）端弯矩 | －97.117130 | 110.189200 |
| 第 | 3层 | 2梁（左、右）端弯矩 | －47.273150 | 47.273160 |
| 第 | 3层 | 3梁（左、右）端弯矩 | －110.189200 | 97.117140 |
| 第 | 2层 | 1梁（左、右）端弯矩 | －99.186100 | 110.231200 |
| 第 | 2层 | 2梁（左、右）端弯矩 | －45.908560 | 45.908580 |
| 第 | 2层 | 3梁（左、右）端弯矩 | －110.231300 | 99.186100 |
| 第 | 1层 | 1梁（左、右）端弯矩 | －93.008350 | 109.816100 |
| 第 | 1层 | 2梁（左、右）端弯矩 | －50.350030 | 50.350030 |
| 第 | 1层 | 3梁（左、右）端弯矩 | －109.816100 | 93.008350 |
| 第 | 5层 | 1梁（左、右）端剪力 | 105.797000 | －114.250900 |
| 第 | 5层 | 2梁（左、右）端剪力 | 57.907340 | －57.907350 |
| 第 | 5层 | 3梁（左、右）端剪力 | 114.251000 | －105.797000 |
| 第 | 4层 | 1梁（左、右）端剪力 | 117.023500 | －120.293100 |
| 第 | 4层 | 2梁（左、右）端剪力 | 68.333400 | －68.333410 |
| 第 | 4层 | 3梁（左、右）端剪力 | 120.293100 | －117.023500 |
| 第 | 3层 | 1梁（左、右）端剪力 | 116.364900 | －120.951600 |
| 第 | 3层 | 2梁（左、右）端剪力 | 68.333400 | －68.333400 |
| 第 | 3层 | 3梁（左、右）端剪力 | 120.951600 | －116.364900 |
| 第 | 2层 | 1梁（左、右）端剪力 | 116.720500 | －120.596000 |

| | | | | |
|---|---|---|---|---|
| 第 2 层 | 2梁（左、右）端剪力 | 68.333400 | -68.333410 |
| 第 2 层 | 3梁（左、右）端剪力 | 120.596000 | -116.720500 |
| 第 1 层 | 1梁（左、右）端剪力 | 115.709500 | -121.607000 |
| 第 1 层 | 2梁（左、右）端剪力 | 68.333400 | -68.333400 |
| 第 1 层 | 3梁（左、右）端剪力 | 121.607000 | -115.709500 |
| 第 5 层 | 1柱（上、下）端弯矩 | 71.373350 | 53.601010 |
| 第 5 层 | 2柱（上、下）端弯矩 | -44.337080 | -33.511350 |
| 第 5 层 | 3柱（上、下）端弯矩 | 44.337090 | 33.511360 |
| 第 5 层 | 4柱（上、下）端弯矩 | -71.373360 | -53.601030 |
| 第 4 层 | 1柱（上、下）端弯矩 | 39.754440 | 43.680180 |
| 第 4 层 | 2柱（上、下）端弯矩 | -24.846650 | -27.007660 |
| 第 4 层 | 3柱（上、下）端弯矩 | 24.846640 | 27.007660 |
| 第 4 层 | 4柱（上、下）端弯矩 | -39.754430 | -43.680180 |
| 第 3 层 | 1柱（上、下）端弯矩 | 45.640710 | 43.675500 |
| 第 3 层 | 2柱（上、下）端弯矩 | -28.156360 | -27.144070 |
| 第 3 层 | 3柱（上、下）端弯矩 | 28.156370 | 27.144070 |
| 第 3 层 | 4柱（上、下）端弯矩 | -45.640710 | -43.675490 |
| 第 2 层 | 1柱（上、下）端弯矩 | 47.714360 | 53.718430 |
| 第 2 层 | 2柱（上、下）端弯矩 | -29.426610 | -32.721450 |
| 第 2 层 | 3柱（上、下）端弯矩 | 29.426620 | 32.721450 |
| 第 2 层 | 4柱（上、下）端弯矩 | -47.714360 | -53.718430 |
| 第 1 层 | 1柱（上、下）端弯矩 | 31.493670 | 15.746840 |
| 第 1 层 | 2柱（上、下）端弯矩 | -18.992590 | -9.496296 |
| 第 1 层 | 3柱（上、下）端弯矩 | 18.992600 | 9.496295 |
| 第 1 层 | 4柱（上、下）端弯矩 | -31.493680 | -15.746830 |

第 5 层　　1柱剪力与（上、下）端轴力　　-34.715100
　-159.797000　　-177.077000

第 5 层　　2柱剪力与（上、下）端轴力　　21.624560
　-191.358300　　-208.638300

第 5 层　　3柱剪力与（上、下）端轴力　　-21.624570
　-191.358300　　-208.638300

第 5 层　　4柱剪力与（上、下）端轴力　　34.715110
　-159.797000　　-177.077000

第 4 层　　1柱剪力与（上、下）端轴力　　-23.176280
　-398.050400　　-415.330400

第 4 层　　2柱剪力与（上、下）端轴力　　14.403970
　-500.624800　　-517.904800

第 4 层　　3柱剪力与（上、下）端轴力　　-14.403970
　-500.624800　　-517.904800

| 第 | 4层 | 4柱剪力与（上、下）端轴力 | 23.176280 |
| -398.050400 | -415.330400 | | |

第　3层　　1柱剪力与（上、下）端轴力　　-24.810060
-635.645400　　　-652.925400

第　3层　　2柱剪力与（上、下）端轴力　　15.361230
-810.549700　　　-827.829700

第　3层　　3柱剪力与（上、下）端轴力　　-15.361230
-810.549800　　　-827.829800

第　3层　　4柱剪力与（上、下）端轴力　　24.810050
-635.645400　　　-652.925400

第　2层　　1柱剪力与（上、下）端轴力　　-28.175770
-873.595900　　　-890.875900

第　2层　　2柱剪力与（上、下）端轴力　　17.263350
-1120.119000　　　-1137.399000

第　2层　　3柱剪力与（上、下）端轴力　　-17.263350
-1120.119000　　　-1137.399000

第　2层　　4柱剪力与（上、下）端轴力　　28.175780
-873.595800　　　-890.875900

第　1层　　1柱剪力与（上、下）端轴力　　-10.382530
-1110.535000　　　-1132.375000

第　1层　　2柱剪力与（上、下）端轴力　　6.261292
-1430.700000　　　-1452.540000

第　1层　　3柱剪力与（上、下）端轴力　　-6.261294
-1430.700000　　　-1452.540000

第　1层　　4柱剪力与（上、下）端轴力　　10.382530
-1110.535000　　　-1132.375000

第　5层　　1梁（左、右）端弯矩　　-75.423360　　99.517230
跨中三截面　　　1.710000　　　2.850000　　　3.990000
直线竖标　　　-82.651520　　-87.470290　　-92.289070
竖标下落　　　131.698700　　156.784100　　131.698700
3截面的弯矩
　　49.047150　　　69.313840　　　39.409600

第　5层　　2梁（左、右）端弯矩　　-53.740150　　53.740160
跨中三截面　　　9.000000E-01　　1.500000　　　2.100000
直线竖标　　　-53.740150　　-53.740160　　-53.740160
竖标下落　　　36.481630　　　43.430520　　　36.481630
3截面的弯矩
　　-17.258520　　-10.309640　　-17.258530

第　5层　　3梁（左、右）端弯矩　　-99.517260　　75.423360

| 跨中三截面 | 1.710000 | 2.850000 | 3.990000 |
| 直线竖标 | -92.289090 | -87.470310 | -82.651540 |
| 竖标下落 | 131.698700 | 156.784100 | 131.698700 |

3 截面的弯矩
   39.409580  69.313830  49.047140

第 4 层 1梁（左、右）端弯矩 -101.151700 110.470100
| 跨中三截面 | 1.710000 | 2.850000 | 3.990000 |
| 直线竖标 | -103.947200 | -105.810900 | -107.674600 |
| 竖标下落 | 142.034000 | 169.088000 | 142.034000 |

3 截面的弯矩
   38.086730  63.277130  34.359380

第 4 层 2梁（左、右）端弯矩 -44.360100 44.360120
| 跨中三截面 | 9.000000E-01 | 1.500000 | 2.100000 |
| 直线竖标 | -44.360100 | -44.360110 | -44.360120 |
| 竖标下落 | 43.050050 | 51.250050 | 43.050050 |

3 截面的弯矩
   -1.310059  6.889944  -1.310070

第 4 层 3梁（左、右）端弯矩 -110.470100 101.151700
| 跨中三截面 | 1.710000 | 2.850000 | 3.990000 |
| 直线竖标 | -107.674600 | -105.810900 | -103.947200 |
| 竖标下落 | 142.034000 | 169.088000 | 142.034000 |

3 截面的弯矩
   34.359340  63.277110  38.086720

第 3 层 1梁（左、右）端弯矩 -97.117130 110.189200
| 跨中三截面 | 1.710000 | 2.850000 | 3.990000 |
| 直线竖标 | -101.038700 | -103.653200 | -106.267600 |
| 竖标下落 | 142.034000 | 169.088000 | 142.034000 |

3 截面的弯矩
   40.995210  65.434880  35.766400

第 3 层 2梁（左、右）端弯矩 -47.273150 47.273160
| 跨中三截面 | 9.000000E-01 | 1.500000 | 2.100000 |
| 直线竖标 | -47.273160 | -47.273160 | -47.273160 |
| 竖标下落 | 43.050050 | 51.250050 | 43.050050 |

3 截面的弯矩
   -4.223109  3.976898  -4.223112

第 3 层 3梁（左、右）端弯矩 -110.189200 97.117140
| 跨中三截面 | 1.710000 | 2.850000 | 3.990000 |
| 直线竖标 | -106.267600 | -103.653200 | -101.038800 |
| 竖标下落 | 142.034000 | 169.088000 | 142.034000 |

3 截面的弯矩
    35.766380   65.434860   40.995200
第  2层  1梁（左、右）端弯矩  −99.186100  110.231200
跨中三截面   1.710000    2.850000    3.990000
直线竖标   −102.499600  −104.708700  −106.917700
竖标下落    142.034000   169.088000   142.034000
3 截面的弯矩
    39.534310   64.379360   35.116250
第  2层  2梁（左、右）端弯矩  −45.908560  45.908580
跨中三截面   9.000000E−01  1.500000    2.100000
直线竖标   −45.908570   −45.908570   −45.908570
竖标下落    43.050050    51.250050    43.050050
3 截面的弯矩
    −2.858522   5.341482   −2.858530
第  2层  3梁（左、右）端弯矩  −110.231300  99.186100
跨中三截面   1.710000    2.850000    3.990000
直线竖标   −106.917700  −104.708700  −102.499600
竖标下落    142.034000   169.088000   142.034000
3 截面的弯矩
    35.116230   64.379350   39.534300
第  1层  1梁（左、右）端弯矩  −93.008350  109.816100
跨中三截面   1.710000    2.850000    3.990000
直线竖标   −98.050670   −101.412200  −104.773700
竖标下落    142.034000   169.088000   142.034000
3 截面的弯矩
    43.983290   67.675830   37.260200
第  1层  2梁（左、右）端弯矩  −50.350030  50.350030
跨中三截面   9.000000E−01  1.500000    2.100000
直线竖标   −50.350030   −50.350030   −50.350030
竖标下落    43.050050    51.250050    43.050050
3 截面的弯矩
    −7.299980   9.000282E−01  −7.299980
第  1层  3梁（左、右）端弯矩  −109.816100  93.008350
跨中三截面   1.710000    2.850000    3.990000
直线竖标   −104.773800  −101.412200  −98.050670
竖标下落    142.034000   169.088000   142.034000
3 截面的弯矩
    37.260200   67.675810   43.983280
选择输入恒载、活载、风载、震载的分项系数（分项系数与组合系数的乘积）

### §15.8* 多层多跨框架的分层法计算程序与示例

说明：分层法是竖向荷载作用下框架内力分析的重要近似法，也是校核结构计算最为快捷的方法之一。本程序只要输入本层的跨数、跨度、相关线刚度及荷载，即可算出各杆端弯矩的近似值。为简化输入数据，均布荷载采用全梁集度一致的做法能满足一般情况；特殊情况可转换成等效的集中荷载，见图15-8-1。

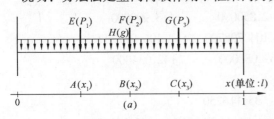
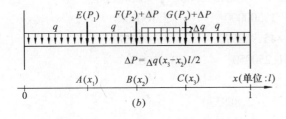

图 15-8-1 分层法荷载说明及荷载调整说明

要求：一般情况下，框架在竖向荷载作用下侧移的影响甚微，再忽略本层荷载对其它层的影响，就可用力矩分配法在一层范围内作内力分析；数据输入时注意把除底层外各柱的线刚度乘以系数0.9；计算远端弯矩时传递系数改为$1/3$[8][9]。

功能：快捷且在一般均衡的荷载作用下满足结构设计精度要求（荷载特别不均衡时请采用前面的可考虑侧移的渐进法程序）。

【例 15-8-1】 利用本程序计算图15-8-2所示框架某层的弯矩值。

屏幕显示及数据输入：

适用于平面规则框架竖向荷载的分层法内力分析

输入层序号与跨数

2, 3

输入各跨的跨度 L——从左到右

6, 3, 6

输入本层各梁的线刚度 iL——从左到右

3, 4, 3

输入本层各上柱的线刚度 $i_z$——从左到右

.9, .9, .9, .9

输入本层各下柱的线刚度 $i_z$——从左到右

1.5, 1.5, 1.5, 1.5

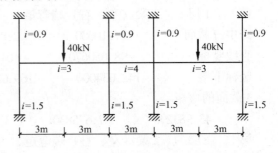

图 15-8-2 分层法分析

显示　　　1 节点上、下、左、右分配系数
    1.666667E−01    2.777778E−01    0.000000E+00    5.555555E−01
显示　　　2 节点上、下、左、右分配系数
    9.574468E−02    1.595745E−01    3.191490E−01    4.255319E−01
显示　　　3 节点上、下、左、右分配系数
    9.574468E−02    1.595745E−01    4.255319E−01    3.191490E−01
显示　　　4 节点上、下、左、右分配系数
    1.666667E−01    2.777778E−01    5.555555E−01    0.000000E+00

输入本层　　1跨的荷载
该梁的均布荷载值q，不均匀时用等效集中荷载调整
0
集中荷载个数以3为限，距梁左端的相对距离设定为：0.3，0.5，0.7；默认输0，修改输1
0
该梁上　　3个集中荷载的大小P1，P2，P3（不足3时，荷载大小用0补齐）
0，40，0
左右固端弯矩　　-30.000000　　30.000000
输入本层　　2跨的荷载
如果与前n跨情况相同，输入n，否则输入0
0
该梁的均布荷载值q，不均匀时用等效集中荷载调整
0
集中荷载个数以3为限，距梁左端的相对距离设定为：0.3，0.5，0.7；默认输0，修改输1
0
该梁上　　3个集中荷载的大小P1，P2，P3（不足3时，荷载大小用0补齐）
0，0，0
左右固端弯矩　　0.000000E+00　　0.000000E+00
输入本层　　3跨的荷载
如果与前n跨情况相同，输入n，否则输入0
2
第　　2层　　1梁左右弯矩
-16.992840　　24.152740
第　　2层　　2梁左右弯矩
-10.978520　　10.978520
第　　2层　　3梁左右弯矩
-24.152740　　16.992840
第　　2层　　1节点（上、下）柱端弯矩
6.372314　　10.620530
第　　2层　　2节点（上、下）柱端弯矩
-4.940334　　-8.233891
第　　2层　　3节点（上、下）柱端弯矩
4.940333　　8.233891
第　　2层　　4节点（上、下）柱端弯矩
-6.372315　　-10.620530

根据杆端力作弯矩图，见图15-8-3（a）。

【注】　柱的远端弯矩须根据传递系数（除底层为1/2外，其余一律为1/3）将近端弯矩传递过去。

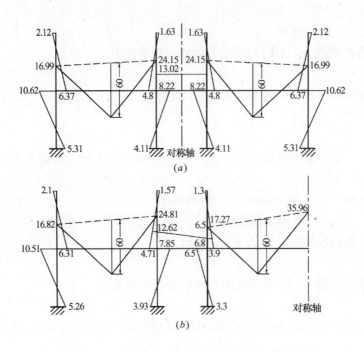

图 15-8-3 （例 15-8-1 与例 15-8-2 的弯矩图对照）

**【例 15-8-2】** 设图 15-8-1（b）所示为对称框架某层的一半，利用程序作内力分析。

**【解】** 由于对称荷载不会引起反对称位移，故 4 节点无转动，可利用增大 4 柱的线刚度来实现而无需对程序作任何改动，弯矩图见图 15-8-3（b）。

### §15.9 多层多跨框架的 D 值法计算程序与示例

说明：D 值法又称修正反弯点法（见文献 [20] 和文献 [30]），是在反弯点的基础上发展的一种精度较高（尤指柱的内力）的一种框架内力近似分析法，可适用于规则框架（含上部有缺跨的情况）在水平荷载作用下的内力分析。在计算机普及前曾是框架水平荷载分析最为重要的手段。但由于计算机的普及，它的地位已今非昔比。然而，利用本法作计算机分析结果（含水平荷载作用下柱的内力及侧移）的校核手段，却仍然不失为一种快捷且有精度保证的方法。再加上传统的缘故，目前高校的结构分析教学中，本法仍然占有一席之地。然而，这种方法推导复杂，计算又依赖查表，计算有误的情况时有发生。相信能提供（包括中间过程的数据）D 值法分析程序，对初学者是个有力的帮助，也可为审核者提供方便。

只要输入本层的跨数、跨度、层高、相关线刚度，还要根据所提供结构与荷载的数据查出各柱的与反弯点相关的 4 个反弯点修正量值 $y_0$、$y_1$、$y_2$ 和 $y_3$，正确输入后即可算出各柱精度很高的的上下端弯矩（但梁的内力精度却不然）。

要求：能正确计算本层以上的水平荷载，能正确输入各梁柱的线刚度，能正确计算每楼层各柱的梁柱线刚度比 $\bar{i}$，并根据 $\bar{i}$、$m$（总层数）和 $n$（计算层的序号），通过查表输入有关反弯点的 4 个修正量值（注意上部有缺跨时边柱的总层数改变）。

功能：输入简单，计算快捷，帮助学习，辅助校核。

**【例 15-9-1】** 结构如图 15-9-1（a）所示（选自文献 [30] P293），应用本程序计算各柱的弯矩。

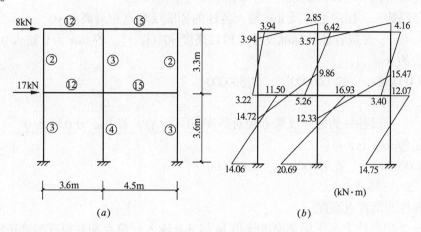

图 15-9-1

本程序适用于平面规则框架（含上层少跨的情况）的 $D$ 值法内力与位移分析。
数据输入顺序：从上到下和从左到右——数据间用','分开如：5，6
层数，跨数
2，2
输入各层的层高——从上到下
3.3，3.6
选择线刚度键入0，选择抗弯刚度键入1
0
输入第2层各梁的线刚度，缺跨输入0
12，15
输入第2层各柱的线刚度，缺柱输入0
2，3，2
输入第1层各梁的线刚度，缺跨输入0
12，15
输入第1层各柱的线刚度，缺柱输入0
3，4，3
计算第2层各柱梁柱刚比 ibar 值
一层梁柱刚比 ibar 值
    0.000000E+00      0.000000E+00      0.000000E+00
       4.000000            6.750000           5.000000
计算各柱的 af
    7.500000E−01      8.181818E−01      7.894737E−01
    7.500000E−01      8.285714E−01      7.857143E−01
计算各柱的分配系数 niu
    2.710765E−01      4.435797E−01      2.853437E−01
    2.840397E−01      4.183950E−01      2.975654E−01

根据荷载情况（均布或线布）、选择标准反弯点高度表
根据总层数 m，层序号 n 及 ibar 输入各柱的标准反弯点相对高度 y0
输入　　　2 层各柱的标准反弯点相对高度 y0（i，j），若 ibar 为 0 输入 0
第 2 层的 ibar（i，j）：
　　　6.000000　　　9.000000　　　7.500000
.45, .45, .45
输入　　　1 层各柱的标准反弯点相对高度 y0（i，j），若 ibar 为 0 输入 0
第 1 层的 ibar（i，j）：
　　　4.000000　　　6.750000　　　5.000000
.55, .55, .55
修正各柱的反弯点高度
根据第 2 层各柱上、下梁的刚度比值 bt 与 ibar 输入反弯点相对高度的修正值 y1(i,j)
y1 的表中 bt 值并无"－"号，程序中题示"－"号时表示上柱刚度大于下柱
查表后注意在 y1 前添加"－"号，ibar（i，j）为 0 时输入 0
bt（i，j）为：
　　　1.000000　　　1.000000　　　1.000000
ibar（i，j）为：
　　　6.000000　　　9.000000　　　7.500000
0, 0, 0
根据第 1 层的上层与本层柱的高度比 tu 输入反弯点相对高度的修正值 y2(i,j)
tu（i）为：　　9.166667E－01
ibar（i，j）为：
　　　4.000000　　　6.750000　　　5.000000
ibar（i，j）为 0 时输入 0；ibar（i＋1，j）为 0 时——相当顶层，输入 0
0, 0, 0
根据第 2 层的下层柱与本层高度比 td 输入反弯点相对高度的修正值 y3（i，j）
td（i）为：　　1.090909
ibar（i，j）为：
　　　6.000000　　　9.000000　　　7.500000
ibar（i，j）为 0 时输入 0
0, 0, 0
　　第　　2 层　　1 柱的反弯点相对高度：　　4.500000E－01
4.500000E－01
　　　　0.000000E＋00　　0.000000E＋00　　0.000000E＋00
　　第　　2 层　　2 柱的反弯点相对高度：　　4.500000E－01
4.500000E－01
　　　　0.000000E＋00　　0.000000E＋00　　0.000000E＋00
　　第　　2 层　　3 柱的反弯点相对高度：　　4.500000E－01
4.500000E－01

|  | 0.000000E+00 | 0.000000E+00 | 0.000000E+00 |

第　　1 层　　1 柱的反弯点相对高度：　　5.500000E-01

5.500000E-01

|  | 0.000000E+00 | 0.000000E+00 | 0.000000E+00 |

第　　1 层　　2 柱的反弯点相对高度：　　5.500000E-01

5.500000E-01

|  | 0.000000E+00 | 0.000000E+00 | 0.000000E+00 |

第　　1 层　　3 柱的反弯点相对高度：　　5.500000E-01

5.500000E-01

|  | 0.000000E+00 | 0.000000E+00 | 0.000000E+00 |

输入各层的水平荷载——从上到下

8，17

第　　1 柱　　2 层的剪力及上、下端弯矩　　2.168612
　　3.936031　　3.220389

第　　1 柱　　1 层的剪力及上、下端弯矩　　7.100992
　　11.503610　　14.059960

第　　2 柱　　2 层的剪力及上、下端弯矩　　3.548638
　　6.440778　　5.269727

第　　2 柱　　1 层的剪力及上、下端弯矩　　10.459870
　　16.945000　　20.710550

第　　3 柱　　2 层的剪力及上、下端弯矩　　2.282750
　　4.143191　　3.389883

第　　3 柱　　1 层的剪力及上、下端弯矩　　7.439134
　　12.051400　　14.729490

第　　2 层　　1 跨左、右梁端弯矩　　3.936031

2.862568

第　　2 层　　2 跨左、右梁端弯矩　　3.578210

4.143191

第　　1 层　　1 跨左、右梁端弯矩　　14.723990

9.873210

第　　1 层　　2 跨左、右梁端弯矩　　12.341510

15.441280

根据杆端力作弯矩图，见图 15-9-1（b）。

**【例 15-9-2】** 用 $D$ 值法计算图 15-9-2 所示框架（选自文献［27］P196）。

为了便于学习，下面从原著中摘录一组图与程序显示对照，见图 15-9-3～图 15-9-6。

本程序适用于平面规则框架（含上层少跨的情况）的 $D$ 值法内力与位移分析

数据输入顺序：从上到下和从左到右——数据间用','分开如：5，6

层数，跨数

4，4

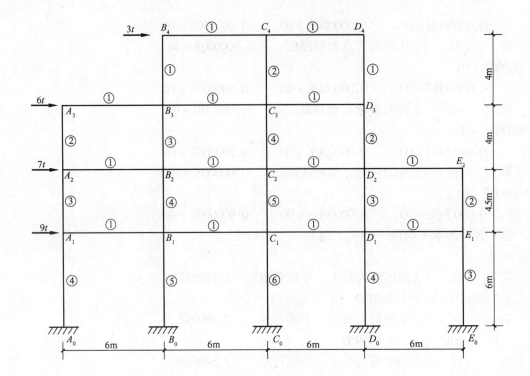

图 15-9-2

图 15-9-3

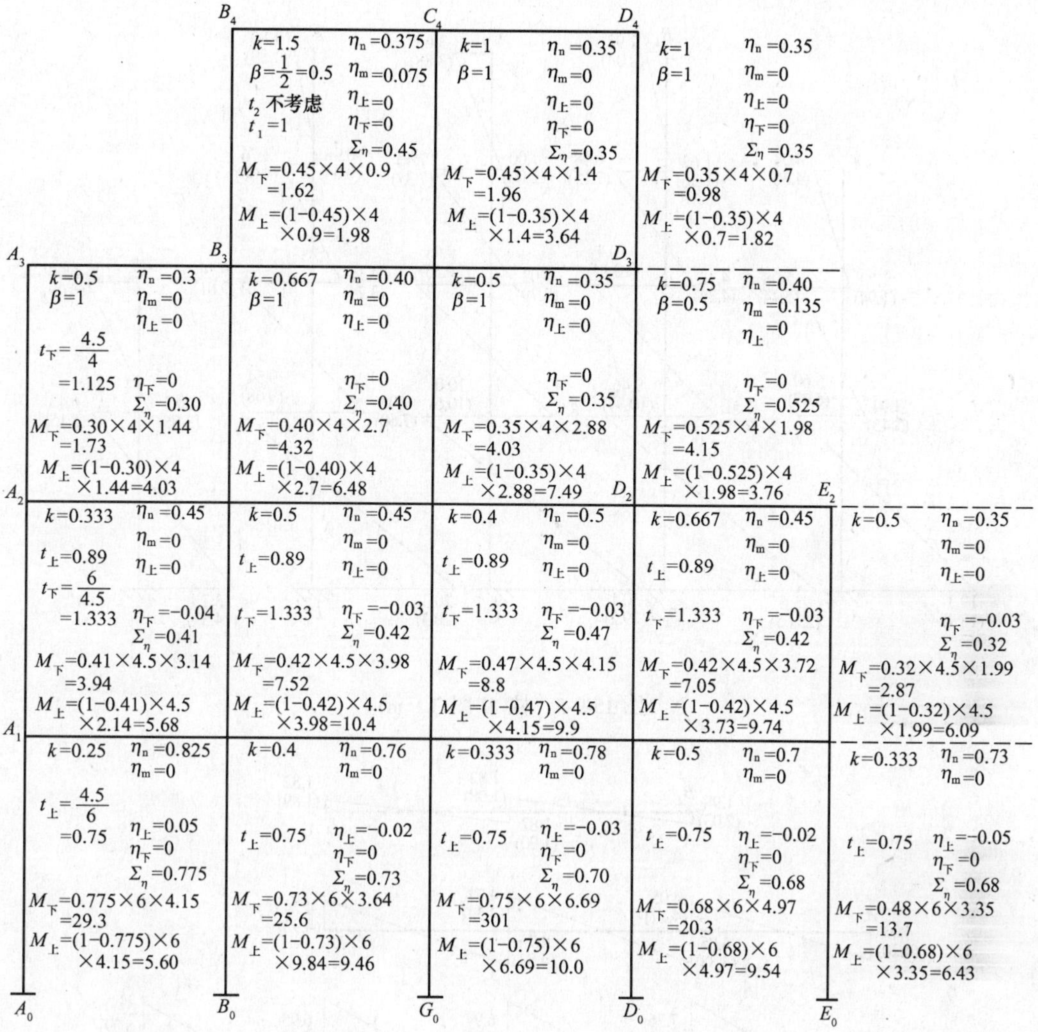

图 15-9-4

| | $B_4$ | $C_4$ | $D_4$ | |
|---|---|---|---|---|
| | $k=1.5$  $\eta_n=0.375$<br>$\beta=\frac{1}{2}=0.5$  $\eta_m=0.075$<br>$t_2$ 不考虑  $\eta_{上}=0$<br>$t_1=1$  $\eta_{下}=0$<br>$\Sigma_\eta=0.45$<br>$M_下=0.45\times4\times0.9$<br>$=1.62$<br>$M_上=(1-0.45)\times4$<br>$\times0.9=1.98$ | $k=1$  $\eta_n=0.35$<br>$\beta=1$  $\eta_m=0$<br>  $\eta_{上}=0$<br>  $\eta_{下}=0$<br>$\Sigma_\eta=0.35$<br>$M_下=0.45\times4\times1.4$<br>$=1.96$<br>$M_上=(1-0.35)\times4$<br>$\times1.4=3.64$ | $k=1$  $\eta_n=0.35$<br>$\beta=1$  $\eta_m=0$<br>  $\eta_{上}=0$<br>  $\eta_{下}=0$<br>$\Sigma_\eta=0.35$<br>$M_下=0.35\times4\times0.7$<br>$=0.98$<br>$M_上=(1-0.35)\times4$<br>$\times0.7=1.82$ | |
| $A_3$ | $B_3$ | | $D_3$ | |
| $k=0.5$  $\eta_n=0.3$<br>$\beta=1$  $\eta_m=0$<br>  $\eta_{上}=0$<br>$t_下=\frac{4.5}{4}$<br>$=1.125$  $\eta_下=0$<br>$\Sigma_\eta=0.30$<br>$M_下=0.30\times4\times1.44$<br>$=1.73$<br>$M_上=(1-0.30)\times4$<br>$\times1.44=4.03$ | $k=0.667$  $\eta_n=0.40$<br>$\beta=1$  $\eta_m=0$<br>  $\eta_{上}=0$<br>  $\eta_下=0$<br>$\Sigma_\eta=0.40$<br>$M_下=0.40\times4\times2.7$<br>$=4.32$<br>$M_上=(1-0.40)\times4$<br>$\times2.7=6.48$ | $k=0.5$  $\eta_n=0.35$<br>$\beta=1$  $\eta_m=0$<br>  $\eta_{上}=0$<br>  $\eta_下=0$<br>$\Sigma_\eta=0.35$<br>$M_下=0.35\times4\times2.88$<br>$=4.03$<br>$M_上=(1-0.35)\times4$<br>$\times2.88=7.49$ | $k=0.75$  $\eta_n=0.40$<br>$\beta=0.5$  $\eta_m=0.135$<br>  $\eta_{上}=0$<br>  $\eta_下=0$<br>$\Sigma_\eta=0.525$<br>$M_下=0.525\times4\times1.98$<br>$=4.15$<br>$M_上=(1-0.525)\times4$<br>$\times1.98=3.76$ | |
| $A_2$ | | | $D_2$ | $E_2$ |
| $k=0.333$  $\eta_n=0.45$<br>  $\eta_m=0$<br>$t_上=0.89$  $\eta_{上}=0$<br>$t_下=\frac{6}{4.5}$<br>$=1.333$  $\eta_下=-0.04$<br>$\Sigma_\eta=0.41$<br>$M_下=0.41\times4.5\times3.14$<br>$=3.94$<br>$M_上=(1-0.41)\times4.5$<br>$\times2.14=5.68$ | $k=0.5$  $\eta_n=0.45$<br>  $\eta_m=0$<br>$t_上=0.89$  $\eta_{上}=0$<br>$t_下=1.333$  $\eta_下=-0.03$<br>$\Sigma_\eta=0.42$<br>$M_下=0.42\times4.5\times3.98$<br>$=7.52$<br>$M_上=(1-0.42)\times4.5$<br>$\times3.98=10.4$ | $k=0.4$  $\eta_n=0.5$<br>  $\eta_m=0$<br>$t_上=0.89$  $\eta_{上}=0$<br>$t_下=1.333$  $\eta_下=-0.03$<br>$\Sigma_\eta=0.47$<br>$M_下=0.47\times4.5\times4.15$<br>$=8.8$<br>$M_上=(1-0.47)\times4.5$<br>$\times4.15=9.9$ | $k=0.667$  $\eta_n=0.45$<br>  $\eta_m=0$<br>$t_上=0.89$  $\eta_{上}=0$<br>$t_下=1.333$  $\eta_下=-0.03$<br>$\Sigma_\eta=0.42$<br>$M_下=0.42\times4.5\times3.72$<br>$=7.05$<br>$M_上=(1-0.42)\times4.5$<br>$\times3.73=9.74$ | $k=0.5$  $\eta_n=0.35$<br>  $\eta_m=0$<br>  $\eta_{上}=0$<br>  $\eta_下=-0.03$<br>$\Sigma_\eta=0.32$<br>$M_下=0.32\times4.5\times1.99$<br>$=2.87$<br>$M_上=(1-0.32)\times4.5$<br>$\times1.99=6.09$ |
| $A_1$ | | | | |
| $k=0.25$  $\eta_n=0.825$<br>  $\eta_m=0$<br>$t_上=\frac{4.5}{6}$<br>$=0.75$  $\eta_{上}=0.05$<br>  $\eta_下=0$<br>$\Sigma_\eta=0.775$<br>$M_下=0.775\times6\times4.15$<br>$=29.3$<br>$M_上=(1-0.775)\times6$<br>$\times4.15=5.60$ | $k=0.4$  $\eta_n=0.76$<br>  $\eta_m=0$<br>$t_上=0.75$  $\eta_{上}=-0.02$<br>  $\eta_下=0$<br>$\Sigma_\eta=0.73$<br>$M_下=0.73\times6\times3.64$<br>$=25.6$<br>$M_上=(1-0.73)\times6$<br>$\times9.84=9.46$ | $k=0.333$  $\eta_n=0.78$<br>  $\eta_m=0$<br>$t_上=0.75$  $\eta_{上}=-0.03$<br>  $\eta_下=0$<br>$\Sigma_\eta=0.70$<br>$M_下=0.75\times6\times6.69$<br>$=301$<br>$M_上=(1-0.75)\times6$<br>$\times6.69=10.0$ | $k=0.5$  $\eta_n=0.7$<br>  $\eta_m=0$<br>$t_上=0.75$  $\eta_{上}=-0.02$<br>  $\eta_下=0$<br>$\Sigma_\eta=0.68$<br>$M_下=0.68\times6\times4.97$<br>$=20.3$<br>$M_上=(1-0.68)\times6$<br>$\times4.97=9.54$ | $k=0.333$  $\eta_n=0.73$<br>  $\eta_m=0$<br>$t_上=0.75$  $\eta_{上}=-0.05$<br>  $\eta_下=0$<br>$\Sigma_\eta=0.68$<br>$M_下=0.48\times6\times3.35$<br>$=13.7$<br>$M_上=(1-0.68)\times6$<br>$\times3.35=6.43$ |
| $A_0$ | $B_0$ | $G_0$ | $D_0$ | $E_0$ |

图 15-9-4

输入各层的层高——从上到下
4, 4, 4.5, 6
选择线刚度键入0, 选择抗弯刚度键入1
0
输入第4层各梁的线刚度,缺跨输入0
0, 1, 1, 0
输入第4层各柱的线刚度,缺柱输入0
0, 1, 2, 1, 0
输入第3层各梁的线刚度,缺跨输入0
1, 1, 1, 0
输入第3层各柱的线刚度,缺柱输入0
2, 3, 4, 2, 0

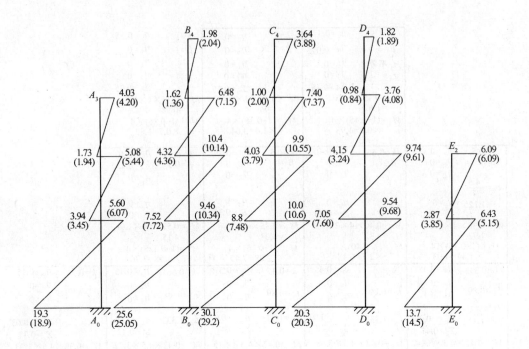

图 15-9-5 柱 M 图（t·m）

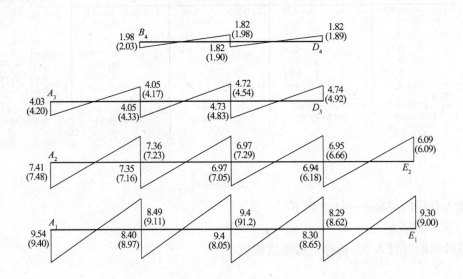

图 15-9-6 横梁 M 图（t·m）

输入第 2 层各梁的线刚度，缺跨输入 0
1，1，1，1
输入第 2 层各柱的线刚度，缺柱输入 0
3，4，5，3，2
输入第 1 层各梁的线刚度，缺跨输入 0
1，1，1，1

输入第1层各柱的线刚度，缺柱输入0
4, 5, 6, 4, 3
计算第4层各柱梁柱刚比 ibar 值
计算第3层各柱梁柱刚比 ibar 值
计算第2层各柱梁柱刚比 ibar 值
一层梁柱刚比 ibar 值

    0.000000E+00    0.000000E+00    0.000000E+00    0.000000E+00
    0.000000E+00
    2.500000E−01    4.000000E−01    3.333333E−01    5.000000E−01
    3.333333E−01

计算各柱的 af

    0.000000E+00    4.285714E−01    3.333333E−01    3.333333E−01
    0.000000E+00
    2.000000E−01    2.500000E−01    2.000000E−01    2.727273E−01
    0.000000E+00
    1.428571E−01    2.000000E−01    1.666667E−01    2.500000E−01
    2.000000E−01
    3.333333E−01    3.750000E−01    3.571429E−01    4.000000E−01
    3.571429E−01

计算各柱的分配系数 niu

    0.000000E+00    3.000000E−01    4.666667E−01    2.333333E−01
    0.000000E+00
    1.602914E−01    3.005464E−01    3.205829E−01    2.185792E−01
    0.000000E+00
    1.334322E−01    2.490734E−01    2.594514E−01    2.335063E−01
    1.245367E−01
    1.661968E−01    2.337142E−01    2.671019E−01    1.994361E−01
    1.335510E−01

根据荷载情况（均布或线布）、选择标准反弯点高度表
根据总层数 m，层序号 n 及 ibar 输入各柱的标准反弯点相对高度 y0
输入    4层各柱的标准反弯点相对高度 y0 (i, j)，若 ibar 为0输入0
第4层的 ibar (i, j)：

    0.000000E+00    1.500000    1.000000    1.000000
    0.000000E+00

0, .375, .35, .35, 0
输入    3层各柱的标准反弯点相对高度 y0 (i, j)，若 ibar 为0输入0
第3层的 ibar (i, j)：

    5.000000E−01    6.666667E−01    5.000000E−01    7.500000E−01
    0.000000E+00

.3, .4, .35, .4, 0
输入　　　2层各柱的标准反弯点相对高度 y0 (i, j)，若 ibar 为 0 输入 0
第 2 层的 ibar (i, j)：
　　　3.333333E－01　　　5.000000E－01　　　4.000000E－01　　　6.666667E－01
　　　5.000000E－01
.45, .45, .5, .45, .35
输入　　　1层各柱的标准反弯点相对高度 y0 (i, j)，若 ibar 为 0 输入 0
第 1 层的 ibar (i, j)：
　　　2.500000E－01　　　4.000000E－01　　　3.333333E－01　　　5.000000E－01
　　　3.333333E－01
.825, .75, .78, .7, .73
修正各柱的反弯点高度
根据第4层各柱上、下梁的刚度比值 bt 与 ibar 输入反弯点相对高度的修正值y1 (i, j)
y1 的表中 bt 值并无"－"号，程序中题示"－"号时表示上柱刚度大于下柱
查表后注意在 y1 前添加"－"号，ibar (i, j) 为 0 时输入 0
bt (i, j) 为：
　　　0.000000E＋00　　　5.000000E－01　　　1.000000　　　　　1.000000
　　　0.000000E＋00
ibar (i, j) 为：
　　　0.000000E＋00　　　1.500000　　　　　1.000000　　　　　1.000000
　　　0.000000E＋00
0, .075, 0, 0, 0
根据第3层各柱上、下梁的刚度比值 bt 与 ibar 输入反弯点相对高度的修正值y1 (i, j)
y1 的表中 bt 值并无"－"号，程序中题示"－"号时表示上柱刚度大于下柱
查表后注意在 y1 前添加"－"号，ibar (i, j) 为 0 时输入 0
bt (i, j) 为：
　　　1.000000　　　　　1.000000　　　　　1.000000　　　　　5.000000E－01
　　　0.000000E＋00
ibar (i, j) 为：
　　　5.000000E－01　　　6.666667E－01　　　5.000000E－01　　　7.500000E－01
　　　0.000000E＋00
0, 0, 0, .125, 0
根据第2层各柱上、下梁的刚度比值 bt 与 ibar 输入反弯点相对高度的修正值y1(i,j)
y1 的表中 bt 值并无"－"号，程序中题示"－"号时表示上柱刚度大于下柱
查表后注意在 y1 前添加"－"号，ibar (i, j) 为 0 时输入 0
bt (i, j) 为：
　　　1.000000　　　　1.000000　　　　　1.000000　　　　1.000000
　　　1.000000
ibar (i, j) 为：

  3.333333E−01  5.000000E−01  4.000000E−01  6.666667E−01
  5.000000E−01

0，0，0，0，0

根据第 3 层的上层与本层柱的高度比 tu 输入反弯点相对高度的修正值 y2（i，j）
tu（i）为： 1.000000
ibar（i，j）为：
  5.000000E−01  6.666667E−01  5.000000E−01  7.500000E−01
  0.000000E+00

ibar（i，j）为 0 时输入 0；ibar（i+1，j）为 0 时——相当顶层，输入 0

0，0，0，0，0

根据第 2 层的上层与本层柱的高度比 tu 输入反弯点相对高度的修正值 y2（i，j）
tu（i）为： 8.888889E−01
ibar（i，j）为：
  3.333333E−01  5.000000E−01  4.000000E−01  6.666667E−01
  5.000000E−01

ibar（i，j）为 0 时输入 0；ibar（i+1，j）为 0 时——相当顶层，输入 0

0，0，0，0，0

根据第 1 层的上层与本层柱的高度比 tu 输入反弯点相对高度的修正值 y2（i，j）
tu（i）为： 7.500000E−01
ibar（i，j）为：
  2.500000E−01  4.000000E−01  3.333333E−01  5.000000E−01
  3.333333E−01

ibar（i，j）为 0 时输入 0；ibar（i+1，j）为 0 时——相当顶层，输入 0

−.05，−.02，−.03，−.02，−.05

根据第 4 层的下层柱与本层高度比 td 输入反弯点相对高度的修正值 y3（i，j）
td（i）为： 1.000000
ibar（i，j）为：
  0.000000E+00  1.500000  1.000000  1.000000
  0.000000E+00

ibar（i，j）为 0 时输入 0

0，0，0，0，0

根据第 3 层的下层柱与本层高度比 td 输入反弯点相对高度的修正值 y3（i，j）
td（i）为： 1.125000
ibar（i，j）为：
  5.000000E−01  6.666667E−01  5.000000E−01  7.500000E−01
  0.000000E+00

ibar（i，j）为 0 时输入 0

0，0，0，0，0

根据第 2 层的下层柱与本层高度比 td 输入反弯点相对高度的修正值 y3（i，j）

td (i) 为: 1.333333

ibar (i, j) 为:

 3.333333E-01  5.000000E-01  4.000000E-01  6.666667E-01

 5.000000E-01

ibar (i, j) 为 0 时输入 0

 -.04, -.03, -.03, -.03, -.03

第 4 层 1 柱的反弯点相对高度: 0.000000E+00 0.000000E+00
 0.000000E+00 0.000000E+00 0.000000E+00

第 4 层 2 柱的反弯点相对高度: 4.500000E-01 3.750000E-01
 7.500000E-02 0.000000E+00 0.000000E+00

第 4 层 3 柱的反弯点相对高度: 3.500000E-01 3.500000E-01
 0.000000E+00 0.000000E+00 0.000000E+00

第 4 层 4 柱的反弯点相对高度: 3.500000E-01 3.500000E-01
 0.000000E+00 0.000000E+00 0.000000E+00

第 4 层 5 柱的反弯点相对高度: 0.000000E+00 0.000000E+00
 0.000000E+00 0.000000E+00 0.000000E+00

第 3 层 1 柱的反弯点相对高度: 3.000000E-01 3.000000E-01
 0.000000E+00 0.000000E+00 0.000000E+00

第 3 层 2 柱的反弯点相对高度: 4.000000E-01 4.000000E-01
 0.000000E+00 0.000000E+00 0.000000E+00

第 3 层 3 柱的反弯点相对高度: 3.500000E-01 3.500000E-01
 0.000000E+00 0.000000E+00 0.000000E+00

第 3 层 4 柱的反弯点相对高度: 5.250000E-01 4.000000E-01
 1.250000E-01 0.000000E+00 0.000000E+00

第 3 层 5 柱的反弯点相对高度: 0.000000E+00 0.000000E+00
 0.000000E+00 0.000000E+00 0.000000E+00

第 2 层 1 柱的反弯点相对高度: 4.100000E-01 4.500000E-01
 0.000000E+00 0.000000E+00 -4.000000E-02

第 2 层 2 柱的反弯点相对高度: 4.200000E-01 4.500000E-01
 0.000000E+00 0.000000E+00 -3.000000E-02

第 2 层 3 柱的反弯点相对高度: 4.700000E-01 5.000000E-01
 0.000000E+00 0.000000E+00 -3.000000E-02

第 2 层 4 柱的反弯点相对高度: 4.200000E-01 4.500000E-01
 0.000000E+00 0.000000E+00 -3.000000E-02

第 2 层 5 柱的反弯点相对高度: 3.200000E-01 3.500000E-01
 0.000000E+00 0.000000E+00 -3.000000E-02

第 1 层 1 柱的反弯点相对高度: 7.750000E-01 8.250000E-01
 0.000000E+00 -5.000000E-02 0.000000E+00

第 1 层 2 柱的反弯点相对高度: 7.300000E-01 7.500000E-01

```
                0.000000E+00        -2.000000E-02       0.000000E+00
    第    1层    3柱的反弯点相对高度：        7.500000E-01    7.800000E-01
                0.000000E+00        -3.000000E-02       0.000000E+00
    第    1层    4柱的反弯点相对高度：        6.800000E-01    7.000000E-01
                0.000000E+00        -2.000000E-02       0.000000E+00
    第    1层    5柱的反弯点相对高度：        6.800000E-01    7.300000E-01
                0.000000E+00        -5.000000E-02       0.000000E+00
输入各层的水平荷载——从上到下
3，6，7，9
    第    1柱    4层的剪力及上、下端弯矩    0.000000E+00
        0.000000E+00      0.000000E+00
    第    1柱    3层的剪力及上、下端弯矩    1.442623
        4.039344          1.731148
    第    1柱    2层的剪力及上、下端弯矩    2.134915
        5.668199          3.938918
    第    1柱    1层的剪力及上、下端弯矩    4.154919
        5.609141          19.320370
    第    2柱    4层的剪力及上、下端弯矩    9.000000E-01
        1.980000          1.620000
    第    2柱    3层的剪力及上、下端弯矩    2.704918
        6.491803          4.327869
    第    2柱    2层的剪力及上、下端弯矩    3.985174
        10.401310         7.531979
    第    2柱    1层的剪力及上、下端弯矩    5.842855
        9.465425          25.591710
    第    3柱    4层的剪力及上、下端弯矩    1.400000
        3.640000          1.960000
    第    3柱    3层的剪力及上、下端弯矩    2.885246
        7.501640          4.039344
    第    3柱    2层的剪力及上、下端弯矩    4.151223
        9.900667          8.779837
    第    3柱    1层的剪力及上、下端弯矩    6.677548
        10.016320         30.048970
    第    4柱    4层的剪力及上、下端弯矩    7.000000E-01
        1.820000          9.800000E-01
    第    4柱    3层的剪力及上、下端弯矩    1.967213
        3.737705          4.131148
    第    4柱    2层的剪力及上、下端弯矩    3.736101
        9.751224          7.061231
```

| 第 4 柱 | 1层的剪力及上、下端弯矩 | 4.985903 | |
| --- | --- | --- | --- |
| 9.572933 | 20.342480 | | |
| 第 5 柱 | 4层的剪力及上、下端弯矩 | 0.000000E+00 | |
| 0.000000E+00 | 0.000000E+00 | | |
| 第 5 柱 | 3层的剪力及上、下端弯矩 | 0.000000E+00 | |
| 0.000000E+00 | 0.000000E+00 | | |
| 第 5 柱 | 2层的剪力及上、下端弯矩 | 1.992587 | |
| 6.097317 | 2.869325 | | |
| 第 5 柱 | 1层的剪力及上、下端弯矩 | 3.338774 | |
| 6.410446 | 13.622200 | | |
| 第 4 层 | 1跨左、右梁端弯矩 | 0.000000E+00 | 0.000000E+00 |
| 第 4 层 | 2跨左、右梁端弯矩 | 1.980000 | 1.820000 |
| 第 4 层 | 3跨左、右梁端弯矩 | 1.820000 | 1.820000 |
| 第 4 层 | 4跨左、右梁端弯矩 | 0.000000E+00 | 0.000000E+00 |
| 第 3 层 | 1跨左、右梁端弯矩 | 4.039344 | 4.055902 |
| 第 3 层 | 2跨左、右梁端弯矩 | 4.055902 | 4.730820 |
| 第 3 层 | 3跨左、右梁端弯矩 | 4.730820 | 4.717705 |
| 第 3 层 | 4跨左、右梁端弯矩 | 0.000000E+00 | 0.000000E+00 |
| 第 2 层 | 1跨左、右梁端弯矩 | 7.399347 | 7.364587 |
| 第 2 层 | 2跨左、右梁端弯矩 | 7.364587 | 6.970006 |
| 第 2 层 | 3跨左、右梁端弯矩 | 6.970006 | 6.941186 |
| 第 2 层 | 4跨左、右梁端弯矩 | 6.941186 | 6.097317 |
| 第 1 层 | 1跨左、右梁端弯矩 | 9.548059 | 8.498702 |
| 第 1 层 | 2跨左、右梁端弯矩 | 8.498702 | 9.398080 |
| 第 1 层 | 3跨左、右梁端弯矩 | 9.398080 | 8.317081 |
| 第 1 层 | 4跨左、右梁端弯矩 | 8.317081 | 9.279772 |

【小结】 本例再次验证：$D$ 值法分析柱的弯矩精度相当好，其余量值则不然。

### §15.10 多层多跨框架的稳定分析程序与示例

说明：多层多跨框架的临界力分析，采用 $M$ 图修正模拟法（见第12章）编制程序，只需在式（12-7-$c$）的分子中梁的应变能要包括左右两侧，即：

$$P_{\mathrm{cr}} = \frac{SEI \sum_{j=1}^{m+1} \left\{ \sum_{i=1}^{n} \left[ \frac{SEI}{EI_{ij}} \int M_{ij}^2 \mathrm{d}s \right] + \frac{SEI}{3EI_{\mathrm{b}i,j-1}} M_{\mathrm{b}i,j-1,0}^2 l_{i,j-1,0} + \frac{SEI}{3EI_{\mathrm{b}i,j}} M_{\mathrm{b}ij0}^2 l_{ij0} \right\}}{\sum_{j=1}^{m+1} \left\{ \sum_{i=1}^{n} \left[ \frac{P_{ij}}{P} \sum_{k=1}^{i} \left( \frac{SEI}{EI_{kj}} \int M_{kj} \mathrm{d}s \right)^2 \right] \right\}}$$

(15-10-1)

式中，$M_{\mathrm{b}i,j-1,0}$ 和 $M_{\mathrm{b}i,j,0}$ 分别表示第 $i$ 跨第 $j$ 柱左右梁端部弯矩。

程序以直线形模拟弯矩图（把竖向荷载改成水平方向模拟临界状态的弯矩图）为基础，并采用了一些提高精度的措施：首先考虑框架水平侧移的特点将弯矩图作适当修正，使之更接近临界弯矩图（见 12.5 节小结，例 12-5-1 和例 12-6-2）；接着对单跨对称框架采用三次抛物线修正（见 12.7 节，例 12-7-2），再用广义双自由度（见文献 [21] P121）计算最终临界力。计算实践证明，本程序操作简单，且精度完全能能满足土木工程实践的需要。

要求：能按提示的顺序正确输入框架的信息。

功能：算出各单柱警戒临界力及群柱失稳临界力的近似值。

举例说明应用：

【例 15-10-1】 利用本程序计算例 12-7-3-1 并假定：

$$EI = 90000(\text{kN} \cdot \text{m}^2), h = 3\text{m}$$

说明：为了适应程序的使用，把该例的结构还原为单跨单层对称框架计算。屏幕显示如下：

本程序适用于平面规则框架的临界力计算

数据输入顺序：从上到下和从左到右——数据间用 ',' 分开如：5, 6

键入层数 mc 与跨数 mk

1

1

输入跨度相对值

1

输入各层的层高 H (i) 相对值

1

输入第 1 层梁的刚度 EIb 相对值

.5

输入第 1 层柱的刚度 EIc 相对值

1, 1

第 1 层梁的线刚度 ib (i, j)

  .500

第 1 层柱的线刚度 ic (i, j)

  1.000    1.000

第 1 层梁的相对刚度 EIb

  .500

第 1 层柱的相对刚度 EIc (i, j)

  1.000    1.000

请检查柱、梁刚度：正确输入 1，错误输入 0

1

输入节点荷载

k          1

输入 k 层节点荷载相对值

1, 1

```
                k          1
检查本层节点荷载相对值           2.000000
直线模拟的单柱警戒临界力
                1          6.086949
                2          6.086957
直线模拟的群柱失稳临界力，单位：EI/sh**2      6.086953
对称键入1，否则键入0
1
3次修正后的单柱警戒临界力
                1          6.082477
                2          6.082486
3次修正后的群柱临界力，单位：EI/sh**2       6.082481
============双线组合结果==========单位 EI/sh**2=======
    6.081972
输入刚度代表值：SEI，推荐单位：kN·m**2
9000
输入层高代表值：sh，推荐单位：m
3
      6081.972000
```

与精确解 $6.030\dfrac{EI}{l^2}$（见表15-10-1）比较，精度为误差为0.82%。

**【例15-10-2】** 利用本程序计算图15-10-2中各框架的临界力并列表给出各图的临界力并与求解器结果作比较。

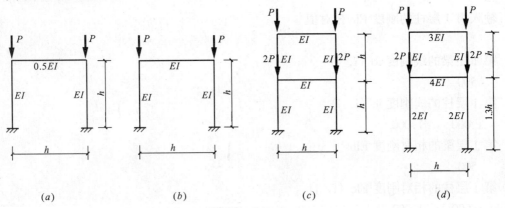

图 15-10-2

本例屏幕显示从略。

表15-10-1 第一列为文献[38]中提供的光盘计算的精确解结果（该盘功能强大且计算精度高，美中不足的是没能提供单杆警戒临界力以及输入比较麻烦），接下来分别为直线形、曲线形和双线组合（广义双自由度）结果（单位：$\dfrac{EI}{h^2}$）及相对误差：

计算结果及比较 [例15-10-2]　　　表15-10-1

| 编号 | 求解器结果 | 直线形结果 | 相对误差（%） | 双线组合结果 | 相对误差（%） |
|---|---|---|---|---|---|
| 1 | 6.030 | 6.087 | 0.95 | 6.082 | 0.82 |
| 2 | 7.379 | 7.447 | 0.9 | 7.413 | 0.46 |
| 3 | 2.420 | 2.441 | 0.87 | 2.434 | 0.58 |
| 4 | 3.430 | 3.468 | 1.11 | 3.436 | 0.17 |

【例 15-10-3】　利用本程序计算图 15-10-3 两框架的群柱失稳临界力及各单柱警戒临界力并与求解器结果作比较。

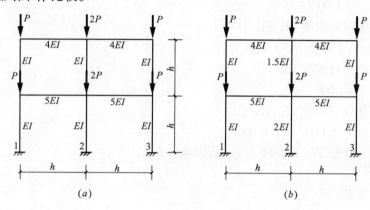

图 15-10-3

说明：本例由于不属单跨情况，不能用 3 次曲线修正。
编号 1 框架的屏幕显示：
本程序适用于平面规则框架的临界力计算
数据输入顺序：从上到下和从左到右——数据间用 ',' 分开如：5, 6
键入层数 mc 与跨数 mk
2, 2
输入跨度相对值
1, 1
输入各层的层高 H (i) 相对值
1, 1
输入第 2 层梁的刚度 EIb 相对值
4, 4
输入第 2 层柱的刚度 EIc 相对值
1, 1, 1
输入第 1 层梁的刚度 EIb 相对值
5, 5
输入第 1 层柱的刚度 EIc 相对值
1, 1, 1

第 2 层梁的线刚度 ib (i, j)
　4.000　　4.000
第 2 层柱的线刚度 ic (i, j)
　1.000　　1.000　　1.000
第 1 层梁的线刚度 ib (i, j)
　5.000　　5.000
第 1 层柱的线刚度 ic (i, j)
　1.000　　1.000　　1.000
第 2 层梁的相对刚度 EIb
　4.000　　4.000
第 2 层柱的相对刚度 EIc (i, j)
　1.000　　1.000　　1.000
第 1 层梁的相对刚度 EIb
　5.000　　5.000
第 1 层柱的相对刚度 EIc (i, j)
　1.000　　1.000　　1.000
请检查柱、梁刚度：正确输入 1，错误输入 0
1
输入节点荷载
k　　2
输入 k 层节点荷载相对值
1，2，1
k　　1
输入 k 层节点荷载相对值
1，2，1
k　　2
检查本层节点荷载相对值　　4.000000
k　　1
检查本层节点荷载相对值　　4.000000
直线模拟的单柱警戒临界力
　　1　　4.697580
　　2　　2.875148
　　3　　4.697582
直线模拟的群柱失稳临界力，单位：EI/sh**2　　　3.499523
计算结果及比较见表 15-10-2

计算结果及比较 [例 15-10-3]　　　表 15-10-2

| 编 号 | 求解器结果 | 直线形结果 | 相对误差（%） | 最小单柱警戒临界力 | 柱 号 |
|---|---|---|---|---|---|
| 1 | 3.449 | 3.500 | 1.43 | 2.88 | 2 |
| 2 | 4.600 | 4.655 | 1.20 | 4.89 | 2 |

编号2框架屏幕显示：

……

直线模拟的单柱警戒临界力

  1  5.039390
  2  4.889658
  3  5.039386

直线模拟的群柱失稳临界力，单位：$EI/sh**2$   4.655280

讨论：由上例可见，经修改后的方案（编号2）各柱的单柱警戒临界力已很接近，说明其抗失稳能力已比较均匀了。

【例15-10-4】 单层框架及荷载如图15-10-4所示，其临界力计算比较结果见表15-10-3。

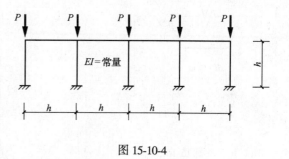

图15-10-4

计算结果及比较 [例15-10-4]   表15-10-3

|  | 一柱警戒临界力 | 二柱警戒临界力 | 三柱警戒临界力 | 四柱警戒临界力 | 五柱警戒临界力 | 群柱失稳临界力 | 群柱失稳临界力相对误差（%） |
|---|---|---|---|---|---|---|---|
| 直线模拟结果 | 6.94 | 8.92 | 8.40 | 8.92 | 6.94 | 8.035 | 0.70 |
| 求解器结果 | — | — | — | — | — | 7.952 |  |

屏幕显示从略

【例15-10-5】 单跨框架如图15-10-5，作临界力计算比较，结果见表15-10-4。

计算结果及比较 [例15-10-5]   表15-10-4

| 层数 | 求解器结果 | 直线形结果 | 相对误差（%） | 3次曲线结果 | 相对误差（%） | 双线组合结果 | 相对误差（%） |
|---|---|---|---|---|---|---|---|
| 1 | 7.379 | 7.447 | 0.9 | 7.414 | 0.47 | 7.413 | 0.46 |
| 2 | 3.471 | 3.538 | 1.93 | 3.513 | 1.21 | 3.511 | 1.15 |
| 3 | 2.146 | 2.171 | 1.16 | 2.175 | 1.35 | 2.170 | 1.12 |
| 4 | 1.512 | 1.540 | 1.85 | 1.549 | 2.45 | 1.540 | 1.85 |
| 5 | 1.153 | 1.180 | 2.34 | 1.187 | 2.95 | 1.179 | 2.26 |
| 6 | 0.9258 | 0.9509 | 2.71 | 0.9574 | 3.41 | 0.9495 | 2.56 |
| 7 | 0.7705 | 0.7933 | 2.35 | 0.7991 | 2.95 | 0.7916 | 2.17 |
| 8 | 0.6582 | 0.6794 | 3.22 | 0.6844 | 3.98 | 0.6777 | 2.96 |
| 9 | 0.5735 | 0.5932 | 3.44 | 0.5975 | 4.18 | 0.5915 | 3.14 |
| 10 | 0.5075 | 0.5259 | 3.63 | 0.5297 | 4.37 | 0.5244 | 3.33 |

本例屏幕显示从略。

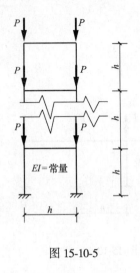

图 15-10-5

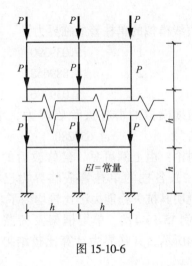

图 15-10-6

【例 15-10-6】 利用本程序计算图 15-10-6 框架（假定层数为 10）的群柱失稳临界力及各单柱警戒临界力并与求解器结果作比较。

屏幕显示：

…

直线模拟的单柱警戒临界力
1    5.114618E−01
2    8.862958E−01
3    5.114611E−01

直线模拟的群柱失稳临界力，单位：EI/sh**2    5.866054E−01
与求解器结果 0.5663681 比较，相对误差为 3.53%。
说明：本例由于不属单跨对称情况，不能用 3 次曲线修正。

【小结】

本程序利用 $M$ 图模拟将能量法应用于框架的临界力的计算。实践证明，本法不但理论通俗易懂，操作简单（本节各例题，熟练后，不用一分钟可作一榀框架的稳定分析），而且精度相当高（见本节各表）。计算结果不但给出群柱失稳临界力，还给出单柱的警戒临界力，无疑对及时找到薄弱环节，采取修改（对未建结构）、补救（对建成结构）措施提供了可靠的依据。如在例 15-3 的编号 1 中，由于提供了三柱的警戒临界力：4.698，2.875，4.698——见屏幕显示，因而可据此采取措施，如仅仅加大中柱刚度（如编号 2），群柱的抗失稳能力迅速增大约 3 成以上。

本法的误差随层数的增加也在加大，但到了 10 层，相对误差也不到 4%（见例 15-10-5 和例 15-10-6），可满足一般工程的精度要求了。

## 习 题 15

15-1 框架的计算程序中内力的输出格式设计成节点 4 方的杆端内力，相信您已发现弯矩及 $Y$ 向能平衡，但 $X$ 向却不平衡，道理何在？

15-2 结构规范对温度内力计算并无具体要求,您觉得这程序除了对伸缩缝的设置可提供参考外,在建筑内外装饰是否能提供有用的信息?

15-3 在框架的稳定分析程序中,为何3次修正只能限制在单跨对称的情况?如何把这一提高精度的有效措施推广到普通框架?

# 参 考 文 献

1. 郝桐生. 理论力学. 第2版. 北京：高等教育出版社，1982
2. P. POPV. Introduction to mechanics of solids. Prentice-Hall, Inc., Englewood Cliffs, New Jersey
3. 李廉锟. 结构力学（上册）. 第3版. 北京：高等教育出版社，2001
4. 孙训方. 材料力学（上册）. 北京：高等教育出版社，1979
5. 龙驭球等. 结构力学（上册）. 第2版. 北京：高等教育出版社，2000
6. 刘鸿文. 材料力学（上册）. 第3版. 北京：高等教育出版社，1993
7. 北京钢铁学院等. 工程力学（中册）. 北京：高等教育出版社，1994
8. 龙驭球等. 结构力学教程（1）. 北京：高等教育出版社，2000
9. 张莱仪等，结构力学（上册）. 北京：中国建筑工业出版社，1997
10. 缪加玉. 结构力学的若干问题. 成都：成都科技大学出版社，1993
11. 罗远祥等. 理论力学（上册）. 第3版. 北京：高等教育出版社，1981
12. 施振东等. 弹性力学教程. 北京：北京航空学院出版社，1987
13. S. Timoshenko & J. Gere 著. 胡人礼译. 材料力学. 北京：科学出版社，1978
14. 徐秉业. 弹性与塑性力学例题和习题. 北京：机械工业出版社，1998
15. 吴家龙. 弹性力学. 上海：同济大学出版社，1987
16. 铁摩辛柯等著. 胡人礼译. 材料力学. 北京：科学出版社，1978
17. 何逢康. 结构力学. 广州：华南理工出版社，1987
18. 阮澍铭. 结构力学（研究生）考试指导. 北京：中国建材工业出版社，2004
19. 格哈利等著. 胡人礼译. 结构分析. 北京：人民铁道出版社，1979
20. 多层及高层房屋结构设计编写组. 多层及高层房屋结构设计（上册）. 上海：上海科技出版社，1979
21. 龙驭球等. 结构力学（下册）. 北京：高等教育出版社，2003
22. 张莱仪等. 结构力学（下册）. 北京：中国建筑工业出版社，1997
23. 任钧国等. 理工科研究生入学考试指导丛书之结构力学. 长沙：国防科技大学出版社，2003
24. 李廉锟等. 结构力学（下册）. 北京：高等教育出版社，2001
25. 杨康等. 结构力学（下册）. 北京：高等教育出版社，2001
26. 覃辉，宋仁等，CASIO fx-4850P/4800P/3950P 编程计算器在土木工程中的应用. 广州：华南理工大学出版社，2004
27. 多层与高层房屋结构设计编写组. 多层与高层房屋结构设计（上册），上海：上海科学技术出版社，1979
28. 李家宝，洪范文. 结构力学. 北京：高等教育出版社，1999
29. 李培林. 建筑抗震与结构选型构造. 北京：中国建筑工业出版社，1990
30. 罗国强等. 房屋建筑工程毕业设计指南. 长沙：湖南科学技术出版社，1996
31. 郭继武. 建筑抗震设计. 北京：高等教育出版社，1990
32. 支秉琛等. 结构力学. 北京：中央广播电视大学出版社，1985
33. 李存权. 结构稳定和稳定内力. 北京：人民交通出版社，1999

34 赵更新. 结构力学辅导. 北京：中国水电出版社，2002
35 程瑞棣等. 结构力学学习指导书. 北京：中央广播电视大学出版社，1993
36 王仕统. 结构稳定. 广州：华南理工大学出版社，1997
37 刘金春等. 结构力学考试冲刺. 北京：中国建材工业出版社，2005

# 附：exe 程序的下载及使用说明

1. 下载网址：http://dept.wyu.edu.cn/ce/soft-show.asp?　SoftID = 11。
2. 所有程序均为 Fortran 程序的 exe 形式。鼠标双击图标即可按提示输入数据运行。
3. 点击后会弹出一窗口，原则上随说明输入相关数据即可得出结果，但有时因窗口面积限制，会出现屏幕数据未及 copy 就消失的情况，因而使用时若需要保留数据，请注意及时 copy 再往下走。
4. copy 的办法：鼠标右键单击窗口上方的蓝色区域，从弹出窗口中依次选择编辑、全选；再到窗口中选定所需范围（右键点击为全选）；即可粘贴到所需之处。
5. 程序显示的方式为初学者设计，熟练后可略去很多中间显示。

# 后　　语

亲爱的读者，如果您有了足够的耐心浏览了本书，想必书中某些内容引发了您的学习和探索的兴趣，希望在您认真阅读后，这些内容能拓展您的学习思路和专业视野。如果您对某些内容存有异议，更希望能不吝指正，并采用您认为最为合适的形式告诉包括本人在内的广大读者，这便是抛砖引玉吧。

现代科学与技术，尤其是计算机技术的发展非常迅猛。本书所涉及的内容，肯定在诸多方面，与这些最新的技术相距甚远。书中不足之处，殷切希望得到您的指教及补充。如第14、15章中各程序对已输入数据能否设计一个界面，不退出系统就可对其中数据进行修改而不是重新输入等。此外，书中需要进一步探索、改进的方法更是比比皆是，如框架的临界力计算的精度还不尽人意，能否将广义双自由度法用于多跨的情况等。

虽说本书是笔者多年从事力学教学的心得体会，但其中不少内容是教学相长的结果。本书的撰写全程都离不开我心爱的学生的肯定、鼓励与帮助（每一新方法的推出，总得到他们的肯定甚至喝彩）。其中2000～2002级的李逵升、林细端、廖善坤、伍圣喜、温志文、张小静和冯业宏等同学，还实实在在地为本书的绘图、编程、校核等做过不少工作；此外王小蔚老师也出过好主意（见8.8节）。本书不少内容体现的是他们的聪明才智。

由于笔者的视野关系，书中某些所谓新理论与新概念存在谬误或并非首次提出，如果属于后者，笔者愿意与原作者商榷应承担的责任；若属前者，更希望您（无论以何种方式）告诉笔者以便设法弥补，做到对读者负责。笔者真诚希望能听到您的意见，以便使该书更好地为广大读者服务。此时，您若愿意跟笔者合作，便是本人的荣幸，本书再版时或许您便是作者之一了。

古人云：博学而不阙疑则诬先哲而欺后生。笔者真诚地希望读者带着怀疑的态度，带着疑问的目光读这本书（当然亦包括其他书籍）；笔者期盼着您提出更有价值的新技巧和新方法。最后请您记住：

要是对内容有意见或建议，请告诉笔者。（song-ren@163.com）

要是觉得本书还值得一读，请告诉您的朋友！

宋　仁

2006.7

# 作者简介

宋仁简历：

1946.2　　　生于广东湛江

1963~1968　长沙铁道学院（现已并入中南大学）桥梁建筑专业　本科生

1968~1978　西安铁路局　实习生（工人，教师——中学数学教研组组长）

　　　　　　任课：高中数学

1978~1981　长沙铁道学院　固体力学研究生

1981~1984　西安铁路局职工大学　教师　教务科长

　　　　　　任课：高等数学、科技英语

1984~1994　湛江电大、业大　讲师　土建教研室主任、工科教研室主任　教务主任

　　　　　　任课：结构力学、材料力学、理论力学、钢筋混凝土结构、砌体结构、毕业设计（房屋结构）

1994~2006　五邑大学　土建系　副教授　工程力学学科组组长

　　　　　　任课：理论力学、材料力学　结构力学、施工技术、施工组织　土木工程英语、毕业设计（房屋结构）、力学分析技巧1（静定部分）、力学分析技巧2（超静定部分），力学分析技巧3（专题部分）

　　　　　　获奖：当选五邑大学2006十大魅力教师（排名第二）